高等职业教育土木建筑类专业新形态教材

建筑与装饰材料
（第3版）

主　编　夏文杰　孙　炜　余　晖

副主编　杨　磊　李志丹

参　编　葛超凡　宓婷婷　卜　伟

北京理工大学出版社
BEIJING INSTITUTE OF TECHNOLOGY PRESS

内 容 提 要

本书根据建筑与装饰工程材料最新标准规范进行编写，全面系统地介绍了建筑与装饰材料的性质及使用的基本知识。全书共十四章，主要内容包括建筑与装饰材料概述、凝胶材料、混凝土、砂浆、建筑石材、建筑玻璃、建筑陶瓷、墙体与屋面材料、建筑金属材料、木材、地毯与墙面装饰织物、合成高分子建筑装饰材料、建筑防水材料和绝热、吸声材料等。

本书可作为高等院校土木工程类相关专业的教材，也可供建筑与装饰工程相关技术人员学习参考。

图书在版编目（CIP）数据

建筑与装饰材料 / 夏文杰，孙炜，余晖主编.—3版.—北京：北京理工大学出版社，2023.8重印

ISBN 978-7-5682-7941-3

Ⅰ.①建…　Ⅱ.①夏…②孙…③余…　Ⅲ.①建筑材料－高等学校－教材②建筑装饰－装饰材料－高等学校－教材　Ⅳ.①TU5②TU56

中国版本图书馆CIP数据核字（2019）第253600号

出版发行 / 北京理工大学出版社有限责任公司		
社　　址 / 北京市丰台区四合庄路6号院		
邮　　编 / 100070		
电　　话 / （010）68914775（总编室）		
（010）82562903（教材售后服务热线）		
（010）68944723（其他图书服务热线）		
网　　址 / http://www.bitpress.com.cn		
经　　销 / 全国各地新华书店		
印　　刷 / 北京紫瑞利印刷有限公司		
开　　本 / 787毫米×1092毫米　1/16		
印　　张 / 17.5		责任编辑 / 李玉昌
字　　数 / 414千字		文案编辑 / 李玉昌
版　　次 / 2023年8月第3版第3次印刷		责任校对 / 周瑞红
定　　价 / 49.00元		责任印制 / 边心超

图书出现印装质量问题，请拨打售后服务热线，本社负责调换

在建筑装饰装修工程中，人们除了尝试要从设计的风格和设计的思想方面来表达设计者的设计意图之外，也要从技术的层面去选择和使用建筑与装饰材料。自本书出版发行以来，随着国民经济的发展及人们生活水平的不断提高，人们对居住环境的要求也越来越高，加之随着科学技术水平的不断进步，材料科学和材料工业不断发展，各种类型的新型材料也不断涌现，新材料、新技术在建筑与装饰工程中的应用越来越广泛，近年来，为规范建筑与装饰材料的使用，国家也对一大批建筑与装饰材料标规范准进行了制定、修订或完善，从而使书中的部分内容已不能满足当前高等院校课程改革与教学，以及建筑与装饰工程设计与施工的需要。

为使本书内容能更好地体现先进性和实用性，符合建筑与装饰装修工程施工实际，编者根据各院校使用者的建议，结合近年来高等教育教学改革的动态，依据最新建筑与装饰材料标准规范对本书进行了修订。修订时坚持"能力培养、技能学习、知识使用"的原则，坚持以理论知识够用为度，以培养面向生产第一线的应用型人才为目的，进一步强调提升学生的实践能力和动手能力。

（1）根据最新建筑与装饰材料标准规范，在内容上淘汰了那些已过时或应用面不广的材料，增加了一些新型建筑与装饰材料，并进一步突出了建筑与装饰材料生产、储存、使用和处理过程中的绿色环保性，以体现建筑材料工业发展的新趋势，保证教材内容的准确性和先进性。

（2）重点介绍了建筑与装饰材料的定义及分类，对建筑与装饰材料在工程中的应用及建筑与装饰材料的发展历程和趋势进行了细致讲解，以培养学生对建筑与装饰材料的认知；进一步强化了对建筑与装饰材料的标准、选用、检验、验收、储存等现场施工常遇到的问题的解决，对于理论性较强的问题则加大调整和删改力度，不作过多、过深的阐述，以够用为度。

（3）本次修订对原有章节内容进行较大幅度删除和补充，进一步强化教材的实用性和可操作性，使修订后的教材能更好地满足高等院校教学工作的需要，并对各章节的知识目标、能力目标、本章小结进行了修订，在修订中对各章节知识体系进行了深入的思考，并联系实际进行知识点的总结与概括，使该部分内容更具有指导性与实用性，便于学生学习和思考。对各章的章后思考与练习也进行了适当补充，以利于学生课后复习，强化应用所学理论知识解决工程实际问题的能力。

本书由济南工程职业技术学院夏文杰、陕西理工大学孙炜、江西建设职业技术学院余晖担任主编，由河南信息统计职业学院杨磊、中阄建设集团有限公司李志丹担任副主编，宿迁泽达职业技术学院葛超凡、宿迁泽达职业技术学院宓婷婷、杨凌职业技术学院卜伟参与编写。在修订过程中，编者参阅了国内同行的多部著作，部分高等院校的老师提出了很多宝贵的意见供编者参考，在此表示衷心的感谢！

虽经反复讨论修改，但限于编者的学识及专业水平和实践经验，书中仍难免有疏漏和不妥之处，恳请广大读者指正。

编　者

第2版前言

材料是一切建筑与装饰工程的物质基础，在建筑与装饰工程中恰当选择和合理使用工程材料，不仅能提高建筑物的质量及其寿命，而且对降低工程造价也有着重要的意义。

建筑与装饰材料的发展不仅制约着建筑设计理论的进步和施工技术的革新，同时也具有推动其发展的作用，许多新技术的出现都是与新材料的产生密切相关的。随着社会的进步、人民生活水平的不断提高，人们对建筑物的需求也从最基本的安全需求、适用需求，发展到轻质高强、抗震、高耐久性、环保、节能等诸多新的功能要求。在此基础上，建筑材料的研究也开始从被动的以研究应用为主向开发新功能、多功能材料的方向转变。

由于建筑与装饰材料的种类繁多，而且随着材料科学和材料工业的不断发展，各种类型的新型材料也在不断涌现，新材料、新技术在建筑与装饰工程中的应用越来越多，加之近年来为规范建筑与装饰材料的使用，国家对一大批材料标准进行了制定或修订，因而本书第1版中的部分内容已不能满足当前建筑与装饰工程设计与施工的需要。为此，我们根据各院校使用者的建议，结合近年来高等教育教学改革的动态，依据最新建筑与装饰材料标准规范和工程应用实际，对本书进行了修订。

本次修订坚持以理论知识够用为度，以培养面向生产第一线的应用型人才为目的，强调提升学生的实践能力和动手能力，在修订过程中主要开展了以下工作：

（1）根据最新建筑与装饰材料标准和规范，在内容上淘汰了那些已过时或应用面不广的材料，增加了一些新型建筑与装饰材料，如安全玻璃、节能装饰玻璃、防水涂料等，以体现建筑材料工业发展的新趋势，保持教材内容的准确性和先进性。

（2）进一步强化了对建筑与装饰材料的标准、选用、检验、验收、储存等现场施工常遇到的问题的解决，对于理论性较强的问题则加大调整和删改力度，不作过多、过深的阐述，以够用为度。

（3）突出了建筑与装饰材料生产、储存、使用和处理过程中的绿色环保性。

（4）对各章节的知识目标、能力目标、本章小结进行了修订，在修订中对各章节知识体系进行了深入的思考，并联系实际进行知识点的总结与概括，使该部分内容更具有指导性与实用性，便于学生学习和思考。对各章的章后思考与练习也进行了适当补充，有利于学生课后复习，强化应用所学理论知识解决工程实际问题的能力。

本书由夏文杰、余晖、刘永户担任主编，李瑞英、刘双双、孟静、张华立担任副主编，叶登玉、何淼、张驰、黄金霞参与了部分章节的编写工作。

本书在修订过程中，参阅了国内同行的多部著作，部分高等院校的老师提出了很多宝贵意见供我们参考，在此表示衷心的感谢！对于参与本书第1版编写但未参与本次修订的老师、专家和学者，本次修订的所有编写人员向你们表示敬意，感谢你们对高等教育教学改革所做出的不懈努力，希望你们对本书保持持续关注并多提宝贵意见。

本书虽经反复讨论修改，但限于编者的学识及专业水平和实践经验，修订后的图书仍难免有疏漏和不妥之处，恳请广大读者指正。

编　者

建筑与装饰工程离不开材料，材料是构成建筑物的物质基础，也是建筑与装饰工程的质量基础。了解或掌握一定的建筑装饰材料知识，是进行装饰装修设计、施工和验收的基本要求。

现代科学技术的发展促使生产力水平不断提高，人民的生活水平不断改善，这就要求建筑与装饰材料的品种与性能更加完备，不仅要求其经久耐用，而且要求其具有轻质、高强、美观、保温、吸声、防水、防震、防火、节能等功能。建筑与装饰材料不仅用量大，而且有很强的经济性，它直接影响工程的总造价，所以在建筑与装饰装修施工时，恰当地选择和合理地使用建筑与装饰材料不仅能提高建筑物的质量，延长其寿命，而且对降低工程造价有着重要的意义。

为积极推进课程改革和教材建设，满足高等教育改革与发展的需要，我们根据高等院校工程管理类专业的教学要求，结合各种新材料、新工艺、新标准，组织编写了本教材。本教材的编写力求突出以下特色：

（1）依据现行的建筑与装饰材料国家标准和行业标准，结合高等教育的要求，以社会需求为基本依据，以就业为导向，以学生为主体，在内容上注重与岗位实际要求紧密结合，符合国家对技能型人才培养工作的要求，体现教学组织的科学性和灵活性；在编写过程中，注重理论性、基础性、现代性，强化学习概念和综合思维，有助于学生知识与能力的协调发展。

（2）编写内容以突出建筑与装饰材料的性质与应用为主题，摒弃了一些过时的、应用面不广的建筑与装饰材料，采用图、表、文字三者相结合的编写形式，注重反映新型建筑与装饰材料的特点及优势，体现建筑与装饰材料工业发展的新趋势，渗透现代材料与工程的基本理论，以扩大学生的知识面，引导学生了解新型材料的发展方向。

（3）以"学习重点—培养目标—课程学习—本章小结—思考与练习"的形式，构建了一个"引导—学习—总结—练习"的教学全过程，给学生的学习和老师的教学作出了引导，并帮助学生从更深的层次思考、复习和巩固所学的知识。

（4）在章节安排上，除第一章对建筑与装饰材料的基本性质进行介绍外，其他章均按照材料类别编写，结构清晰明了。内容包括石材、建筑玻璃、建筑陶瓷、气硬性胶凝材料、水泥、混凝土、砂浆、墙体及屋面材料、金属材料、木材、合成高分子建筑材料、防水材料、绝热及吸声材料等。为提高学生对新材料的掌握能力，本教材比较注重基础理论和基本知识的介绍，有助于学生根据所学知识来分析和研究新材料的性能并对其加以合理运用。

本教材由夏文杰、余晖、曹智主编，由李瑞英、王勤、田镇、訾世东副主编，田春艳、王永利参与编写，既可作为高等院校土建类相关专业的教材，也可作为土建工程技术人员和施工人员学习、培训的参考用书。本教材在编写过程中参阅了国内同行的多部著作，部分高等院校的老师提出了很多宝贵意见供我们参考，在此，对他们表示衷心的感谢！

本教材的编写虽经反复推敲核证，但限于编者的专业水平和实践经验，仍难免有疏漏或不妥之处，恳请广大读者指正。

编　者

目录

Contents

第一章 建筑与装饰材料概述

第一节 建筑与装饰材料基础

一、建筑与装饰材料的作用及地位

1. 建筑与装饰材料的作用

建筑材料是指组成建筑物或构筑物各部分实体的材料。任何建筑物都是用材料按一定要求构筑而成的。建筑工程离不开材料，材料是构成建筑物的物质基础，也是建筑工程的质量基础。

建筑装饰材料是集工艺、造型设计、美学于一体的材料，是依据一定的方法对建筑物进行美的设计和美的包装的原材料。建筑装饰性地体现在很大程度上受到建筑装饰材料的制约，尤其受到材料的光泽、质地、质感、图案、花纹等装饰特性的影响。

建筑与装饰材料的性能和质量直接影响着建筑物的安全性和耐久性。所以，建筑材料必须具有足够的强度，以及与使用环境条件相适应的耐久性，才能使建筑物具有足够长的使用寿命，并尽量减少维修费用。

2. 建筑与装饰材料在工程造价中的地位

建筑与装饰材料的费用在工程总造价中占有相当大的比例，一般工程的材料费用占总造价的50%～60%。所以，在建筑过程中能恰当选择并合理使用建筑与装饰材料，对降低工程造价和提高建筑物的质量及寿命有着重要的意义。

二、建筑与装饰材料的分类和发展

1. 建筑与装饰材料的分类

建筑与装饰材料的种类繁多，随着材料科学和材料工业的不断发展，各种新型建筑与装饰材料不断涌现。为了便于应用和研究，对建筑与装饰材料可从不同角度进行分类，常见的有按使用功能分类(表1-1)和按成分分类(表1-2)两种分类方法。

表1-1　建筑与装饰材料按使用功能分类

分类	定义	实例
建筑结构材料	构成基础、柱、梁、框架、屋架、板等承重系统的材料	砖、石材、钢材、钢筋混凝土、木材
墙体材料	构成建筑物内、外承重墙体及内分隔墙体的材料	石材、砖、空心砖、加气混凝土、各种砌块、混凝土墙板、石膏板及复合墙板
建筑功能材料	不作为承受荷载，且具有某种特殊功能的材料	保温隔热材料(绝热材料)：膨胀珍珠岩及其制品、膨胀蛭石及其制品、加气混凝土 吸声材料：毛毡、棉毛制品、泡沫塑料 采光材料各种玻璃 防水材料：沥青及其制品、树脂基防水材料 防腐材料：煤焦油、涂料 装饰材料：石材、陶瓷、玻璃、涂料、木材
建筑器材	为了满足使用要求，而与建筑物配套的各种设备	电工器材及灯具 水暖及空调器材 环保器材 建筑五金

表1-2　建筑与装饰材料按成分分类

分类			实例
无机材料	金属材料	黑色金属	普通钢材、低合金钢、合金钢、非合金钢
		有色金属	铝、铝合金、铜、铜合金
	非金属材料	天然石材	毛石、料石、石板材、碎石、卵石、砂
		烧土制品	烧结砖、瓦、陶器、炻器、瓷器
		玻璃及熔融制品	玻璃、玻璃棉、岩棉、铸石
		胶凝材料	气硬性：石灰、石膏、菱苦土、水玻璃 水硬性：各类水泥
		混凝土类	砂浆、混凝土、硅酸盐制品

分类		实例
有机材料	植物质材料	木材、竹板、植物纤维及其制品
	合成高分子材料	塑料、橡胶、胶粘剂、有机涂料
	沥青材料	石油沥青、沥青制品
复合材料	金属—非金属复合	钢筋混凝土、预应力混凝土、钢纤维混凝土
	非金属—有机复合	沥青混凝土、聚合物混凝土、玻纤增强塑料、水泥刨花板

2. 建筑与装饰材料的发展

建筑与装饰材料是随着人类社会生产力的不断发展和人民生活水平的不断提高而向前发展的。随着社会生产力的发展，人类对建筑物的规模、质量等方面的要求越来越高，这种要求与建筑与装饰材料的数量、品种、质量等都有着相互依赖和相互矛盾的关系。建筑与装饰材料的生产与使用就是在不断地解决这个矛盾的过程中向前发展的。

早在18—19世纪，我国的建筑与装饰材料就得到了迅速发展，相继出现的钢材、水泥、混凝土以及钢筋混凝土成为主要的结构材料，建筑业的发展进入了一个新阶段，使其朝着功能化、复合化、系列化、规范化的方面发展。工业的发展使一些具有特殊功能的材料，如绝热材料，吸声材料，耐热、耐腐蚀、抗渗透以及防辐射材料应运而生。

三、建筑与装饰材料的基本要求及选用原则

1. 建筑与装饰材料的基本要求

建筑装饰装修工程对材料的基本要求有三点，即耐久性、安全牢固性和经济性。建筑装饰装修工程的耐久性主要体现在两个方面：一是使用上的耐久性，是指抵御使用上的损伤、性能减退等；二是装饰质量的耐久性，包括粘结牢固度和材质特性等。

安全牢固性是指面层与基层连接方式的牢固和装饰材料本身具有足够的强度及力学性能。面层材料与基层的连接可分为粘结和镶嵌两大类。粘结材料要根据面层与基层材料的特性、粘结材料的黏性来选择，粘结类做法是用水泥砂浆、水泥浆、聚合物水泥砂浆、各种类型的胶粘剂，将外墙装饰的面层与基层连接在一起。另外，基层表面的处理、粘结面积的大与小、提高粘结强度的措施，以及养护的方法、养护时间的长短等，均为影响粘结牢固性的因素。只有选用恰当的粘结材料并按合理的施工程序进行操作，才能收到好的效果。镶嵌类连接方式的牢固性主要靠紧固件与基层的锚固强度，以及被镶嵌板材的自身强度来保证。镶嵌类做法是采用紧固件将面层材料与基层材料连接在一起（可直接固定或利用过渡件间接固定）。常见的有龙骨贴板类、螺栓挂板类等。另外，紧固件的防锈蚀也是关键的一环，只有恰当地选择紧固方法和保证紧固件的耐久使用，才能保证装饰材料的安全牢固。

装饰工程的经济性除通过简化施工、缩短工期取得经济效益外，最关键的是装饰装修材料的经济性选择。

2. 建筑与装饰材料的选用原则

建筑与装饰材料的选用原则包括材料的经济性原则和使用材料的节约性原则。

（1）材料的经济性原则。材料的经济性原则包括以下四项：

1)根据建筑物的使用要求和装饰装修等级，恰当地选择材料；

2)在不影响装饰质量的前提下，尽量用低档材料代替高档材料；

3)选择工效快、安装简便的材料；

4)选择耐久性好、耐老化、不易损伤、维修方便的材料。

(2)使用材料的节约性原则。使用材料的节约性原则包括以下几项：

1)加强材料管理，实行限额领料；

2)加强施工的计划性，实行搭配切割、套裁、降低消耗，防止大材小用；

3)考虑用材的综合经济效益，将选材和维修结合起来，将简化施工、提高速度、提高安装技巧结合起来。

第二节　建筑与装饰材料的基本性质

建筑与装饰材料的基本性质是指材料处于不同的使用条件和使用环境时，通常必须考虑的最基本、共有的性质。建筑与装饰材料所处的部位、周围环境、使用功能的要求和作用不同，对材料性质的要求也就不同。建筑与装饰材料的性质归纳起来有物理性质、力学性质、耐久性和装饰性。

在建筑中，建筑与装饰材料要承受各种不同的作用，从而要求建筑与装饰材料具有相应的不同性质，如用于建筑结构的材料要受到各种外力的作用，因此，所选用的材料应具有所需的力学性能。根据建筑物各种不同部位的使用要求，有些材料应具有防水、绝热、吸声等性能。对某些工业建筑，要求材料具有耐热、耐腐蚀等性能。另外，对于长期暴露在空气中的材料，要求能经受因风吹、日晒、雨淋、冰冻而引起的温度变化、湿度变化及反复冻融的破坏作用。为了保证建筑物经久耐用，建筑设计人员必须掌握材料的基本性质，并能合理地选用材料。

一、材料的基本物理性质

(一)与质量有关的材料性质

与质量有关的材料性质主要是指材料的各种密度和描述其孔隙与空隙状况的指标，在这些指标的表达式中都有质量这一参数。

1. 密度

根据材料所处状态的不同，材料的密度可分为表观密度和堆积密度。

(1)密度。密度是指材料在绝对密实状态下单位体积的质量。密度(ρ)的计算公式为

$$\rho = \frac{m}{V}$$

式中　ρ——材料的密度（g/cm^3 或 kg/m^3）；

m——材料的质量（g 或 kg）；

V——材料在绝对密实状态下的体积，即材料体积内固体物质的实体积（cm^3 或 m^3）。

材料在绝对密实状态下的体积是指不包括内部孔隙的材料体积。由于材料在自然状态下并非绝对密实，所以绝对密实体积一般难以直接测定，只有钢材、玻璃等材料可近似地直接测定。在测定有孔隙材料的密度时，可以将材料磨成细粉或采用排液置换法测量其体积。材料磨得越细，测得的体积越接近绝对体积，所得密度值就越准确。材料的质量是指材料所含物质的多少，实际工程中常以重量的多少来衡量质量的大小，但质量与重量在概念上是有本质区别的。

（2）表观密度（也称体积密度）。表观密度是材料在自然状态下单位体积的质量。表观密度 ρ_0 的计算公式为

$$\rho_0 = \frac{m}{V_0}$$

式中　ρ_0——材料的表观密度（kg/m^3 或 g/cm^3）；

　　　m——在自然状态下材料的质量（kg 或 g）；

　　　V_0——在自然状态下材料的体积（m^3 或 cm^3）。

在自然状态下，材料内部的孔隙可分为两类：有的孔之间相互连通，且与外界相通，称为开口孔；有的孔互相独立，不与外界相通，称为闭口孔。大多数材料在使用时其体积包括内部所有孔在内的体积，即自然状态下的外形体积（V_0），如砖、石材、混凝土等。有的材料如砂、石在拌制混凝土时，由于其内部的开口孔被水占据，因此，材料体积只包括材料实体积及其闭口孔体积（以 V' 表示）。为了区别这两种情况，常将包括所有孔隙在内的密度称为表观密度；将只包括闭口孔在内的密度称为视密度，用 ρ' 表示，即 $\rho' = m/V'$。视密度在计算砂、石在混凝土中的实际体积时有实用意义。

在自然状态下，材料内部常含有水分，其质量随含水程度而改变，因此视密度应注明其含水程度。干燥材料的表观密度称为干表观密度。可见，材料的视密度除取决于材料的密度及构造状态外，还与含水的程度有关。

（3）堆积密度。堆积密度是指粉块状材料在堆积状态下单位体积的质量。堆积密度（ρ_0'）的计算公式为

$$\rho_0' = \frac{m}{V_0'}$$

式中　ρ_0'——材料的堆积密度（kg/m^3）；

　　　m——材料的质量（kg）；

　　　V_0'——材料的堆积体积（m^3）。

材料的堆积体积是指散粒状材料在堆积状态下的总体外观体积。散粒状堆积材料的堆积体积既包括材料颗粒内部的孔隙，也包括颗粒之间的空隙。除颗粒内孔隙的多少及其含水多少外，颗粒之间空隙的大小也会影响堆积体积的大小。因此，材料的堆积密度与散粒状材料在自然堆积时颗粒之间的空隙、颗粒内部结构、含水状态、颗粒之间被压实的程度有关。

根据其堆积状态的不同，同一材料表现的体积大小可能不同，松散堆积状态下的体积较大，密实堆积状态下的体积较小。材料的堆积体积，常用材料填充容器的容积大小来测量。

2. 密实度与孔隙率

（1）密实度。密实度是指材料体积内被固体物质所充实的程度。密实度 D 的计算公式为

$$D=\frac{V}{V_0}\times100\%=\frac{\rho_0}{\rho}\times100\%$$

式中　D——材料的密实度(%)；

　　　V——材料中固体物质的体积(cm^3 或 m^3)；

　　　V_0——材料体积(包括内部孔隙体积)(cm^3 或 m^3)；

　　　ρ_0——材料的表观密度(g/cm^3 或 kg/m^3)；

　　　ρ——材料的密度(g/cm^3 或 kg/m^3)。

（2）孔隙率。孔隙率是指材料中孔隙体积所占整个体积的百分率。孔隙率 P 的计算公式为

$$P=\frac{V_0-V}{V_0}\times100\%=\left(1-\frac{V}{V_0}\right)\times100\%=\left(1-\frac{\rho_0}{\rho}\right)\times100\%=(1-D)\times100\%$$

孔隙率反映了材料内部孔隙的多少，它会直接影响材料的多种性质。孔隙率越大，则材料的表观密度、强度越小，耐磨性、抗冻性、抗渗性、耐腐蚀性、耐水性及耐久性越差，而保温性、吸声性、吸水性与吸湿性越强。上述性质不仅与材料的孔隙率大小有关，还与孔隙特征(如开口孔隙、闭口孔隙、球形孔隙等)有关。另外，孔隙尺寸的大小、孔隙在材料内部分布的均匀程度等都是孔隙在材料内部的特征表现。

与材料孔隙率相对应的另一个概念是材料的密实度。其反映了材料内部固体的含量，对材料性质的影响正好与孔隙率对材料性质的影响相反。

在建筑工程中，计算材料的用量和构件自重、进行配料计算、确定材料堆放空间及组织运输时，经常要用材料的密度、表观密度和堆积密度进行计算。常用建筑材料的密度、表观密度、堆积密度及孔隙率见表 1-3。

表 1-3　常用建筑材料的密度、表观密度、堆积密度及孔隙率

材料名称	密度/($g\cdot cm^{-3}$)	表观密度/($kg\cdot m^{-3}$)	堆积密度/($kg\cdot m^{-3}$)	孔隙率/%
石灰岩	2.60	1 800~2 600	—	0.6~1.5
花岗石	2.60~2.90	2 500~2 800	—	0.5~1.0
碎石(石灰岩)	2.60	—	1 400~1 700	—
砂	2.60	—	1 450~1 650	—
水泥	2.80~3.20	—	1 200~1 300	—
烧结普通砖	2.50~2.70	1 600~1 800	—	20~40
普通混凝土	2.60	2 100~2 600	—	5~20
轻质混凝土	2.60	1 000~1 400	—	60~65
木材	1.55	400~800	—	55~75
钢材	7.85	7 850	—	
泡沫塑料	—	20~50	—	95~99

3. 填充率与空隙率

对于松散颗粒状态的材料，如砂、石等，可用填充率和空隙率表示互相填充的疏松致密程度。

(1)填充率。填充率是指散粒状材料在堆积体积内被颗粒所填充的程度。填充率 D' 的计算公式为

$$D' = \frac{V_0}{V_0'} \times 100\% = \frac{\rho_0'}{\rho_0} \times 100\%$$

式中　D'——散粒状材料在堆积状态下的填充率(%)。

(2)空隙率。空隙率是指散粒状材料在堆积体积内颗粒之间的空隙体积所占的百分率。空隙率 P' 的计算公式为

$$P' = \frac{V_0' - V_0}{V_0'} \times 100\% = \left(1 - \frac{V_0}{V_0'}\right) \times 100\% = \left(1 - \frac{\rho_0'}{\rho_0}\right) \times 100\% = (1 - D') \times 100\%$$

式中　P'——散粒状材料在堆积状态下的空隙率(%)。

空隙率考虑的是材料颗粒间的空隙,这对填充和粘结散粒材料、研究散粒状材料的空隙结构和计算胶结材料的需要量十分重要。

4. 压实度

材料的压实度是指散粒状材料被压实的程度,即散粒状材料经压实后的干堆积密度 ρ' 与该材料经充分压实后的干堆积密度 ρ_m' 的比率百分数。压实度 K_y 的计算公式为

$$K_y = \frac{\rho'}{\rho_m'} \times 100\%$$

式中　K_y——散粒状材料的压实度(%);

　　　ρ'——散粒状材料经压实后的实测干堆积密度(kg/m^3);

　　　ρ_m'——散粒状材料经充分压实后的最大干堆积密度(kg/m^3)。

散粒状材料的堆积密度是可变的,ρ' 的大小与材料被压实的程度有很大关系,当散粒状材料经充分压实后,其堆积密度值达到最大干密度 ρ_m',相应的孔隙率 P' 值达到最小值,此时的堆积体最为稳定。因此,散粒状材料压实后的压实度 K_y 的值越大,其构成的结构物就越稳定。

(二)与热有关的材料性质

1. 耐燃性和耐火性

耐燃性是指材料在火焰或高温作用下可否燃烧的性质。我国相关规范可将材料按耐燃性分为非燃烧材料(如钢铁、砖、石等)、难燃材料(如纸面石膏板、水泥刨花板等)和可燃材料(如木材、竹材等)。在建筑物的不同部位,根据其使用特点和重要性的不同,可选择具有不同耐燃性的材料。

耐火性是指材料在火焰或高温作用下,保持其不破坏、性能不明显下降的能力。用其耐受时间(h)来表示,称为耐火极限。要注意耐燃性和耐火性概念的区别,耐燃的材料不一定耐火,耐火的一般都耐燃。如钢材是非燃烧材料,但其耐火极限仅为 0.25 h,故钢材虽为重要的建筑结构材料,但其耐火性却较差,使用时须进行特殊的耐火处理。

常用材料的热性能见表 1-4。

表 1-4　常用材料的热性能

材料	温度/℃	注解	材料	温度/℃	注解
烧结普通砖砌体	500	最高使用温度	预应力混凝土	400	火灾时最高允许温度

材料	温度/℃	注解	材料	温度/℃	注解
普通钢筋混凝土	200	最高使用温度	钢材	350	火灾时最高允许温度
普通混凝土	200	最高使用温度	木材	260	火灾危险温度
页岩陶粒混凝土	400	最高使用温度	花岗石(含石英)	575	相变发生急剧膨胀温度
普通钢筋混凝土	500	火灾时最高允许温度	石灰岩、大理石	750	开始分解温度

2. 导热性

导热性是指材料传导热量的能力。材料导热能力的大小可用导热系数 λ 表示。导热系数 λ 的计算公式为

$$\lambda = \frac{Qd}{At(T_2 - T_1)}$$

式中　λ——材料的导热系数[W/(m·K)]；

　　　Q——传导的热量(J)；

　　　d——材料的厚度(m)；

　　　A——材料的传热面积(m^2)；

　　　t——传热的时间(s)；

　　　$T_2 - T_1$——材料两侧的温度差(K)。

材料的导热系数大，则导热性强；反之，绝热性强。建筑材料的导热系数差别很大，工程上通常将 $\lambda < 0.23$ W/(m·K)的材料作为保温隔热材料。

材料导热系数的大小与材料的组成、含水率、孔隙率、孔隙尺寸及孔的特征等有关，与材料的表观密度有很好的相关性。当材料的表观密度小、孔隙率大、闭口孔多、孔分布均匀、孔尺寸小、含水率小时，导热性差，绝热性好。通常，材料导热系数是指干燥状态下的导热系数，材料一旦吸水或受潮，导热系数会显著增大，绝热性变差。

3. 热容量与比热

热容量是指材料受热时吸收热量或冷却时放出热量的能力。热容量 Q 的计算公式为

$$Q = cm(T_2 - T_1)$$

式中　Q——材料的热容量(J)；

　　　c——材料的比热[J/(g·K)]；

　　　m——材料的质量(g)；

　　　$T_2 - T_1$——材料受热或冷却前后的温度差(K)。

其中，比热 c 是真正反映不同材料热容性差别的参数。其可由上式导出：

$$c = \frac{Q}{m(T_2 - T_1)}$$

比热表示质量为 1 g 的材料，在温度每改变 1 K 时所吸收或放出热量的大小。材料的比热值的大小与其组成和结构有关。通常，材料的比热值是指其在干燥状态下的比热值。

比热 c 与质量 m 的乘积称为热容。选择高热容材料作为墙体、屋面、内装饰，在热流变化较大时，对稳定建筑物内部的温度变化有重要的意义。

几种常用建筑材料的热性质指标见表1-5。

表 1-5　几种常用建筑材料的热性质指标

材料	导热系数 /[W·(m·K)⁻¹]	比热 /[J·(g·K)⁻¹]	材料	导热系数 /[W·(m·K)⁻¹]	比热 /[J·(g·K)⁻¹]
钢材	58	0.48	泡沫塑料	0.035	1.30
花岗石	3.49	0.92	水	0.58	4.19
普通混凝土	1.51	0.84	冰	2.33	2.05
烧结普通砖	0.80	0.88	密闭空气	0.023	1.00
松木	横纹 0.17	2.50			
	顺纹 0.35	2.50			

(三)与水有关的材料性质

水对于正常使用阶段的建筑材料,绝大多数有不同程度的有害作用。但在建筑物使用过程中,材料又不可避免地会受到外界雨、雪、地下水、冻融等因素的影响,故要特别注意建筑材料与水有关的性质,包括材料的亲水性和憎水性,以及材料的耐水性、吸水性、吸湿性、抗渗性、抗冻性等。

1. 亲水性和憎水性(疏水性)

当水与建筑材料在空气中接触时,会出现两种不同的现象。图 1-1(a)中水在材料表面易于扩展,这种与水的亲和性称为亲水性。表面与水的亲和力较强的材料称为亲水性材料。水在亲水性材料表面上的润湿边角(固、气、液三态交点处,沿水滴表面的切线与水和固体接触面所成的夹角)$\theta \leqslant 90°$。与此相反,材料与水接触时,不与水亲和,这种性质称为憎水性。水在憎水性材料表面上呈现图 1-1(b)所示的状态,$\theta > 90°$。

图 1-1　材料润湿边角
(a)亲水性材料;(b)憎水性材料

亲水性材料(大多数的无机硅酸盐材料和石膏、石灰等)有较多的毛细孔隙,对水有强烈的吸附作用;而像沥青一类的憎水性材料则对水有排斥作用,故常用作防水材料。

2. 耐水性

材料长期在水的作用下不被损坏,其强度也不显著降低的性质称为耐水性。材料含水后,将会以不同方式来减弱其内部结合力,使强度有不同程度的降低。材料的耐水性用软化系数表示为

$$K = \frac{f_1}{f}$$

式中　K——材料的软化系数;

　　　f_1——材料在吸水饱和状态下的抗压强度(MPa);

　　　f——材料在干燥状态下的抗压强度(MPa)。

软化系数在 0~1 范围内波动，软化系数越小，说明材料吸水饱和后强度降低得越多，耐水性越差。受水浸泡或处于潮湿环境中的重要建筑物所选用的材料，其软化系数不得低于 0.85。因此，软化系数大于 0.85 的材料常被认为是耐水的。在干燥环境中使用的材料可不考虑其耐水性。

3. 吸水性

材料的吸水性是指材料在水中吸收水分达到饱和的能力，吸水性有质量吸水率和体积吸水率两种表达方式，分别用 W_w 和 W_v 表示：

$$W_w = \frac{m_2 - m_1}{m_1} \times 100\%$$

$$W_v = \frac{V_w}{V_0} = \frac{m_2 - m_1}{V_0} \cdot \frac{1}{\rho_w} \times 100\%$$

式中　W_w——质量吸水率(%)；

　　　W_v——体积吸水率(%)；

　　　m_2——材料在吸水饱和状态下的质量(g)；

　　　m_1——材料在绝对干燥状态下的质量(g)；

　　　V_w——材料所吸收水分的体积(cm³)；

　　　V_0——材料在绝对干燥状态下的体积(cm³)；

　　　ρ_w——水的密度，常温下可取 1 g/cm³。

对于质量吸水率大于 100% 的材料，如木材等，通常采用体积吸水率，而对于大多数材料，经常采用质量吸水率。两种吸水率存在着以下关系：

$$W_v = W_w \rho_0$$

这里的 ρ_0 应是材料的干燥体积密度，单位采用 g/cm³。影响材料吸水性的主要因素有材料本身的化学组成、结构和构造状况，尤其是其孔隙状况。一般来说，材料的亲水性越强，孔隙率越大，连通的毛细孔隙越多，其吸水率越大。不同的材料吸水率变化范围很大，花岗石为 0.5%~0.7%，外墙面砖为 6%~10%，内墙釉面砖为 12%~20%，普通混凝土为 2%~4%。材料的吸水率越大，其吸水后强度下降越大，导热性增大，抗冻性随之下降。

4. 吸湿性

材料的吸湿性是指材料在潮湿空气中吸收水分的能力。吸湿性常以含水率表示，即吸入水分与干燥材料的质量比。一般来说，开口孔隙率较大的亲水性材料具有较强的吸湿性。材料的含水率还受环境条件的影响，随温度和湿度的变化而改变。最终材料的含水率将与环境湿度达到平衡状态，此时的含水率称为平衡含水率。含水率 W 的计算公式为

$$W = \frac{m_k - m_1}{m_1}$$

式中　W——材料的含水率(%)；

　　　m_k——材料吸湿后的质量(g)；

　　　m_1——材料在绝对干燥状态下的质量(g)。

5. 抗渗性

抗渗性是指材料抵抗压力水或其他液体渗透的性质。地下建筑物、水上建筑物或屋面材料都需要具有足够的抗渗性，以防渗水、漏水。

抗渗性可用渗透系数表示。根据水力学的渗透定律，在一定的时间 t 内，透过材料试件的水量 Q 与渗水面积 A 及材料两侧的水头差 H 成正比，而与试件厚度 d 成反比，而其比例数 k 即定义为渗透系数。

即由 $Q=k \cdot \dfrac{HAt}{d}$，可得 $k=\dfrac{Qd}{HAt}$。

式中 Q——透过材料试件的水量（cm^3）；

      H——水头差（cm）；

      A——渗水面积（cm^2）；

      d——试件厚度（cm）；

      t——渗水时间（h）；

      k——渗透系数（cm/h）。

材料的抗渗性也可用抗渗等级 P 表示，即在标准试验条件下，材料的最大渗水压力（MPa）。如抗渗等级为 P6，则表示该种材料的最大渗水压力为 0.6 MPa。

材料的抗渗性主要与材料的孔隙状况有关。材料的孔隙率越大，连通孔隙越多，其抗渗性越差。绝对密实的材料和仅有闭口孔或极细微孔的材料实际上是不渗水的。

6. 抗冻性

材料在使用环境中，经受多次冻融循环而不被破坏，强度也无显著降低的性质称为抗冻性。

材料经多次冻融循环后，表面将出现裂纹、剥落等现象，导致质量损失、强度降低。这是由材料内部孔隙中的水分结冰时体积增大（约为 9%）而对孔壁产生很大的压力（每平方毫米可达 100 N），冰融化时压力又骤然消失所致。无论是冻结还是融化过程，都会使材料冻融交界层之间产生明显的压力差，并作用于孔壁而使之损坏。

材料的抗冻性与材料的构造特征、强度、含水程度等因素有关。一般来说，密实的以及具有闭口孔的材料有较好的抗冻性；具有一定强度的材料对冰冻有一定的抵抗能力；材料的含水量越大，冰冻破坏作用越大。另外，经受冻融循环的次数越多，材料遭损越严重。

材料的抗冻性试验是使材料吸水至饱和后，在 −15 ℃ 的温度下冻结规定时间，然后在室温的水中融化，经过规定次数的冻融循环后，测定其质量及强度的损失情况来衡量材料的抗冻性。有的材料如普通砖以反复冻融 15 次后其质量及强度损失不超过其规定值，即抗冻性合格，有的材料如混凝土用抗冻等级来表示。

对于冬季室外温度低于 −10 ℃ 的地区，对工程中使用的材料必须进行抗冻性检验。

(四)材料的光学性能

1. 透光率

光透过透明材料时，透过材料的光能与入射光能之比称为透光率（透光系数）。玻璃的透光率与其组成及厚度有关。厚度越厚，透光率越小。普通窗用玻璃的透光率为 0.75~0.90。

2. 光泽度

材料表面反射光线能力的强弱程度称为光泽度。其与材料的颜色及表面光滑程度有关，一般来说，颜色越浅，表面越光滑，其光泽度越大。光泽度越大，表示材料表面反射光线的能力越强。光泽度用光泽计测得。

(五)材料的声学性能

1. 吸声性

吸声性是指声音能穿透材料和被材料消耗的性质。材料吸声性能用吸声系数 α 表示。吸声系数是指吸收的能量与声波原先传递给材料的全部能量的百分比。吸声系数的计算公式为

$$\alpha = \frac{E}{E_0} \times 100\%$$

式中　α——材料的吸声系数；

　　　E_0——传递给材料的全部入射声能；

　　　E——被材料吸收(包括透过)的声能。

当声波传播到材料表面时，一部分声波被反射，另一部分穿透材料，而其余部分则在材料内部的孔隙中引起空气分子与孔壁的摩擦和黏滞阻力，使相当一部分声能转化为热能而被吸收。

材料的吸声特性除与材料的表观密度、孔隙特征、厚度及表面的条件(有无空气层及空气层的厚度)有关外，还与声波的入射角及频率有关。一般来说，材料内部具有开放、连通的细小孔隙越多，吸声性能越好；增加多孔材料的厚度，可提高对低频声音的吸收效果。同一材料，对于高、中、低不同频率的吸声系数不同。为了全面反映材料的吸声性能，规定取 125 Hz、250 Hz、500 Hz、1 000 Hz、2 000 Hz、4 000 Hz 六个频率的平均吸声系数来表示材料吸声的频率特性。材料的吸声系数为 0～1，平均吸声系数不小于 0.2 的材料称为吸声材料。

吸声材料有抑制噪声和减弱声波的反射作用。为了改善声波在室内传播的质量，保持良好的音响效果和减少噪声的危害，在进行音乐厅、电影院、大会堂、播音室等内部装饰时，应使用适当的吸声材料。在噪声大的厂房内有时也采用吸声材料。

2. 隔声性

隔声与吸声是两个不同的概念。隔声是指材料阻止声波的传播，是控制环境中噪声的重要措施。

在空气中传播遇到密实的围护结构(如墙体)时，声波将激发墙体产生振动，并使声音透过墙体传至另一空间中。空气对墙体的激发服从"质量定律"，即墙体的单位面积质量越大，隔声效果越好。因此，砖及混凝土等材料的结构，隔声效果都很好。

结构的隔声性能用隔声量表示，隔声量是指入射与透过材料声能相差的分贝(dB)数。隔声量越大，隔声性能越好。

二、材料的力学性质

材料的力学性质是指材料在外力作用下，抵抗破坏和变形方面的性质。其对建筑物的正常、安全及有效使用是至关重要的。

(一)材料的强度、强度等级及比强度

1. 强度

材料的强度是指材料在外力作用下抵抗破坏的能力。建筑材料受外力作用时，内部就会产生应力。外力增加，其应力相应增大，直至材料内部质点结合力不足以抵抗其所承受

的外力时，材料即发生破坏，此时的应力值就是材料的强度，也称极限强度。

根据外力作用方式的不同，材料强度有抗拉、抗压、抗剪、抗弯（抗折）强度等，如图 1-2 所示。

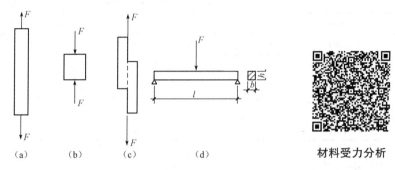

图 1-2 材料承受各种外力示意
（a）抗拉；（b）抗压；（c）抗剪；（d）抗弯

材料的强度常通过破坏性试验测定。将试件放在材料试验机上，施加荷载，直至破坏，根据破坏时的荷载，即可计算材料的强度。

（1）抗拉（压、剪）强度。材料承受荷载（拉力、压力、剪力）作用直到破坏时，单位面积上所承受的拉力（压力、剪力）称为抗拉（压、剪）强度。材料的抗拉、抗压、抗剪强度按下式计算：

$$f = \frac{F}{A}$$

式中　f——抗拉、抗压、抗剪强度（MPa）；

　　　F——材料受拉、受压、受剪破坏时的荷载（N）；

　　　A——材料的受力面积（mm^2）。

（2）抗弯（折）强度。材料的抗弯（折）强度与材料的受力情况有关，对于矩形截面试件，两端支撑，中间作用集中荷载。其抗弯（折）强度按下式计算：

$$f_m = \frac{3Fl}{2bh^2}$$

式中　f_m——材料的抗弯（折）强度（MPa）；

　　　F——受弯时的破坏荷载（N）；

　　　l——两支点的间距（mm）；

　　　b，h——材料截面的宽度、高度（mm）。

另外，强度还有断裂强度、剥离强度等。断裂强度是指承受荷载时材料抵抗断裂的能力。剥离强度是指在规定的试验条件下，对标准试样施加荷载，使其承受线应力，且加载的方向与试样粘面保持规定角度，胶粘剂单位宽度上所能承受的平均荷载，常用 N/m 来表示。

材料的强度与其组成及结构有关。相同种类的材料，其组成、结构特征、孔隙率、试件形状、尺寸、表面状态、含水率、温度及试验时的加荷速度等对材料的强度都有影响。

常用建筑材料的强度见表 1-6。由表可见，不同材料的各种强度间相差是不同的。花岗石、普通混凝土等的抗拉强度比抗压强度小几十至几百倍，因此，这类材料只适用于作受压构件(基础、墙体、桩等)。而钢材的抗压强度和抗拉强度相等，所以作为结构材料性能最为优良。

表 1-6　常用建筑材料的强度　　　　　　　　　　MPa

材料	抗压	抗拉	抗折
花岗石	100~250	5~8	10~14
普通混凝土	5~60	1~9	—
轻骨料混凝土	5~50	0.4~2	—
松木(顺纹)	30~50	80~120	60~100
钢材	240~1 500	240~1 500	—

2. 强度等级

对于以强度为主要指标的材料，通常按材料强度值的高低将其划分成若干等级，称为强度等级。如硅酸盐水泥按 7 d、28 d 抗压、抗折强度值划分为 42.5、52.5、62.5 等强度等级。强度等级是人为划分的，是不连续的。根据强度划分强度等级时，规定的各项指标都合格，才能定为某强度等级，否则就要降低级别。而强度具有客观性和随机性，其试验值往往是连续分布的。强度等级与强度间的关系，可简单表述为"强度等级来源于强度，但不等同于强度"。测定强度的标准试件见表 1-7。

表 1-7　测定强度的标准试件

受力方式	试　件	简　图	计算公式	材　料	试件尺寸/mm
		(a)轴向抗压强度极限			
轴向受压	立方体			混凝土 砂　浆 石　材	$150 \times 150 \times 150$ $70.7 \times 70.7 \times 70.7$ $50 \times 50 \times 50$
	棱柱体			混凝土 木材	$a=100, 150, 200$ $h=2a\sim3a$ $a=20, h=30$
	复合试件		$f_压=\dfrac{F}{A}$	砖	$s=115 \times 120$
	半个棱柱体			水泥	$s=40 \times 62.5$

受力方式	试 件	简 图	计算公式	材 料	试件尺寸/mm
		(b)轴向抗拉强度极限			
轴向受拉	钢筋拉伸试件		$f_{拉}=\dfrac{F}{A}$	钢筋	$l=5d$ 或 $l=10d$ $A=\dfrac{\pi d^2}{4}$
				木材	$a=15,\ b=4$ $(A=a\cdot b)$
	立方体			混凝土	$100\times100\times100$ $150\times150\times150$
		(c)抗弯强度极限			
受弯	棱柱体砖		$f_{弯}=\dfrac{3Fl}{2bh^2}$	水泥	$b=h=40$ $l=100$
	棱柱体		$f_{弯}=\dfrac{Fl}{bh^2}$	混凝土 木材	$20\times20\times300,\ l=240$

3. 比强度

比强度是指按单位体积质量计算的材料强度，即材料的强度与其表观密度之比 f/ρ_0，是反映材料轻质高强的力学参数，是衡量材料轻质高强性能的一项重要指标。比强度越大，材料的轻质高强性能越好。在高层建筑及大跨度结构工程中常采用比强度较高的材料。轻质高强的材料也是未来建筑材料发展的主要方向。几种常用材料的比强度见表1-8，表中数值表明，松木较为轻质高强，而烧结普通砖的比强度值最小。

表1-8　几种常用材料的比强度

材料名称	表观密度/(kg·m⁻³)	强度值/MPa	比强度
低碳钢	7 800	235	0.030 1
松木	500	34	0.068 0
普通混凝土	2 400	30	0.012 5
烧结普通砖	1 700	10	0.005 9

(二)材料的韧性和脆性

1. 韧性

在冲击、振动荷载的作用下，材料可吸收较大的能量产生一定的变形而不破坏的性质称为韧性或冲击韧性。建筑钢材（软钢）、木材、塑料等是较典型的韧性材料。对于路面、桥梁、吊车梁及有抗震要求的结构都要考虑材料的韧性。

2. 脆性

材料在外力作用下，直至断裂前只发生弹性变形，不出现明显的塑性变形而突然破坏的性质称为脆性。具有这种性质的材料称为脆性材料，如石材、烧结普通砖、混凝土、铸铁、玻璃及陶瓷等。脆性材料的抗压能力很强，其抗压强度比抗拉强度大得多，可达十几倍甚至更高。脆性材料的抗冲击及动荷载能力差，故常用于承受静压力作用的建筑部位，如基础、墙体、柱子、墩座等。

(三)材料的弹性和塑性

弹性和塑性是材料的变形性能，它们主要描述的是材料变形的可恢复特性。

1. 弹性

材料在外力作用下产生变形，当外力取消后能够完全恢复原来的形状、尺寸的性质称为弹性。这种能够完全恢复的变形称为弹性变形。材料在弹性范围内的变形符合胡克定律，并用弹性模量 E 来反映材料抵抗变形的能力。E 越大，材料受外力作用时越不易产生变形。

2. 塑性

材料在外力作用下产生不能自行恢复的变形，且不被破坏的性质称为塑性。这种不能自行恢复的变形称为塑性变形（或称不可恢复变形）。

实际上，只有单纯的弹性或塑性的材料都是不存在的。各种材料在不同的应力下都会表现出不同的变形性能。

(四)材料的硬度和耐磨性

1. 硬度

硬度是指材料表面耐较硬物体刻划或压入而产生塑性变形的能力。木材、金属等韧性材料的硬度，往往采用压入法来测定。

用压入法测硬度的指标有布氏硬度和洛氏硬度。其等于压入荷载值除以压痕的面积或密度。而陶瓷、玻璃等脆性材料的硬度往往采用刻划法来测定，其称为莫氏硬度，根据刻划矿物（滑石、石膏、磷灰石、正长石、硫铁矿、黄玉、金刚石等）的不同分为十级。

2. 耐磨性

耐磨性是指材料表面抵抗磨损的能力，用磨损率表示。其等于试件在标准试验条件下磨损前后的质量差与试件受磨表面积之商。磨损率越大，材料的耐磨性越差。

三、材料的耐久性

建筑材料的耐久性是指材料在使用过程中，在内、外因素的作用下，经久不破坏、不变质，保持原有性能的性质。

(一)材料耐久性的影响因素

材料在使用中，除受荷载作用外，还会受周围环境中各种自然因素的影响，如物理、化学及生物等方面的作用。

（1）物理作用包括干湿变化、温度变化、冻融循环、磨损等，这些都会使材料遭到一定程度的破坏，影响材料的长期使用。

（2）化学作用包括受酸、碱、盐类等物质的水溶液及有害气体的作用，发生化学反应及氧化作用、受紫外线照射等使材料变质或损坏。

（3）生物作用是指昆虫、菌类等对材料的蛀蚀及腐蚀作用。

材料的耐久性是一项综合性能，不同材料的耐久性往往有不同的具体内容。如混凝土的耐久性，主要通过抗渗性、抗冻性、抗腐蚀性和抗碳化性来体现。钢材的耐久性，主要取决于其抗锈蚀性，而沥青的耐久性则主要取决于大气稳定性和温度敏感性。

（二）材料耐久性的测定

材料耐久性需长期观察后测定，而这样往往满足不了工程的即时需要。因此，通常根据使用要求，用一些试验室可测定又能基本反映其耐久性特性的短时试验指标来表达。如常用软化系数来反映材料的耐水性；用试验室的冻融循环（数小时一次）试验得出的抗冻等级来说明材料的抗冻性；采用较短时间的化学介质浸渍来反映实际环境中的水泥石的长期腐蚀现象等，并据此对耐久性作出测定和评价。

四、材料的装饰性

装饰性是指建筑装饰材料对所覆盖建筑物外观美化的效果。人们除要求建筑物具备安全与实用条件外，还会追求其外观的美观性。对建筑物外露的表面进行适当的装饰，既起到美化建筑物的作用，也对建筑物的主体起到保护作用，有时还兼有防水、保温等功能。建筑物对材料的装饰效果的要求主要体现在材料的色彩、质感、形状、尺寸、纹理等外观形状方面。

（一）色彩

色彩是构成建筑物外观和影响周围环境的重要因素。一般以白色为主的立面，常给人以明快、清新的感觉；以深色为主的立面，则显得端庄、稳重。在室内看到红、橙、黄等暖色，人们会感到热烈、兴奋、温暖；看到绿、蓝、紫罗兰等冷色，人们会感到宁静、幽雅、清凉。由于生活条件、气候条件以及传统习惯等因素不同，人们对色彩的感觉也不同。

（二）质感

质感是材料表面的粗细程度、软硬程度、凹凸不平、纹理构造、花纹图案、明暗色差等给人的一种综合感觉。如粗糙的混凝土或砖的表面，显得较为厚重、粗犷；平滑、光亮的玻璃和铝合金表面，显得较为轻巧、活泼。质感与材料的材质特性、表面的加工程度、施工方法，以及建筑物的形体、立面风格等有关。

（三）外观形状

材料的外观形状中形状和尺寸能给人带来空间尺寸的大小和使用上是否舒适的感觉。如大理石及彩色水磨石板材用于厅堂，可以取得很好的效果，但若用于居室，则由于规格太大，会失去魅力。纹理是材料本身固有的天然纹样、图样、底色等装饰效果。如果能巧妙利用材料的纹理，在装饰中就能获得或朴素，或淡雅，或高贵，或凝重的各种装饰效果。

第三节 本课程的内容和学习方法

一、本课程的内容

建筑与装饰材料是建筑工程类专业的一门重要的专业基础课。其全面、系统地介绍了建筑与装饰材料的性质与应用的基本知识，主要讨论了常用建筑与装饰材料如砖、石灰、石膏、水泥、混凝土、建筑砂浆、建筑钢材、木材、防水材料、塑料、装饰材料、绝热材料及吸声材料等的原料与生产，组成、结构与性质的关系，性质与应用，技术要求与检验，运输、验收与储存等方面的内容。从本课程的目的及任务出发，应掌握建筑与装饰材料的性质、应用及其技术要求的内容。

二、本课程的学习方法

建筑与装饰材料的种类繁多，各类材料的知识既有联系又有很强的独立性。本课程还涉及化学、物理、应用等方面的基本知识，因此，要掌握好理论学习和实践认识两者间的关系。学生要注意把所学的理论知识落实在材料的检测、验收、选用等实践操作技能上。在理论学习的同时，在教师的指导下，随时到工地或试验室穿插进行材料的认知实习，并完成课程所要求的材料试验，从而高质量地完成本课程的学习。

在理论学习方面，要重点掌握材料的组成、技术性质和特征、外界因素对材料性质的影响和应用的原则，对各种材料都应遵循这一主线来学习。理论是基础，只有牢固掌握基础理论知识，才能应对材料科学的不断发展，并在实践中加以灵活应用。

本章小结

本章主要介绍了建筑与装饰材料的作用、地位、分类、发展、基本要求及选用原则，建筑与装饰材料的物理性质和力学性质，材料的耐久性和装饰性，本课程的学习内容和方法。

1. 建筑材料是指组成建筑物或构筑物各部分实体的材料。建筑装饰材料是集工艺、造型设计、美学于一体的材料，是依据一定的方法对建筑物进行美的设计和美的包装的原材料。

2. 建筑装饰装修工程对材料的基本要求有三点，即耐久性、安全牢固性和经济性。

3. 建筑装饰材料的选用原则包括材料的经济性原则和使用材料的节约性原则。

4. 材料的物理性质主要包括与质量有关的材料性质、与热有关的材料性质、与水有关的材料性质、材料的光学性能及材料的声学性能。

5. 材料的力学性质是指材料在外力作用下，抵抗破坏和变形方面的性质，主要包括材料的强度、强度等级及比强度、韧性和脆性、弹性和塑性、硬度和耐磨性。

6. 建筑材料的耐久性是指材料在使用过程中,在内、外因素的作用下,经久不破坏、不变质,保持原有性能的性质。

7. 建筑物对材料装饰效果的要求主要体现在材料的色彩、质感、形状、尺寸、纹理等外观形状方面。

思考与练习

1. 建筑装饰材料的选用原则是什么?

2. 什么是材料的密度、表观密度及堆积密度?

3. 什么是材料的亲水性与憎水性?材料的亲水性与吸水性有什么关系?

4. 材料的吸声性与材料的哪些方面相关?

5. 材料的强度与强度等级的关系是什么?

6. 什么是材料的硬度与耐磨性?

7. 什么是材料的耐久性?影响材料耐久性的因素有哪些?

第二章　胶凝材料

知识目标

1. 了解石膏的原料、生产、凝结硬化及性质。
2. 掌握石膏装饰制品的性质及品种。
3. 掌握石膏装饰制品的技术要求及应用。
4. 了解硅酸盐水泥的分类、强度，熟悉硅酸盐水泥熟料矿物的组成及其特性，掌握硅酸盐水泥的技术性质及应用。
5. 掌握白色水泥与彩色水泥的性能特点、分类、组成材料、技术要求及应用。

能力目标

1. 能够根据石膏材料的特点、技术要求及不同装饰需要合理选择石膏装饰制品。
2. 能够根据水泥的特点、技术要求及不同装饰要求合理选择水泥的品种。

第一节　石膏材料

石膏具有一系列较石灰更为优越的建筑性能。其资源丰富，生产工艺简单，不仅是一种有着悠久历史的胶凝材料，而且也是一种有发展前途的新型建筑材料。特别是近年来在建筑中广泛采用框架轻板结构，作为轻质板材主要品种之一的石膏板受到了普遍重视，其生产和应用都得到了迅速发展。生产石膏胶凝材料的原料有二水石膏和天然无水石膏，以及来自化学工业的各种副产物化学石膏。

一、石膏

（一）石膏的原料与生产

生产石膏的原料主要为含硫酸钙的二水石膏（又称生石膏）或含硫酸钙的化工副产品和废渣（如磷石膏、氟石膏、硼石膏等），二水石膏的化学式为 $CaSO_4 \cdot 2H_2O$，因含两个结晶水而得名，又由于其质地较软，也被称为软石膏。

将二水石膏在不同的压力和温度下煅烧，可以得到结构和性质均不同的石膏产品。

1. 建筑石膏

建筑石膏是将二水石膏(生石膏)加热至107 ℃～170 ℃时,部分结晶水脱出后得到半水石膏(熟石膏),再经磨细得到粉状的建筑中常用的石膏品种,故称"建筑石膏"。其反应式如下:

$$CaSO_4 \cdot 2H_2O \xrightarrow[107\ ℃～170\ ℃]{加热} CaSO_4 \cdot 1/2H_2O + 3/2H_2O$$

该半水石膏的晶粒较为细小,称为 β 型半水石膏,将此熟石膏磨细得到的白色粉末称为建筑石膏。在上述条件下煅烧一等或二等的半水石膏,然后磨得更细些,得到的 β 型半水石膏则称为模型石膏,是建筑装饰制品的主要原料。

2. 硬石膏

继续升温煅烧二水石膏,还可以得到几类不同的硬石膏(无水石膏)。当温度升至180 ℃～210 ℃时,半水石膏继续脱水得到脱水半水石膏。其结构变化不大,仍具有凝结硬化性质,当煅烧温度升至320 ℃～390 ℃时,得到可溶性硬石膏。其水化凝结速度较半水石膏快,但它的需水量大、硬化慢、强度低。当煅烧温度达 400 ℃～750 ℃时,石膏完全失掉结合水,成为不溶性石膏,其结晶体变得紧密而稳定,密度达 2.29 g/cm^3,难溶于水,凝结很慢,甚至完全不凝结。但若加入石灰激发剂,其又具有水化凝结和硬化能力。这些材料按比例磨细后可制得无水石膏(强度为 4.9～29.4 MPa)。当煅烧温度超过 800 ℃时,部分 $CaSO_4$ 分解出 CaO,磨细后的石膏称为高温煅烧石膏,由于它处于碱性激发剂的作用下,所以具有活性。因其硬化后有较高的强度和耐磨性,抗水性较好,所以也称为地板石膏。

3. 高强度石膏

将二水石膏置于蒸压釜中,在 127 kPa 的水蒸气中(124 ℃)脱水,则得到晶粒比 β 型半水石膏粗大、使用时拌合用水量少的半水石膏,称为 α 型半水石膏。将此熟石膏磨细得到的白色粉末称为高强度石膏。由于高强度石膏晶体粗大,比表面积小,调成可塑性浆体时需水量(35%～45%)只是建筑石膏需水量的一半,因此硬化后具有较高的密实度和强度。其 3 h 的抗压强度可达 9～24 MPa,其抗拉强度也很高。7 d 的抗压强度可达 15～40 MPa。高强度石膏的密度为 2.6～2.8 g/cm^3。

高强度石膏可用于室内高级抹灰、制作装饰制品和石膏板等。若掺入防水剂可将其制成高强度抗水石膏,在潮湿环境中使用。

总的来说,石膏的品种很多,各品种的石膏在建筑中均有应用,但是用量最多、用途最广的是建筑石膏。

(二)石膏的凝结硬化原理

建筑石膏与适量的水混合后,起初会形成均匀的石膏浆体,但紧接着石膏浆体就会失去塑性,成为坚硬的固体。这主要是因为建筑石膏加水拌和后会与水发生水化反应,其反应式为

$$CaSO_4 \cdot 1/2H_2O + 3/2H_2O \longrightarrow CaSO_4 \cdot 2H_2O$$

这是半水石膏遇水后,将重新水化生成二水石膏放出热量并逐渐凝结硬化的缘故。

其凝结硬化过程的机理如下:半水石膏遇水后发生溶解,并生成不稳定的过饱和溶液,溶液中的半水石膏经过水化成为二水石膏。由于二水石膏在水中的溶解度(20 ℃下为 2.05 g/L)较半水石膏的溶解度(20 ℃下为 8.16 g/L)小得多,所以二水石膏溶液会很

快达到过饱和，因此，很快析出胶体微粒并且不断转变为晶体。由于二水石膏的析出破坏了原来半水石膏溶解的平衡状态，这时半水石膏会进一步溶解，以补偿二水石膏析晶而在液相中减少的硫酸钙的含量。如此不断地进行半水石膏的溶解和二水石膏的析出，直到半水石膏完全水化为止。这一过程进行得较快时，需 7～12 min。与此同时，由于浆体中的自由水因水化和蒸发逐渐减少，浆体变稠，失去塑性，之后水化物晶体继续增长，直至完全干燥，强度发展到最大值，石膏硬化。

随着水化的不断进行，生成的二水石膏胶体微粒不断增多，这些微粒较原来的半水石膏更加细小，比表面积很大，吸附着很多的水分；同时，浆体中的自由水分由于水化和蒸发而不断减少，浆体的稠度不断增加，胶体微粒间的接近及相互之间不断增加的范德华力，使浆体逐渐失去可塑性，即浆体逐渐产生凝结。随着水化的不断进行，二水石膏胶体微粒凝聚并转变为晶体。晶体颗粒逐渐长大，且晶体颗粒之间相互搭接、交错、共生（两个以上晶粒生长在一起），产生强度，即浆体产生了硬化（图 2-1）。这一过程不断进行，直至浆体完全干燥，强度不再增加。此时浆体已硬化成为人造石材。

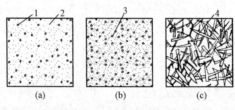

图 2-1　建筑石膏凝结硬化示意图

(a)胶化；(b)结晶开始；(c)结晶长大与交错

1—半水石膏；2—二水石膏胶体微粒；

3—二水石膏晶体；4—交错的晶体

石膏的凝结硬化

(三)石膏的性质

与石灰等胶凝材料相比，石膏具有如下性质。

1. 凝结硬化快

建筑石膏在加水拌和后，浆体在 10 min 内便开始失去可塑性，在 30 min 内完全失去可塑性而产生强度，而在室温自然干燥的条件下，约 1 周时间可完全硬化。因初凝时间较短，为满足施工的要求，一般均需加入缓凝剂，以延长凝结时间。建筑石膏常掺入用量为 0.1%～0.2%的动物胶(经石灰处理)，或掺入 1%的亚硫酸酒精废液，也可使用硼砂或柠檬酸。掺缓凝剂后，石膏制品的强度将有所降低。

石膏的强度发展较快，2 h 的抗压强度可达 3～6 MPa，7 d 时可达最大抗压强度值(为 8～12 MPa)。

2. 孔隙率大

建筑石膏水化反应的理论需水量仅为其质量的 18.6%，但施工中为了保证浆体有必要的流动性，其加水量常达 60%～80%，多余水分蒸发后，将形成大量孔隙，硬化体的孔隙率可达 50%～60%。由于硬化体多孔结构的特点，建筑石膏制品具有表观密度小、质轻、保温隔热性能好和吸声性强等优点。但因石膏制品的孔隙率大，且二水石膏可微溶于水，故石膏的抗渗性、抗冻性和耐水性差。石膏的软化系数只有 0.2～0.3。

3. 凝固时体积微膨胀

石膏浆体在凝结硬化初期会产生微膨胀，膨胀率为 0.05%～0.15%。这一特性使石膏制品的表面光滑、尺寸精确、形体饱满、装饰性好，干燥时不产生收缩裂缝，加之石膏制品洁白、细腻，特别适合制作建筑装饰制品。

4. 具有一定的调温、调湿性

由于多孔结构的特点，建筑石膏制品的比热较大，吸湿性较强，当室内温度产生变化时，石膏制品的"呼吸"作用会使环境的温度、湿度有所变化，因而具有一定的调节温度的作用。

5. 耐水性、抗冻性差

建筑石膏是气硬性胶凝材料，吸水性大，长期在潮湿环境中，其晶体粒子间的结合力会被削弱，直至溶解，因此其不耐水、不抗冻。

6. 防火性好、耐火性差

建筑石膏制品的导热系数小，传热慢，二水石膏遇火后，结晶水蒸发，形成蒸汽幕，可阻止火势蔓延，起到防火作用。当建筑石膏长期在 65 ℃以上的高温部位使用时，二水石膏将会缓慢脱水分解，以致降低强度，因而不耐火。

建筑石膏

(四)石膏的应用

由于品种不同，石膏的性质各异，用途也不一样。二水石膏可以作为石膏工业的原料、水泥的调节剂等；煅烧的硬石膏可用来浇筑地板和制造人造大理石，也可以作为水泥的原料；建筑石膏(半水石膏)在建筑工程中可用作室内抹灰、粉刷、油漆打底等材料，还可以用来制造建筑装饰制品、石膏板，以及水泥原料中的调凝剂和激发剂。

二、石膏装饰制品

在装饰工程中，建筑石膏和高强度石膏往往先被加工成各式制品，然后被镶贴、安装在基层或龙骨支架上。石膏装饰制品主要有装饰石膏板、嵌装式装饰石膏板、普通纸面石膏板及吸声穿孔石膏板、装饰线角、花饰、装饰浮雕壁画、挂饰及建筑艺术造型等。这些制品都充分发挥了石膏胶凝材料的装饰性，效果很好。

(一)装饰石膏板

装饰石膏板是以建筑石膏为主要原料，掺入适量纤维增强材料和外加剂，与水一起搅拌成均匀的料浆，经浇筑成型、干燥而成的不带护面纸的装饰板材。其表面细腻，色彩、花彩图案丰富，给人以清新柔和感，具有轻质、高强、防潮、不变形、防火、阻燃、可调节室内湿度等特点，并具有施工方便，加工性能好，可锯、可钉、可刨、可粘结等优点，是较理想的顶棚吸声板及墙面装饰板材。

1. 装饰石膏板的分类、规格及标记

(1)分类与规格。装饰石膏板根据板材正面形状和防潮性能进行的分类及代号见表2-1。

表 2-1 装饰石膏板的分类及代号

分类	普通板			防潮板		
	平板	孔板	浮雕板	平板	孔板	浮雕板
代号	P	K	D	FP	FK	FD

装饰石膏板的常用规格见表 2-2。其他形状和规格的板材由供需双方商定。

表 2-2　装饰石膏板的常用规格　　　　　　　　　　　mm

长度	宽度	棱边厚度
600	600	
1 200	300	15
1 200	600	

(2)产品标记。装饰石膏板产品的标记顺序为产品名称、标准号、分类代号和规格尺寸的顺序标记。入板材尺寸为 1 200 mm×600 mm×15 mm 的防潮孔板标记示例如下：

装饰石膏板　JC/T 799—FK 1 200×600×15

2. 装饰石膏板的技术要求

装饰石膏板的技术要求应符合《装饰石膏板》(JC/T 799—2016)的规定，具体要求如下。

(1)外观质量。装饰石膏板正面不应有影响装饰效果的气孔、污痕、裂纹、缺角、色彩不均匀和图案不完整等缺陷。

(2)允许偏差。装饰石膏板板材的尺寸允许偏差、平面度和直角偏离度应符合表 2-3 的规定。

表 2-3　装饰石膏板材的尺寸允许偏差、平面和直角偏差　　　　　　　mm

项目	尺寸偏差	项目	尺寸偏差
边长	$+1$ -2	平面度	≤2.0
棱边厚度	±1.0	直角偏离度	≤2.0

(3)物理力学性能。装饰石膏板产品的物理力学性能应符合表 2-4 的要求。

表 2-4　装饰石膏板产品的物理力学性能

序号	项目		指标					
			P、K、FP、FK			D、FD		
			平均值	最大值	最小值	平均值	最大值	最小值
1	单位面积质量/(kg·m^{-2})	≤	11.0	12.0	—	13.0	14.0	—
2	含水率/%	≤	2.5	3.0	—	2.5	3.0	—
3	断裂荷载/N	≥	147	—	132	167	—	150
4	防潮性能* 吸水率/%	≤	8.0	9.0	—	8.0	9.0	—
	受潮挠度/mm	≤	5	6	—	5	6	—
5	燃烧性能		应符合 A1 级要求					
*P、K、D 不检验该项目。								

3. 装饰石膏板的应用

装饰石膏板主要用于建筑室内墙壁装饰和吊顶装饰以及隔墙等，如宾馆、饭店、餐厅、礼堂、影剧院、会议室、医院、幼儿园、候机(车)室、办公室、住宅等的吊顶、墙面工程。

湿度较大的场所应使用防潮板。

（二）嵌装式装饰石膏板

嵌装式装饰石膏板是以建筑石膏为主要原料，掺入适量的纤维增强材料和外加剂，与水一起搅拌成均匀的料浆，经浇筑成型、干燥而成的不带护面纸的板材。板材背面四边加厚，并带有嵌装企口，板材正面可为平面、带孔或带浮雕图案。嵌装式装饰石膏板可以具备各种色彩、浮雕图案、不同孔洞形式和排列方式，装饰性强。同时，在安装时只需嵌固在龙骨上，不再需要另行固定，整个施工全部为装配化，并且任意部位的板材均可随意拆卸和更换，极大地方便了施工。

1. 嵌装式装饰石膏板的分类、规格及标记

（1）分类及规格。嵌装式装饰石膏板可分为普通嵌装式装饰石膏板（代号为 QP）和吸声用嵌装式装饰石膏板（代号为 QS）两种。

嵌装式装饰石膏板的规格为：边长为 600 mm×600 mm 时，边厚不小于 28 mm；边长为 500 mm×500 mm 时，边厚不小于 25 mm。其他形状和规格的板材，由供需双方商定。

（2）标记。嵌装式装饰石膏板产品的标记顺序为：产品名称、代号、边长、标准号。如边长尺寸为 600 mm×600 mm 的普通嵌装式装饰石膏板标记如下：

嵌装式装饰石膏板　QP　600　JC/T 800—2007

2. 嵌装式装饰石膏板的技术要求

嵌装式装饰石膏板的技术要求应符合《嵌装式装饰石膏板》（JC/T 800—2007）的规定，具体要求如下：

（1）外观质量。嵌装式装饰石膏板正面不得有影响装饰效果的气孔、污痕、裂纹、缺角、色彩不均和图案不完整等缺陷。

（2）尺寸及允许偏差。嵌装式装饰石膏板板材边长（L）、铺设高度（H）和厚度（S）（图 2-2）的允许偏差、不平度和直角偏离度（δ）应符合表 2-5 的规定。

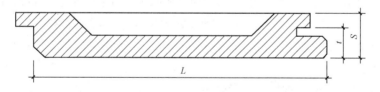

图 2-2　嵌装式装饰石膏板的构造示意

表 2-5　嵌装式装饰石膏板的尺寸及允许偏差　　　　　　　　　　　mm

项目		技术要求
边长 L		±1.0
铺设高度 H		±1.0
边厚 S	$L=500$	≥25
	$L=600$	≥28
不平度		≤1.0
直角偏离度 δ		≤1.0

（3）物理力学性能。嵌装式装饰石膏板的单位面积质量、含水率和断裂荷载应符合表 2-6 的规定。

表 2-6　嵌装式装饰石膏板的物理力学性能

序号	项目		技术要求
1	单位面积质量/$(kg \cdot m^{-2})$	平均值	≤16.0
		最大值	≤18.0
2	含水率/%	平均值	≤3.0
		最大值	≤4.0
3	断裂荷载/N	平均值	≥157
		最小值	≥127

（4）附加要求。嵌装式吸声石膏板必须具有一定的吸声性能，125 Hz、250 Hz、500 Hz、1 000 Hz、2 000 Hz 和 4 000 Hz 六频率混响室法的平均吸声系数 $\alpha_s \geq 0.3$。对于每种吸声石膏板产品，必须附有贴实和采用不同构造安装的吸声频谱曲线。穿孔率、孔洞形式和吸声材料种类由生产厂自定。

3. 嵌装式装饰石膏板的应用

嵌装式装饰石膏板适用于影剧院、餐厅、宾馆、礼堂、音乐厅、会议室、候车室、展厅等公共建筑与纪念性建筑物的室内顶棚装饰，以及某些部位的墙面装饰等。使用嵌装式装饰石膏板时，应注意企口形式与所用龙骨断面的配套，安装时不得用力拉扯和撞击，防止企口损坏。

(三)纸面石膏板

纸面石膏板是以半水石膏和护面纸为主要原料，掺加适量纤维、胶粘剂、促凝剂、缓凝剂，经料浆配制、成型、切割、烘干而成的轻质薄板。其具有质轻、抗弯和抗冲击性高、防火、保温隔热、抗震性好等特点，并具有较好的隔声性和可调节室内湿度等优点，但其耐水性差，耐火极限也仅为 5～15 min。纸面石膏板材易于安装，施工速度快，是目前广泛使用的轻质板材之一。

1. 纸面石膏板的分类、规格尺寸及标记

（1）分类。

1）纸面石膏板按其功能可分为普通纸面石膏板、耐水纸面石膏板、耐火纸面石膏板及耐水耐火纸面石膏板四种，见表 2-7。

表 2-7　纸面石膏板的分类

序号	名称	说明
1	普通纸面石膏板（代号 P）	以建筑石膏为主要原料，掺入适量纤维增强材料和外加剂等，在与水搅拌后，浇注于护面纸的面纸与背纸之间，并与护面纸牢固地粘结在一起的建筑板材
2	耐水纸面石膏板（代号 S）	以建筑石膏为主要原料，掺入适量纤维增强材料和耐水外加剂等，在与水搅拌后，浇注于耐水护面纸的面纸与背纸之间，并与耐水护面纸牢固地粘结在一起，旨在改善防水性能的建筑板材

序号	名称	说明
3	耐火纸面石膏板 (代号 H)	以建筑石膏为主要原料，掺入无机耐火纤维增强材料和外加剂等，在与水搅拌后，浇注于护面纸的面纸与背纸之间，并与护面纸牢固地粘结在一起，旨在提高防火性能的建筑板材
4	耐水耐火纸面石膏板 (代号 SH)	以建筑石膏为主要原料，掺入耐水外加剂和无机耐火纤维增强材料等，在与水搅拌后，浇注于耐水护面纸的面纸与背纸之间，并与耐水护面纸牢固地粘结在一起，旨在改善防水性能和提高防火性能的建筑板材

2)纸面石膏板按棱边形状可分为矩形(代号 J)、倒角形(代号 D)、楔形(代号 C)和圆形(代号 Y)四种，如图 2-3～图 2-6 所示，也可根据用户要求生产其他棱边形状的板材。

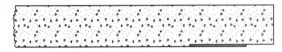

图 2-3　矩形棱边

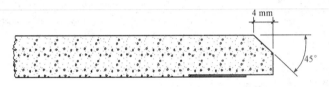

图 2-4　倒角形棱边

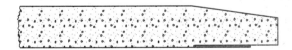

图 2-5　楔形棱边

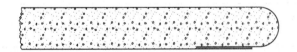

图 2-6　圆形棱边

(2)规格尺寸。

1)板材的公称长度为 1 500 mm、1 800 mm、2 100 mm、2 400 mm、2 440 mm、2 700 mm、3 000 mm、3 300 mm、3 600 mm 和 3 660 mm。

2)板材的公称宽度为 600 mm、900 mm、1 200 mm 和 1 220 mm。

3)板材的公称厚度为 9.5 mm、12.0 mm、15.0 mm、18.0 mm、21.0 mm 和 25.0 mm。

(3)产品标记。纸面石膏板产品的标记顺序依次为：产品名称、板类代号、棱边形状代号、长度、宽度、厚度以及标准编号。如长度为 3 000 mm、宽度为 1 200 mm、厚度为 12.0 mm、具有楔形棱边形状的普通纸面石膏板的标记示例为

纸面石膏板　PC　3 000×1 200×12.0　GB/T 9775—2008

2. 纸面石膏板的技术要求

纸面石膏板的技术要求应符合《纸面石膏板》(GB/T 9775—2008)的规定，见表 2-8～表 2-11。

表 2-8　纸面石膏板的质量技术要求

序号	项目	内容
1	外观质量	纸面石膏板板面平整，不应有影响使用的波纹、沟槽、亏料、漏料和划伤、破损、污痕等缺陷
2	尺寸偏差	板材尺寸偏差应符合表 2-9 的规定
3	对角线长度差	板材应切割成矩形，两对角线长度差应不大于 5 mm
4	楔形棱边断面尺寸	对于棱边形状为楔形的板材，楔形棱边宽度应为 30～80 mm，楔形棱边深度应为 0.6～1.9 mm
5	面密度	板面密度应不大于表 2-10 的规定
6	断裂荷载	板材断裂荷载应小于表 2-11 的规定
7	硬度	板材的棱边硬度和端头硬度应不小于 70 N
8	抗冲击性	经冲击后，板材背面应无径向裂纹
9	护面纸与芯材粘结性	护面纸与芯材应不剥离
10	吸水率(仅适用于耐水纸面石膏板和耐水耐火纸面石膏板)	板材的吸水率应不大于 10%
11	表面吸水量(仅适用于耐水纸面石膏板和耐水耐火纸面石膏板)	板材的表面吸水量应不大于 160 g/m²
12	遇火稳定性(仅适用于耐火纸面石膏板和耐水耐火纸面石膏板)	板材的遇火稳定性时间应不少于 20 min
13	受潮挠度	由供需双方商定
14	剪切力	由供需双方商定

表 2-9　纸面石膏板的尺寸偏差　　　　　　　　　　　　　　　　mm

项目	长度	宽度	厚度	
			9.5	≥12.0
尺寸偏差	−6～0	−5～0	±0.5	±0.6

表 2-10　纸面石膏板的面密度

序号	板材厚度/mm	面密度/(kg·m⁻²)
1	9.5	9.5
2	12.0	12.0
3	15.0	15.0
4	18.0	18.0

序号	板材厚度/mm	面密度/(kg·m⁻²)
5	21.0	21.0
6	25.0	25.0

表 2-11   纸面石膏板的断裂荷载

序号	板材厚度/mm	断裂荷载/N			
		纵向		横向	
		平均值	最小值	平均值	最小值
1	9.5	400	360	160	140
2	12.0	520	460	200	180
3	15.0	650	580	250	220
4	18.0	770	700	300	270
5	21.0	900	810	350	320
6	25.0	1 100	970	420	380

3. 纸面石膏板的应用

纸面石膏板的应用见表 2-12。

表 2-12   纸面石膏板的应用

序号	类别	适用范围
1	普通纸面石膏板	普通纸面石膏板适用于办公楼、影剧院、饭店、宾馆、候车室、住宅等建筑的室内吊顶、墙面、隔断、内隔墙等的装饰，表面需进行饰面再处理(如刮腻子、刷乳胶漆或贴壁纸等)，但仅适用于干燥环境中，不宜用于厨房、卫生间以及空气湿度大于70%的潮湿环境中
2	耐水纸面石膏板	耐水纸面石膏板具有较高的耐水性，其他性能与普通纸面石膏板相同，主要适用于厨房、卫生间、厕所等潮湿场所以及空气相对湿度大于70%的潮湿环境中，其表面也需要进行饰面再处理
3	耐火纸面石膏板	耐火纸面石膏板具有较高的防火性能，其他性能与普通纸面石膏板相同。当耐火纸面石膏板安装在钢龙骨上时，可作为耐火等级为 A 级的装饰材料使用

(四)吸声用穿孔石膏板

吸声用穿孔石膏板是以装饰石膏板、纸面石膏板为基板，在基板上设置孔眼而成的轻质建筑板材。吸声用穿孔石膏板具有较高的吸声性能，其平均吸声系数可达 0.11～0.65。以装饰石膏板为基板的板材还具有装饰石膏板的各种优良性能，以防潮、耐水和耐火石膏板为基材的板材还具有较好的防潮性、耐水性和遇火稳定性。但吸声用穿孔石膏板的抗弯、抗冲击性能及断裂荷载较基板低。

1. 吸声用穿孔石膏板的分类、规格及标记

吸声用穿孔石膏板按板材棱边形状可分为直角型和倒角型两种。吸声用穿孔石膏板的规格尺寸见表 2-13、表 2-14。

表 2-13　吸声用穿孔石膏板的规格尺寸

序号	项目	内容
1	边长	边长规格为 500 mm×500 mm 和 600 mm×600 mm
2	厚度	厚度规格为 9 mm×12 mm
3	孔径、孔距与穿孔率	孔径、孔距与穿孔率见表 2-14
4	其他	其他形状和规格的板材,由供需双方商定,但其质量指标应符合标准规定

表 2-14　吸声用穿孔石膏板的孔径、孔距与穿孔率

孔径/mm	孔距/mm	穿孔率/%	
		孔眼正方形排列	孔眼三角形排列
$\phi 6$	18	8.7	10.1
	22	5.8	6.7
	24	4.9	5.7
$\phi 8$	22	10.4	12.0
	24	8.7	10.1
$\phi 10$	24	13.6	15.7

2. 吸声用穿孔石膏板的技术要求

吸声用穿孔石膏板的技术要求应符合《吸声用穿孔石膏板》(JC/T 803—2007)的规定,见表 2-15～表 2-18。

表 2-15　吸声用穿孔石膏板的技术要求

序号	项目	内容
1	使用条件	吸声用穿孔石膏板主要用于室内吊顶和墙体的吸声结构中。在潮湿环境中使用或对耐火性能有较高要求时,则应采用相应的防潮、耐水或耐火基板
2	外观质量	(1)吸声用穿孔石膏板不应有影响使用和装饰效果的缺陷。对以纸面石膏板为基板的板材不应有破损、划伤、污痕、凹凸、纸面剥落等缺陷;对以装饰石膏板为基板的板材不应有裂纹、污痕、气孔、缺角、色彩不均匀等缺陷。 (2)穿孔应垂直于板面
3	尺寸允许偏差	板材的尺寸允许偏差应符合表 2-16 的规定
4	含水率	板材的含水率应不大于表 2-17 中的规定值
5	断裂荷载	板材的断裂荷载应不小于表 2-18 中的规定值
6	护面纸与石膏芯的粘结	以纸面石膏板为基板的板材,护面纸与石膏芯的粘结按规定的方法测定时,不允许石膏芯裸露
7	吸声频率特征图表	根据需要,供方提供穿孔石膏板特定吸声结构的吸声频率特性图表,并注明组成吸声结构的材料与结构的详细情况

表 2-16　尺寸允许偏差

项目	技术指标	项目	技术指标
边长	+1，-2	直角偏离度	≤1.2
厚度	±1.0	孔径	±0.6
不平度	≤2.0	孔距	±0.6

表 2-17　含水率　　　　　　　　　　　　　　%

含水率	技术指标
平均值	2.5
最大值	3.0

表 2-18　断裂荷载　　　　　　　　　　　　　N

孔径/孔距 /mm	厚度 /mm	技术指标	
		平均值	最小值
ϕ6/18 ϕ6/22 ϕ6/24	9	130	117
	12	150	135
ϕ8/22 ϕ8/24	9	90	81
	12	100	90
ϕ10/24	9	80	72
	12	90	81

3. 吸声用穿孔石膏板的应用

吸声用穿孔石膏板主要用于室内吊顶和墙体的吸声结构中，适用于播音室、音乐厅、影剧院、会议室等对音质要求高的或对噪声限制较严的场所，作为吊顶、墙面的吸声装饰材料。安装时，应使吸声穿孔石膏板背面的箭头方向和白线一致，以保证图案花纹的整体性。在潮湿环境中使用或对耐火性能有较高要求时，应采用相应的防潮、耐水或耐火基板。

（五）艺术装饰石膏制品

艺术装饰石膏制品是用优质建筑石膏为原料，加以纤维增强材料、适量外加剂，与水一起制成料浆，再经注模成型、硬化干燥后而成的一系列石膏浮雕装饰件。其主要是根据室内装饰设计的要求而加工制作的。制品主要包括浮雕艺术石膏线角、线板、花角、灯圈、壁炉、罗马柱、圆柱、方柱、麻花柱、灯座、花饰等。在色彩上，可利用优质建筑石膏本身洁白高雅的色彩，也可以利用金粉或彩绘等效果，造型上可洋为中用，古为今用，为石膏这一传统材料赋予新的装饰内涵。

第二节　水　泥

水泥是一种粉末状材料，当它与水混合后，在常温下经物理、化学作用，能由可塑性浆体逐渐凝结硬化成坚硬的石状体。其也是一种良好的水硬性胶凝材料，在胶凝材料中占有极其重要的地位，是重要的建筑材料之一。

水泥品种繁多，按其主要水硬性物质的不同，可分为硅酸盐水泥、铝酸盐水泥、硫铝酸盐水泥、铁铝酸盐水泥等系列。其中以硅酸盐系列水泥生产量最大、应用最为广泛。在建筑装饰工程中，常用装饰水泥如白水泥、彩色水泥等配制成水泥色浆、装饰砂浆和装饰混凝土，适用于建筑物室内外表面的装饰，以装饰材料本身的质感、色彩达到美化建筑的效果。

一、硅酸盐水泥

(一)硅酸盐水泥熟料

1. 硅酸盐水泥熟料的矿物组成

生料在煅烧过程中，首先是石灰石和黏土分别分解出 CaO、SiO_2、Al_2O_3 和 Fe_2O_3，然后在 $800\ ℃\sim1\ 200\ ℃$ 的温度范围内相互反应，经过一系列的中间过程后，生成硅酸二钙（$2CaO \cdot SiO_2$）、铝酸三钙（$3CaO \cdot Al_2O_3$）和铁铝酸四钙（$4CaO \cdot Al_2O_3 \cdot Fe_2O_3$）；在 $1\ 400\ ℃\sim1\ 450\ ℃$ 的温度范围内，硅酸二钙又与 CaO 在熔融状态下发生反应，生成硅酸三钙（$3CaO \cdot SiO_2$）。

在硅酸盐水泥中，硅酸三钙、硅酸二钙一般占总量的 75% 以上；铝酸三钙、铁铝酸四钙占总量的 25% 左右。硅酸盐水泥熟料除上述主要组成外，还含有少量以下成分：

(1)游离氧化钙。若其含量过高将造成水泥安定性不良，危害很大。

(2)游离氧化镁。若其含量高、晶粒大时，也会导致水泥安定性不良。

(3)含碱矿物以及玻璃体等。含碱矿物及玻璃体中 Na_2O 和 K_2O 含量高的水泥，当遇有活性骨料时，易产生碱-集料膨胀反应。

2. 硅酸盐水泥熟料的矿物含量及特性

水泥在水化过程中，四种矿物组成表现出不同的反应特性，见表 2-19，改变熟料中的矿物成分之间的比例关系，可以使水泥的性质发生相应变化，如适当提高水泥中的 C_3S 及 C_3A 的含量，可得到快硬高强水泥。而水利工程所用的大坝水泥则应尽可能降低 C_3A 的含量，降低水化热，以提高耐腐蚀性能。

表 2-19　硅酸盐水泥熟料的矿物含量及特性

矿物名称	矿物成分	简称	含量/%	密度/(g·cm⁻³)	水化反应速率	水化放热量	强度
硅酸三钙	$3CaO \cdot SiO_2$	C_3S	$37\sim60$	3.25	快	大	高

矿物名称	矿物成分	简称	含量/%	密度/(g·cm⁻³)	水化反应速率	水化放热量	强度
硅酸二钙	$2CaO \cdot SiO_2$	C_2S	15~37	3.28	慢	小	早期低、后期高
铝酸三钙	$3CaO \cdot Al_2O_3$	C_3A	7~15	3.04	最快	最大	低
铁铝酸四钙	$4CaO \cdot Al_2O_3 \cdot Fe_2O_3$	C_4AF	10~18	3.77	快	中	低

(二)硅酸盐水泥的水化及凝结硬化

硅酸盐水泥加水拌和后成为既有可塑性又有流动性的水泥浆,同时产生水化反应,随着水化反应的进行,其逐渐失去流动能力达到"初凝"。待完全失去可塑性,开始产生强度时,即"终凝"。随着水化、凝结的继续,浆体逐渐转变为具有一定强度的坚硬固体水泥石,这一过程称为水泥的硬化。由此可见,水化是水泥产生凝结硬化的前提,而凝结硬化则是水泥水化的结果。

1. 硅酸盐水泥的水化

水泥加水拌和后,水泥颗粒立即分散于水中并与水发生化学反应,生成水化产物并放出热量。其反应式如下:

$$2(3CaO \cdot SiO_2) + 6H_2O \longrightarrow 3CaO \cdot 2SiO_2 \cdot 3H_2O + 3Ca(OH)_2$$
(水化硅酸钙)　　　　(氢氧化钙)

$$2(2CaO \cdot SiO_2) + 4H_2O \longrightarrow 3CaO \cdot 2SiO_2 \cdot 3H_2O + Ca(OH)_2$$
(水化硅酸钙)　　　　(氢氧化钙)

$$3CaO \cdot Al_2O_3 + 6H_2O \longrightarrow 3CaO \cdot Al_2O_3 \cdot 6H_2O$$
(水化铝酸三钙)

$$4CaO \cdot Al_2O_3 \cdot Fe_2O_3 + 7H_2O \longrightarrow 3CaO \cdot Al_2O_3 \cdot 6H_2O + CaO \cdot Fe_2O_3 \cdot H_2O$$
(水化铝酸三钙)　　　　(水化铁酸一钙)

$$3CaO \cdot Al_2O_3 \cdot 6H_2O + 3(CaSO_4 \cdot 2H_2O) + 19H_2O \longrightarrow 3CaO \cdot Al_2O_3 \cdot 3CaSO_4 \cdot 31H_2O$$
水化硫铝酸钙(钙矾石)

经水化反应后生成的主要水化产物中水化硅酸钙和水化铁酸钙为凝胶体,氢氧化钙、水化铝酸钙和水化硫铝酸钙为晶体。在完全水化的水泥石中,水化硅酸钙约占70%,它不溶于水,并立即以胶体微粒析出。氢氧化钙约占20%,呈六方板状晶体析出。水化硅酸钙对水泥石的强度起决定性作用。水化作用是从水泥颗粒表面开始逐步向内部渗透的。

硅酸盐水泥的水化反应为放热反应,其放出的热量称为水化热。硅酸盐水泥的水化热大,且放热的周期较长,但大部分(50%以上)热量是在3 d以内,特别在水泥浆发生凝结硬化的初期放出。水化放热量的大小与水泥的细度、水胶比、养护温度等有关,水泥颗粒越细,早期放热越显著。

2. 硅酸盐水泥的凝结硬化

硅酸盐水泥的凝结硬化过程是一个连续的复杂的物理化学变化过程。当前常把硅酸盐水泥凝结硬化看作是由如下几个过程来完成的,如图 2-7 所示。

(1)当水泥和水拌和后,水泥颗粒表面开始与水化合,生成水化物,其中结晶体溶解于水中,凝胶体以极细小的质点悬浮在水中,成为水泥浆体。此时水泥颗粒周围的溶液很快成为水化产物的过饱和溶液，如图2-7(a)所示。

(2)随着水化的继续进行，新生水化产物增多，自由水分减少，凝胶体变稠。包有凝胶层的水泥颗粒凝结成多孔的空间网络，形成凝聚结构。由于此时水化物尚不多，包有水化物膜层的水泥颗粒之间还是分离的，相互间的引力较小，如图2-7(b)所示。

(3)水泥颗粒不断水化，水化产物不断生成，水化凝胶体的含量不断增加，氢氧化钙、水化铝酸钙结晶与凝胶体各种颗粒互相连接成网，不断充实凝聚结构的空隙，浆体变稠，水泥逐渐凝结，也就是水泥的初凝，水泥此时还不具有强度，如图2-7(c)所示。

(4)水化后期，由于凝胶体的形成与发展，水化越来越困难，未水化的水泥颗粒吸收胶体内的水分水化，使凝聚胶体脱水而更趋紧密，而且各种水化产物逐渐填充原来水所占的空间，胶体更加紧密，水泥硬化，产生强度，如图2-7(d)所示。

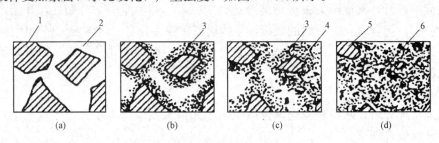

图2-7 水泥凝结硬化过程示意图
(a)分散在水中未水化的水泥颗粒；(b)在水泥颗粒表面形成水化物膜层；
(c)膜层长大并互相连接(凝结)；(d)水化物进一步发展，填充毛细孔(硬化)
1—水泥颗粒；2—水分；3—凝胶；4—晶体；5 未水化的水泥颗粒；6—毛细孔

以上就是水泥的凝结硬化过程。水泥和水拌和凝结硬化后成为水泥石。水泥石是由凝胶、晶体、未水化的水泥颗粒、毛细孔(毛细孔水)和凝胶孔等组成的不匀质结构体。

由上述过程可以看出，硅酸盐水泥的水化是从颗粒表面逐渐深入内层，水泥的水化速度表现为早期快后期慢，特别是在最初的3～7 d内，水泥的水化速度最快，所以，硅酸盐水泥的早期强度发展最快。大概28 d可完成这个过程的基本部分。随后，水分渗入越来越困难，所以水化作用就越来越慢。实践证明若温度和湿度适宜，未水化水泥颗粒仍将继续水化，水泥石的强度在几年甚至几十年后仍缓慢增长。

水泥石的硬化程度越高，凝胶体含量越多，未水化的水泥颗粒和毛细孔的含量越少，水泥石的强度越高。

3. **影响硅酸盐水泥凝结硬化的因素**

(1)水泥的熟料矿物组成及细度。水泥熟料中各种矿物的凝结硬化特点不同，当水泥中各矿物的相对含量不同时，水泥的凝结硬化特点就不同。

水泥磨得越细，水泥颗粒的平均粒径越小，比表面积越大，水化时与水的接触面越大，水化速度越快，相应的水泥凝结硬化速度就越快，早期强度就越高。

(2)养护龄期。水泥的水化硬化是由表及里、逐渐深入进行的过程。随着水泥颗粒内各熟料矿物水化度的不断加深，凝胶体不断增加，毛细孔隙相应减少，水泥石的强度便随着龄期的增长逐渐提高。由于熟料矿物中对强度起决定性作用的 C_3S 在早期的强度发展快，所以水泥在3～14 d内强度增长较快，28 d后增长缓慢。

(3)石膏的掺量。生产水泥时掺入石膏，主要是作为缓凝剂使用，以延缓水泥的凝结硬化速度。掺入石膏后，由于钙矾石晶体的生成，还能改善水泥石的早期强度，但是当石膏的掺量过多时，不仅不能缓凝，而且可能会对水泥石的后期性能造成危害。

(4)水胶比。水胶比是指水泥浆中水与水泥的质量之比。当水泥浆中加水较多时，水胶比较大，此时水泥的初期水化反应得以充分进行，但是水泥颗粒之间由于被水隔开的距离较远，颗粒之间相互连接形成骨架结构所需的凝结时间长，所以水泥浆凝结较慢。

水泥完全水化所需的水胶比为 0.15～0.25，而实际工程中往往要加入更多的水，以便利用水的润滑取得较好的塑性。当水泥浆的水胶比较大时，多余的水分蒸发后形成的孔隙较多，导致水泥石的强度较低。因此，当水胶比过大时，会明显降低水泥石的强度。

(5)环境的温度和湿度。水泥的水化、凝结、硬化与环境的温湿度关系很大。当温度低于 5 ℃时，水化、硬化大大减慢；当温度低于 0 ℃时，水化反应基本停止。同时由于温度低于 0 ℃，水分结冰还会破坏水泥石的结构。

潮湿环境下的水泥石，水分不易蒸发，能保持足够的水分进行凝结硬化，生成的水化产物进一步填充毛细孔，促进水泥石的强度发展，所以保持环境的温度和湿度，是使水泥石强度不断增长的措施。在测定水泥强度时，必须在规定的标准温度与湿度中将其养护至规定的龄期。

(6)外加剂的影响。硅酸盐水泥的水化、凝结硬化受硅酸三钙、铝酸三钙的制约，凡对硅酸三钙和铝酸三钙的水化能产生影响的外加剂，都能改变硅酸盐水泥的水化、凝结硬化性能。如加入促凝剂($CaCl_2$、Na_2SO_4 等)就能促进水泥的水化、硬化，提高早期强度。相反，掺入缓凝剂(木钙、糖类等)就会延缓水泥的水化、硬化，影响水泥早期强度的发展。

(三)硅酸盐水泥石的腐蚀与防治

硅酸盐水泥石在通常使用条件下有较好的耐久性。当硅酸盐水泥石长时间处于侵蚀性介质中时，如流动的淡水、酸和酸性水、硫酸盐和镁盐溶液、强碱等，会逐渐受到侵蚀，变得疏松，强度下降甚至被破坏。

环境对硅酸盐水泥石结构的腐蚀可分为物理腐蚀与化学腐蚀。物理腐蚀是指各类盐溶液渗透到水泥石结构内部，并不与水泥石成分发生化学反应，而是产生结晶使体积膨胀，对水泥石产生破坏作用。在干湿交替的部位，这类腐蚀尤为严重。化学腐蚀是指外界各类腐蚀介质与水泥石内部的某些成分发生化学反应，并生成易溶于水的矿物和体积显著膨胀的矿物或无胶结能力的物质，从而导致水泥石结构的解体。

水泥石的腐蚀往往是多种腐蚀介质同时存在的一个极其复杂的物理化学作用过程。引起水泥石腐蚀的外部因素是侵蚀介质。而内在因素有两个：一是水泥石中含有易引起腐蚀的组分，即 $Ca(OH)_2$ 和水化铝酸钙($3CaO \cdot Al_2O_3 \cdot 6H_2O$)；二是水泥石不密实。水泥水化反应的理论需水量仅为水泥质量的 23%，而实际应用时的拌合用水量多为 40%～70%，多余水分会形成毛细管和孔隙存于水泥石中，侵蚀介质不仅在水泥石表面起作用，而且易进入水泥石内部引起严重破坏。

由于硅酸盐水泥(P·Ⅰ、P·Ⅱ)水化生成物中 $Ca(OH)_2$ 和水化铝酸钙的含量较多，所以其耐侵蚀性较其他品种的水泥差。

针对水泥石腐蚀的原理，防止水泥石腐蚀的措施有以下几种：

(1)合理选择水泥品种。如在软水或浓度很小的一般酸侵蚀条件下的工程，宜选用水化

生成物中 $Ca(OH)_2$ 含量较少的水泥（即掺大量混合材料的水泥）；在有硫酸盐侵蚀的工程中，宜选用铝酸钙（C_3A）含量低于 5% 的抗硫酸盐水泥。硅酸盐水泥（P·Ⅰ、P·Ⅱ）是耐侵蚀性最差的一种，有侵蚀情况时，如无可靠的防护措施，应尽量避免使用。

（2）提高水泥石的密实度。水泥石中的毛细管、孔隙是引起水泥石腐蚀加剧的内在原因之一。因此，采取适当措施，如强制搅拌、振动成型、真空吸水、掺加外加剂等，或在满足施工操作的前提下，努力减小水胶比，提高水泥石的密实度，都将使水泥石的耐侵蚀性得到改善。

（3）表面加做保护层。在腐蚀作用较大时设置保护层，可在混凝土或砂浆表面加上耐腐蚀性高、不透水的保护层，如塑料、沥青防水层，或喷涂不透水的水泥浆面层等，以防止腐蚀性介质与水泥石工程接触。

（四）硅酸盐水泥的性质

1. 强度与水化热高

硅酸盐水泥凝结硬化快，强度高，尤其是早期强度增长率大，特别适合早期强度要求高的工程、高强混凝土结构和预应力混凝土工程。

硅酸盐水泥的 C_3S 和 C_3A 含量高，因而早期放热量大，放热速度快，早期强度高，适用于冬期施工常可避免冻害。但高放热量对大体积混凝土工程不利，如无可靠的降温措施，不宜用于大体积混凝土工程。

2. 碱度高、抗碳化能力强

硅酸盐水泥硬化后的水泥石具有强碱性，埋于其中的钢筋在碱性环境中表面生成一层灰色钝化膜，可保持几十年不生锈。由于空气中的 CO_2 与水泥石中的 $Ca(OH)_2$ 会发生碳化反应而生成 $CaCO_3$，使水泥石逐渐由碱性变为中性，当中性化深度达到钢筋附近时，钢筋失去碱性保护而锈蚀，表面疏松膨胀，造成钢筋混凝土构件报废。因此，钢筋混凝土构件的寿命往往取决于水泥的抗碳化性能。硅酸盐水泥的碱性强且密实度高，抗碳化能力强，所以特别适用于重要的钢筋混凝土结构和预应力混凝土工程。

3. 干缩小、耐磨性好

硅酸盐水泥在硬化过程中形成大量的水化硅酸钙凝胶体，使水泥石密实，游离水分少，不易产生干缩裂纹，可用于干燥环境的混凝土工程。同时，硅酸盐水泥强度高，耐磨性好，且干缩小，也可用于路面与地面工程。

4. 抗冻性好

硅酸盐水泥拌合物不易发生泌水，硬化后的水泥石密实度较大，所以，抗冻性优于其他通用水泥，适用于严寒地区受反复冻融作用的混凝土工程。

5. 耐腐蚀性与耐热性差

硅酸盐水泥石中有大量的 $Ca(OH)_2$ 和水化铝酸钙，容易引起软水、酸类和盐类的侵蚀，所以不宜用于受流动水、压力水、酸类和硫酸盐侵蚀的工程。

硅酸盐水泥石在温度为 250 ℃时水化物开始脱水，水泥石强度下降，当受热在 700 ℃以上时将遭到破坏，所以，硅酸盐水泥不宜单独用于耐热混凝土工程。

6. 湿热养护效果差

硅酸盐水泥在常规养护条件下硬化快、强度高，但其经过蒸汽养护后，再经自然养护至 28 d 测得的抗压强度往往低于未经蒸养的 28 d 的抗压强度。

二、通用硅酸盐水泥

(一)通用硅酸盐水泥的分类

通用硅酸盐水泥是由硅酸盐水泥熟料和适量的石膏及规定的混合材料制成的水硬性胶凝材料。通用硅酸盐水泥按混合材料的品种和掺量可分为硅酸盐水泥、普通硅酸盐水泥(普通水泥)、矿渣硅酸盐水泥、火山灰质硅酸盐水泥、粉煤灰硅酸盐水泥和复合硅酸盐水泥。各品种的组分和代号应符合表 2-20 的规定。

通用硅酸盐水泥

表 2-20　通用硅酸盐水泥的组分和代号　　　　　　　　　　　　　　　%

品种	代号	组分				
		熟料＋石膏	粒化高炉矿渣	火山灰质混合材料	粉煤灰	石灰石
硅酸盐水泥	P·Ⅰ	100	—	—	—	—
	P·Ⅱ	≥95	≤5	—	—	—
		≥95	—	—	—	≤5
普通硅酸盐水泥(普通水泥)	P·O	≥80 且＜95	>5 且≤20①			
矿渣硅酸盐水泥	P·S·A	≥50 且＜80	>20 且≤50②	—	—	—
	P·S·B	≥30 且＜50	>50 且≤70②	—	—	—
火山灰质硅酸盐水泥	P·P	≥60 且＜80	—	>20 且≤40③	—	—
粉煤灰硅酸盐水泥	P·F	≥60 且＜80	—	—	>20 且≤40④	—
复合硅酸盐水泥	P·C	≥50 且＜80	>20 且≤50⑤			

①本组分材料为符合表 2-21 要求的活性混合材料,其中允许用不超过水泥质量 8% 且符合表 2-21 要求的非活性混合材料或不超过水泥质量 5% 且符合表 2-21 要求的窑灰代替。

②本组分材料为符合《用于水泥、砂浆和混凝土中的粒化高炉矿渣粉》(GB/T 18046—2017)的活性混合材料,其中允许用不超过水泥质量 8% 且符合表 2-21 要求的活性混合材料或符合表 2-21 要求的非活性混合材料或符合表 2-21 要求窑灰中的任一种材料代替。

③本组分材料为符合《用于水泥中的火山灰质混合材料》(GB/T 2847—2005)的活性混合材料。

④本组分材料为符合《用于水泥和混凝土中的粉煤灰》(GB/T 1596—2017)的活性混合材料。

⑤本组分材料为由两种(含)以上符合表 2-21 要求的活性混合材料或表 2-21 要求的非活性混合材料组成,其中允许用不超过水泥质量 8% 且符合表 2-21 要求的窑灰代替。掺矿渣时混合材料掺量不得与矿渣硅酸盐水泥重复。

(二)通用硅酸盐水泥的组成材料

通用硅酸盐水泥的组成材料见表 2-21。

表 2-21　通用硅酸盐水泥的组成材料

序号	名称	说明
1	硅酸盐水泥熟料	由主要含 CaO、SiO_2、Al_2O_3、Fe_2O_3 的原料,按适当比例磨成细粉烧至部分熔融所得以硅酸钙为主要矿物成分的水硬性胶凝物质。其中硅酸钙矿物不小于 66%,氧化钙和氧化硅质量比不小于 2.0

序号	名称	说明
2	石膏	（1）天然石膏：应符合《天然石膏》（GB/T 5483—2008）中规定的 G 类或 M 类二级（含）以上的石膏或混合石膏。 （2）工业副产石膏：以硫酸钙为主要成分的工业副产物。采用前应经过试验证明对水泥性能无害
3	活性混合材料	符合《用于水泥中的粒化高炉矿渣》（GB/T 203—2008）、《用于水泥、砂浆和混凝土中的粒化高炉矿渣粉》（GB/T 18046—2017）、《用于水泥和混凝土中的粉煤灰》（GB/T 1596—2017）、《用于水泥中的火山灰质混合材料》（GB/T 2847—2005）标准要求的粒化高炉矿渣、粒化高炉矿渣粉、粉煤灰、火山灰质混合材料
4	非活性混合材料	活性指标分别低于《用于水泥中的粒化高炉矿渣》（GB/T 203—2008）、《用于水泥、砂浆和混凝土中的粒化高炉矿渣粉》（GB/T 18046—2017）、《用于水泥和混凝土中的粉煤灰》（GB/T 1596—2017）、《用于水泥中的火山灰质混合材料》（GB/T 2847—2005）标准要求的粒化高炉矿渣、粒化高炉矿渣粉、粉煤灰、火山灰质混合材料；石灰石和砂岩，其中石灰石中的 Al_2O_3 含量应不大于 2.5%
5	窑灰	窑灰应符合《掺入水泥中的回转窑窑灰》（JC/T 742—2009）的规定
6	助磨剂	水泥粉磨时允许加入助磨剂，其加入量应不大于水泥质量的 0.5%，助磨剂应符合《水泥助磨剂》（GB/T 26748—2011）的规定

（三）通用硅酸盐水泥的技术要求

通用硅酸盐水泥的技术要求应符合《通用硅酸盐水泥》（GB 175—2007）的规定，具体要求如下。

1. 物理指标

通用硅酸盐水泥的物理指标应符合表 2-22、表 2-23 的规定。

水泥凝结时间的测定

表 2-22　通用硅酸盐水泥的物理指标

序号	项目	说明
1	凝结时间	硅酸盐水泥初凝不小于 45 min，终凝不大于 390 min；普通硅酸盐水泥、矿渣硅酸盐水泥、火山灰质硅酸盐水泥、粉煤灰硅酸盐水泥和复合硅酸盐水泥初凝不小于 45 min，终凝不大于 600 min
2	安全性	用沸煮法检验合格
3	强度	不同品种、不同强度等级的通用硅酸盐水泥，其不同龄期的强度应符合表 2-23 的规定

表 2-23　通用硅酸盐水泥各龄期的强度要求

品种	强度等级	抗压强度/MPa		抗折强度/MPa	
		3 d	28 d	3 d	28 d
硅酸盐水泥	42.5	≥17.0	≥42.5	≥3.5	≥6.5
	42.5R	≥22.0		≥4.0	

品种	强度等级	抗压强度/MPa		抗折强度/MPa	
		3 d	28 d	3 d	28 d
硅酸盐水泥	52.5	≥23.0	≥52.5	≥4.0	≥7.0
	52.5R	≥27.0		≥5.0	
	62.5	≥28.0	≥62.5	≥5.0	≥8.0
	62.5R	≥32.0		≥5.5	
普通硅酸盐水泥（普通水泥）	42.5	≥17.0	≥42.5	≥3.5	≥6.5
	42.5R	≥22.0		≥4.0	
	52.5	≥23.0	≥52.5	≥4.0	≥7.0
	52.5R	≥27.0		≥5.0	
矿渣硅酸盐水泥 火山灰质硅酸盐水泥 粉煤灰硅酸盐水泥 复合硅酸盐水泥	32.5	≥10.0	≥32.5	≥2.5	≥5.5
	32.5R	≥15.0		≥3.5	
	42.5	≥15.0	≥42.5	≥3.5	≥6.5
	42.5R	≥19.0		≥4.0	
	52.5	≥21.0	≥52.5	≥4.0	≥7.0
	52.5R	≥23.0		≥4.5	

2. 化学指标

通用硅酸盐水泥的化学指标应符合表 2-24 的规定。

表 2-24　通用硅酸盐水泥的化学指标　　　　　　　　　　　　　　%

品种	代号	不溶物（质量分数）	烧失量（质量分数）	三氧化硫（质量分数）	氧化镁（质量分数）	氯离子（质量分数）
硅酸盐水泥	P·Ⅰ	≤0.75	≤3.0	≤3.5	≤5.0①	≤0.06③
	P·Ⅱ	≤1.50	≤3.5			
普通硅酸盐水泥（普通水泥）	P·O	—	≤5.0			
矿渣硅酸盐水泥	P·S·A	—	—	≤4.0	≤6.0②	
	P·S·B	—	—			
火山灰质硅酸盐水泥	P·P	—	—	≤3.5	≤6.0②	
粉煤灰硅酸盐水泥	P·F	—	—			
复合硅酸盐水泥	P·C	—	—			

①如果水泥压蒸试验合格，则水泥中氧化镁的含量（质量分数）允许放宽至 6.0%。
②如果水泥中氧化镁的含量（质量分数）大于 6.0%，需进行水泥压蒸安定性试验并合格。
③当有更低要求时，该指标由买卖双方协商确定。

3. 选择性指标

(1)水泥中碱含量按 $Na_2O + 0.658K_2O$ 的计算值表示。若使用活性骨料，用户要求提供低碱水泥时，水泥中的碱含量应不大于 0.60% 或由买卖双方协商确定。

(2)硅酸盐水泥和普通硅酸盐水泥以比表面积表示，不小于 300 m²/kg；矿渣硅酸盐水泥、火山灰质硅酸盐水泥、粉煤灰硅酸盐水泥和复合硅酸盐水泥以筛余表示，80 μm 方孔筛筛余不大于 10%或 45 μm 方孔筛筛余不大于 30%。

(四)通用硅酸盐水泥的应用

目前，通用硅酸盐水泥是我国广泛使用的水泥，其适用范围参照表 2-25 进行选择。

表 2-25　通用硅酸盐水泥的适用范围

序号	水泥品种	适用范围	
		适用于	不适用于
1	硅酸盐混凝土	(1)重要结构的高强混凝土、预应力混凝土和有早强要求的混凝土工程； (2)寒冷地区和严寒地区反复冻融的混凝土工程； (3)有碳化要求的混凝土工程； (4)路面和跑道等混凝土工程	(1)长期使用于含有侵蚀性介质(如软水、酸和盐)的环境中； (2)大体积混凝土工程中； (3)有耐热要求的混凝土工程中
2	普通硅酸盐混凝土	(1)一般地上工程和不受侵蚀性作用的地下工程及不受水压作用的工程； (2)无腐蚀性水中的受冻工程； (3)早期强度要求较高的工程； (4)在低温条件下需要强度发展较快的工程，但每日平均气温在 4 ℃以下或最低气温在-3 ℃以下时，应按冬期施工规定办理	(1)水利工程的水中部分； (2)大体积混凝土工程； (3)受化学侵蚀的工程
3	矿渣硅酸盐水泥	(1)地下、水中及海水中的工程以及经常受高水压的工程； (2)大体积混凝土工程； (3)蒸汽养护的工程； (4)受热工程； (5)代替普通硅酸盐水泥用于地上工程，但应加强养护，也可用于不常受冻融交替作用的受冻工程	(1)对早期强度要求高的工程； (2)低温环境中施工而无保温措施的工程
4	火山灰质硅酸盐水泥 粉煤灰硅酸盐水泥	(1)地下、水中工程及经常受高水压的工程； (2)受海水及含硫酸盐类溶液侵蚀的工程； (3)大体积混凝土工程； (4)蒸汽养护的工程； (5)远距离运输的砂浆和混凝土	(1)气候干热地区或难以维持 20～30 d 内经常湿润的工程； (2)早期强度要求高的工程； (3)受冻工程
5	复合硅酸盐水泥	广泛应用于工业和民用建筑工程中	

三、白色与彩色硅酸盐水泥

(一)白色硅酸盐水泥

白色硅酸盐水泥是由白色硅酸盐水泥熟料加入适量石膏和混合材料，磨细制成的水硬性胶凝材料，也称白水泥。白水泥具有可调色的特性，并且具有一般水泥的特性。

白色硅酸盐水泥的生产要求采用纯净的石灰石、白垩及纯石英砂、纯净的高岭土做原料，采用无灰分的可燃气体或液体燃料，磨机衬板采用铸石、花岗石、陶瓷等，研磨体采用硅质卵石(白卵石)或人造瓷球。在生产过程中应严格控制 Fe_2O_3 的含量并尽可能减少 MnO_2、TiO_2 等着色氧化物的含量。允许加入不超过水泥质量的 5% 的碳石或窑灰作为外加物，水泥粉磨时允许加入不损害水泥性能的助磨剂，其加入量不得超过水泥质量的 1%。

1. 白色硅酸盐水泥的组成材料

白色硅酸盐水泥的材料要求见表 2-26。

表 2-26　白色硅酸盐水泥的材料要求

序号	名称	内容
1	白色硅酸盐水泥熟料	以适当成分的生料烧至部分熔融，所得以硅酸钙为主要成分，氧化铁含量少的熟料。熟料中氧化镁的含量不宜超过 5.0%
2	石膏	(1)天然石膏：符合《天然石膏》(GB/T 5483—2008)规定 G 类或 M 类二级(含)以上的天然石膏或混合石膏。 (2)工业副产石膏：符合《用于水泥中的工业副产石膏》(GB/T 21371—2008)规定的工业副产石膏
3	混合材料	混合材料是指石灰岩、白云质石灰岩和石英砂等天然矿物
4	助磨剂	水泥粉磨时允许加入助磨剂，加入量应不超过水泥质量的 0.5%，助磨剂应符合《水泥助磨剂》(GB/T 26748—2011)的规定

2. 白色硅酸盐水泥的技术要求

白色硅酸盐水泥的技术要求应符合《白色硅酸盐水泥》(GB/T 2015—2017)的规定，见表 2-27、表 2-28。

表 2-27　白色硅酸盐水泥的技术要求

序号	项目	说明
1	三氧化硫	水流中的三氧化硫的含量应不大于 3.5%
2	水泥中水溶性六价铬(M)	水泥中水溶性六价铬不大于 10 mg/kg
3	氯离子	氯离子不大于 0.06%
4	碱含量（选择性指标）	水泥中碱含量按 $Na_2O+0.658K_2O$ 计算值表示。若使用活性骨料，用户要求提供低碱水泥时，水泥中的碱含量宜不大于 0.60%或由买卖双方协商确定
5	细度	45 μm 方孔筛筛余应不超过 30.0%
6	凝结时间	初凝应不早于 45 min，终凝应不迟于 10 h
7	安定性	沸煮法安定性合格
8	水泥白度	1 级白度(P·W−1)应不小于 89；2 级白度(P·W−2)应不小于 87
9	强度	白色硅酸盐水泥强度等级按规定的抗压强度和抗折强度来划分，具体为 32.5、42.5、52.5 三个强度等级，各强度等级的各龄期强度应不低于表 2-28 的数值

表 2-28 白色硅酸盐水泥各龄期的强度值

强度等级	抗压强度/MPa		抗折强度/MPa	
	3 d	28 d	3 d	28 d
32.5	≥12.0	≥32.5	≥3.0	≥6.0
42.5	≥17.0	≥42.5	≥3.5	≥6.5
52.5	≥22.0	≥52.5	≥4.0	≥7.0

3. 白色硅酸盐水泥的应用

白色硅酸盐水泥具有强度高、色泽洁白的特点，可配制各种彩色砂浆及彩色涂料，用于装饰工程的粉刷；制造有艺术性的各种白色和彩色混凝土或钢筋混凝土等的装饰结构部件；制造各种颜色的水刷石、仿大理石及水磨石等制品；配制彩色水泥。

使用白色硅酸盐水泥进行装饰施工时，应注意下列事项：

(1)用白色硅酸盐水泥制备混凝土时，粗细骨料宜采用白色或彩色大理石、石灰石、石英砂和各种颜色的石屑，不能掺入其他杂质，以免影响其白度及色彩。

(2)白色硅酸盐水泥的施工和养护方法与普通硅酸盐水泥相同，但施工时底层及搅拌工具必须被清洗干净，否则将影响白色水泥的装饰效果。

(3)白色硅酸盐水泥浆刷浆时，必须保证基层湿润，并及时养护涂层。

(4)白色硅酸盐水泥在硬化的过程中所形成的碱饱和溶液，经干燥作用便在水表面析出 $Ca(OH)_2$ 等白色晶体，称为白霜；低温和潮湿无风状态可助长白霜的出现，影响其白度及鲜艳度。

(二)彩色硅酸盐水泥

彩色硅酸盐水泥是由硅酸盐水泥熟料及适量石膏(或白色硅酸盐水泥)、混合材及着色剂磨细或混合制成的带有色彩的水硬性胶凝材料。生产彩色水泥的常用方法是将硅酸盐水泥熟料(白色水泥熟料和普通水泥熟料)、适量石膏与碱性矿物颜料共同磨细，也可用颜料与水泥粉直接混合制成。加入的颜料必须具有良好的大气稳定性及耐久性，不溶于水，分散性好，抗碱性强，不参与水泥水化反应，对水泥的组成和特性无破坏作用等特点。

1. 彩色硅酸盐水泥的分类

(1)颜色。彩色硅酸盐水泥的基本色有红色、黄色、蓝色、绿色、棕色和黑色等。其他颜色的彩色硅酸盐水泥的生产，可由供需双方协商。

(2)强度等级。彩色硅酸盐水泥的强度等级可分为 27.5 级、32.5 级、42.5 级。

2. 彩色硅酸盐水泥的组成材料

(1)硅酸盐水泥熟料和硅酸盐水泥。硅酸盐水泥熟料应符合《硅酸盐水泥熟料》(GB/T 21372—2008)的要求，白色硅酸盐水泥应符合《白色硅酸盐水泥》(GB/T 2015—2017)的要求，普通硅酸盐水泥、矿渣硅酸盐水泥和复合硅酸盐水泥应符合《通用硅酸盐水泥》(GB 175—2007)的要求。

(2)石膏。天然石膏应符合《天然石膏》(GB/T 5483—2008)中规定的品位等级为二级(含)以上的 C 类石膏或 M 类混合石膏。工业副产石膏应符合《用于水泥中的工业副产石膏》(GB/T 21371—2008)的规定。

(3)混合材。当生产中需使用混合材时，应选用已有相应标准的混合材，并应符合相应标准的要求，掺量不超过水泥质量的50%。

（4）着色剂。着色剂应符合相应颜料国家标准的要求，对人体无害，且对水泥性能无害。

（5）助磨剂。水泥粉磨时允许加入助磨剂，其加入量应不大于水泥质量的0.5%。助磨剂应符合《水泥助磨剂》(GB/T 26748—2011)的规定。

3. 彩色硅酸盐水泥的技术要求

彩色硅酸盐水泥的技术要求应符合《彩色硅酸盐水泥》(JC/T 870—2012)的规定，见表2-29、表2-30。

表 2-29　彩色硅酸盐水泥的技术要求

序号	项目	内容
1	三氧化硫	水泥中三氧化硫的含量(质量分数)不大于4.0%
2	细度	80 μm 方孔筛筛余不大于6.0%
3	凝结时间	初凝不得早于1 h，终凝不得迟于10 h
4	安定性	沸煮法检验合格
5	强度	各强度等级水泥的各龄期强度应符合表2-30的规定
6	色差	（1）颜色对比样。生产者应自行制备并妥善保存代表各种彩色硅酸盐水泥颜色的颜色对比样，以控制彩色硅酸盐水泥颜色均匀性。同一种颜色，可根据其色调、彩度或明度的不同，制备多个颜色对比样。 （2）同一颜色同一编号彩色硅酸盐水泥的色差。同一颜色同一编号彩色硅酸盐水泥每一分割样或每磨取样与该水泥颜色对比样的色差 ΔE_{ab}^* 不应超过3.0CIELAB色差单位。用目测对比方法参考时，颜色不应有明显差异。 （3）同一颜色不同编号彩色硅酸盐水泥的色差。同一种颜色的各编号彩色硅酸盐水泥有混合样与该水泥颜色对比样之间的色差 ΔE_{ab}^* 不应超过4.0CIELAB色差单位。用目测对比方法参考时，颜色不应有明显差异
7	颜色耐久性	500 h人工加速老化试验，老化前后的色差 ΔE_{ab}^* 不应超过6.0CIELAB色差单位

表 2-30　强度等级　　　　　　　　　　　　　　　　MPa

强度等级	抗压强度		抗折强度	
	3 d	28 d	3 d	28 d
27.5	≥7.5	≥27.5	≥2.0	≥5.0
32.5	≥10.0	≥32.5	≥2.5	≥5.5
42.5	≥15.0	≥42.5	≥3.5	≥6.5

4. 彩色硅酸盐水泥的应用

彩色硅酸盐水泥主要用于建筑物内外的装饰，如地面、楼面、墙柱、台阶及建筑立面的线条、装饰图案、雕塑等，配以彩色大理石、白云石石子和石英石砂作为粗细骨料，可拌制成彩色砂浆和混凝土，做成水磨石、水刷石、斩假石等饰面，起到艺术装饰的效果。

本章介绍石膏的原料与生产、凝结硬化原理、性质与应用，石膏装饰制品的特点、分类、规格，技术要求及应用，硅酸盐水泥熟料、水化及凝结硬化，硅酸盐水泥石的腐蚀与防治，硅酸盐水泥的性质，通用硅酸盐水泥的分类及强度等级、组成材料、技术要求及应用，白色与彩色硅酸盐水泥的性能特点、分类、组成材料、技术要求及应用。

1. 在建筑装饰工程中，建筑石膏和高强度石膏往往先被加工成各式制品，然后被镶贴、安装在基层或龙骨支架上。石膏装饰制品主要有装饰石膏板、嵌装式装饰石膏板、普通纸面石膏板及吸声穿孔石膏板、装饰线角、花饰、装饰浮雕壁画、挂饰及建筑艺术造型等。

2. 通用硅酸盐水泥是由硅酸盐水泥熟料和适量的石膏及规定的混合材料制成的水硬性胶凝材料。通用硅酸盐水泥按混合材料的品种和掺量可分为硅酸盐水泥、普通硅酸盐水泥（普通水泥）、矿渣硅酸盐水泥、火山灰质硅酸盐水泥、粉煤灰硅酸盐水泥和复合硅酸盐水泥。

3. 在建筑装饰工程中，常用装饰水泥如白水泥、彩色水泥等配制成水泥色浆、装饰砂浆和装饰混凝土，用于建筑物室内外表面的装饰，以装饰材料本身的质感、色彩达到美化建筑的效果。

思考与练习

1. 建筑石膏是如何制成的？其主要化学成分是什么？
2. 建筑石膏的凝结硬化原理是什么？
3. 装饰石膏板有哪些特点？其主要用途有哪些？
4. 纸面石膏板有哪些特点？
5. 吸声用穿孔石膏板的主要用途有哪些？
6. 硅酸盐水泥熟料主要由哪些的矿物组成？它们在水泥水化中有何特性？
7. 防止硅酸盐水泥石腐蚀的措施有哪些？
8. 使用白色硅酸盐水泥进行装饰施工时，应注意哪些事项？
9. 彩色硅酸盐水泥有哪些用途？

第三章 混凝土

知识目标

1. 了解混凝土的分类及特点，熟悉普通混凝土的基本组成，掌握普通混凝土的技术性能和配合比设计。

2. 掌握装饰混凝土的种类、特点及应用。

能力目标

1. 能够进行混凝土基本性能的检测。

2. 能够根据要求进行普通混凝土的配合比设计。

3. 能够进行装饰混凝土的饰面设计及实际应用。

第一节　混凝土的分类和特点

一、混凝土的分类

凡由胶凝材料与骨料等按适当比例制成拌合物，经硬化后所得到的人造石材均称为混凝土。混凝土种类繁多，可以从不同角度进行分类。

(1)按胶凝材料的不同，混凝土可分为水泥混凝土、沥青混凝土、水玻璃混凝土、聚合物混凝土等。

(2)按用途的不同，混凝土可分为结构混凝土、道路混凝土、水工混凝土、耐热混凝土、耐酸混凝土、防辐射混凝土等。

(3)按体积密度的不同，混凝土可分为特重混凝土($\rho_0 > 2\ 500\ \text{kg/m}^3$)、重混凝土($\rho_0 = 1\ 900 \sim 2\ 500\ \text{kg/m}^3$)、轻混凝土($\rho_0 = 600 \sim 1\ 900\ \text{kg/m}^3$)、特轻混凝土($\rho_0 < 600\ \text{kg/m}^3$)。

(4)按性能特点的不同，混凝土可分为抗渗混凝土、耐酸混凝土、耐热混凝土、高强度混凝土、高性能混凝土等。

(5)按施工方法分类，混凝土可分为现浇混凝土、预制混凝土、泵送混凝土、喷射混凝土等。

在建筑装饰工程中应用最广、用量最大的是水泥混凝土，水泥混凝土按表观密度可分为以下几种：

（1）重混凝土。其表观密度大于 2 800 kg/m³，由特别密实和特别重的骨料（如重晶石、铁矿石等）制成，具有防射线的性能。

（2）普通混凝土。其表观密度为 2 000～2 800 kg/m³，以天然砂、石作为骨料制成，是建筑结构、道路、土木工程等的常用材料。

（3）轻混凝土。其表观密度小于 2 000 kg/m³，包括轻骨料混凝土、多孔混凝土及大孔混凝土等，常用作保温隔热或结构兼保温材料。

二、混凝土的特点

混凝土之所以在土木工程中得到广泛应用，是由于它在技术性能上有许多特点。这些特点主要反映在以下几个方面：

（1）材料来源广泛。混凝土中占整个体积80％以上的砂、石料均可就地取材。其资源丰富，有效降低了制造成本。

（2）性能可调整范围大。根据使用功能要求，改变混凝土的材料配合比例及施工工艺，可在相当大的范围内对混凝土的强度、保温耐热性、耐久性及工艺性能进行调整。

（3）在硬化前有良好的塑性。混凝土拌合物优良的可塑成型性，使混凝土可适应各种形状复杂的结构构件的施工要求。

（4）施工工艺简易、灵活。对混凝土既可进行简单的人工浇筑，也可根据不同的工程环境特点灵活采用泵送、喷射、水下等施工方法。

（5）可用钢筋增强。钢筋与混凝土虽为性能迥异的两种材料，但两者却有近乎相等的线膨胀系数，从而使它们可共同工作，弥补了混凝土抗拉强度低的缺点，扩大了其应用范围。

（6）有较高的强度和耐久性。高强度混凝土的抗压强度可达 100 MPa 以上，同时具备较高的抗渗、抗冻、抗腐蚀、抗碳化性，其耐久年限可达数百年以上。

混凝土除以上优点外，也存在着质量重、养护周期长、导热系数较大、不耐高温、拆除废弃物再生利用性较差等缺点。随着混凝土新功能、新品种的不断开发，这些缺点正不断被克服。

第二节　普通混凝土的基本组成

普通混凝土是将水泥、粗骨料、细骨料、水和外加剂按一定的比例配制而成的，也简称为混凝土。在混凝土的基本组成材料中，水和水泥形成水泥浆，在混凝土中赋予混凝土拌合物以流动性，粘结粗、细骨料形成整体，填充骨料的间隙，提高密实度。砂和石子构成混凝土的骨架，有效抵抗水泥浆的干缩；砂石颗粒逐级填充，形成理想的密实状态，节约水泥浆的用量。

一、水泥

水泥是决定混凝土成本的主要材料，同时，又起到粘结、填充等重要作用，故水泥的选用格外重要。配制混凝土用的水泥应符合国家现行标准的有关规定。在配制时，应合理地选择水泥的品种和强度等级。

1. 水泥品种的选择

水泥的品种应根据工程的特点和其所处的环境气候条件，特别是应针对工程竣工后可能遇到的环境影响因素进行分析，并考虑当地水泥的供应情况做出选择。常用水泥品种的使用可参考表 3-1 的内容。

表 3-1　常用水泥品种的使用

混凝土工程特点及所处环境条件		优先使用	可以使用	不宜使用
普通混凝土	在普通气候环境中的混凝土	普通水泥	矿渣水泥 火山灰水泥 粉煤灰水泥	—
	在干燥环境中的混凝土	普通水泥	矿渣水泥	火山灰水泥
	在高湿环境中或长期处于水下的混凝土	矿渣水泥 火山灰水泥 粉煤灰水泥	普通水泥	—
	厚大体积的混凝土	矿渣水泥 火山灰水泥 粉煤灰水泥	普通水泥	硅酸盐水泥
有特殊要求的混凝土	要求快硬、高强(≥C30)的混凝土	硅酸盐水泥 快硬硅酸盐水泥	—	—
	严寒地区的露天混凝土及处于水位升降范围内的混凝土	普通水泥(≥42.5级) 硅酸盐水泥或 抗硫酸盐硅酸盐水泥	矿渣水泥 (≥32.5级)	火山灰水泥
	有抗渗要求的混凝土	普通水泥 火山灰水泥	硅酸盐水泥 粉煤灰水泥	矿渣水泥
	有耐磨要求的混凝土	普通水泥(≥42.5级)	矿渣水泥(≥32.5级)	火山灰水泥
	受侵蚀性环境水或气体作用的混凝土	根据介质的种类、浓度等具体情况，按专门规定选用		

2. 水泥强度等级的选择

水泥强度等级的选择是指水泥强度等级和混凝土设计强度等级的关系。若水泥强度过高，水泥的用量就会过少，从而影响混凝土拌合物的工作性；反之，水泥强度过低，则可能影响混凝土的最终强度。根据经验，一般情况下水泥强度等级应为混凝土设计强度等级的 1.5～2.0 倍。对于较高强度等级的混凝土，应为混凝土强度等级的 0.9～1.5 倍。选用普通强度等级的水泥配制高强度混凝土(＞C60)时并不受此比例的约束。对于低强度等级的混凝土，可采用特殊种类的低强度水泥或掺加一些可改善工作性的外掺材料(如粉煤灰等)。

二、细骨料(砂)

细骨料是指粒径为 0.15～4.75 mm 的岩石颗粒，俗称砂。

1. 细骨料的种类及特性

细骨料按产地及来源一般可分为天然砂、机制砂及工业副产品骨料。天然砂是自然生成的，经人工开采和筛分的粒径小于 4.75 mm 的岩石颗粒，包括河砂、湖砂、山砂、淡化海砂，但不包括软质、风化的岩石颗粒。河砂、湖砂材质最好，洁净、无风化、颗粒表面圆滑。山砂风化较严重，含泥较多，含有机杂质和轻物质也较多，质量最差。海砂中常含有贝壳等杂质，所含氯盐、硫酸盐、镁盐会引起水泥的腐蚀，故材质较河砂差。

机制砂是经除土处理，由机械破碎、筛分而成的粒径小于 4.75 mm 的岩石、矿山尾矿或工业废渣颗粒，但不包括软质、风化的颗粒，俗称人工砂。

工业副产品骨料是把工业副产品(如矿渣)破碎、筛分后得到的骨料。

天然砂是一种地方资源，随着我国基本建设的日益发展和农田、河道环境保护措施的逐步加强，天然砂资源逐步减少。不但如此，混凝土技术的迅速发展，对砂的要求日益提高，对其中一些要求较高的技术指标，天然砂难以满足。我国有大量的金属矿和非金属矿，在采矿和加工过程中伴随产生较多的尾尘。这些尾尘及由石材粉碎生产的机制砂的推广使用，既有效地利用了资源又保护了环境，可形成综合利用的效益。美、英、日等工业发达国家使用机制砂已有几十年的历史，我国国内已有多条机制砂生产线，生产机制砂的设备与技术也基本具备，在我国发展机制砂的条件已经成熟。

根据国家标准《建设用砂》(GB/T 14684—2011)，砂石按其技术要求分为Ⅰ类、Ⅱ类、Ⅲ类。Ⅰ类砂、石宜用于强度等级大于 C60 的混凝土；Ⅱ类砂、石宜用于强度等级为 C30～C60 及抗冻、抗渗或有其他要求的混凝土；Ⅲ类砂、石宜用于强度等级小于 C30 的混凝土。

2. 砂的粗细程度及颗粒级配

(1)砂的粗细程度。砂的粗细程度是指不同的砂粒混合在一起的平均程度。砂子通常分为粗砂、中砂、细砂。在配制混凝土时，在用砂量相同的条件下，采用细砂，其总表面积较大，而用粗砂则其总表面积较小。砂的总表面积越大，则在混凝土中需要包裹砂粒表面的水泥浆就越多，当混凝土拌合物和易性要求一定时，显然用较粗的砂拌制混凝土比用较细的砂节省水泥浆，但若砂子过粗，易使混凝土拌合物产生离析、泌水等现象，影响混凝土的工作性。因此，用作配制混凝土的砂不宜过细，也不宜过粗。

(2)砂的颗粒级配。砂的颗粒级配是指砂中不同粒径的颗粒互相搭配及组合的情况。如果砂的粒径相同，如图 3-1(a)所示，则其孔隙率很大，自然在混凝土中填充砂子空隙的水泥浆用量就多；当用两种粒径的砂搭配时，空隙就减少了，如图 3-1(b)所示；而用三种粒径的砂组配，空隙会更少，如图 3-1(c)所示。

由此可知，颗粒大小均匀的砂是级配不良的

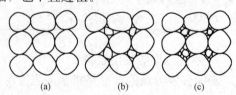

(a)　　　　(b)　　　　(c)

图 3-1　骨料的颗粒级配

(a)粒径相同的砂组合；(b)两种粒径的砂搭配；

(c)三种粒径的砂组配

砂；当砂中含有较多的粗颗粒，并以适量的中粗颗粒及少量的细颗粒填充其空隙时，其即具有良好的颗粒级配，可使砂的孔隙率和总表面积均较小，这样的砂才是比较理想的。使用级配良好的砂，填充空隙用的水泥浆少，节约水泥，而且混凝土的和易性好，强度耐久性好。

综上所述，选择细骨料时应同时考虑砂的粗细程度和颗粒级配，只有这样才能既满足设计与施工的要求，又能节约水泥。

（3）粗细程度和颗粒级配的确定。砂的粗细程度和颗粒级配用筛分析法确定，并用细度模数表示砂的粗细，用级配区判别砂的颗粒级配。

筛分试验是采用过 9.50 mm 方孔筛后 500 g 烘干的待测砂，用一套孔径从大到小（孔径分别为 4.75 mm、2.36 mm、1.18 mm、600 μm、300 μm、150 μm）的标准金属方孔筛进行筛分，然后称其各筛上所得的粗颗粒的质量（称为筛余量），将各筛余量分别除以 500 得到分级筛余百分率（%）a_1、a_2、a_3、a_4、a_5、a_6，再将其累加得到累计筛余百分率（简称累计筛余率）A_1、A_2、A_3、A_4、A_5、A_6。其计算过程见表 3-2。

表 3-2　累计筛余率的计算过程

筛孔尺寸	分计筛余		累计筛余百分率/%
	分计筛余量/g	分级筛余百分率/%	
4.75 mm	m_1	a_1	$A_1 = a_1$
2.36 mm	m_2	a_2	$A_2 = a_2 + a_1$
1.18 mm	m_3	a_3	$A_3 = a_3 + a_2 + a_1$
600 μm	m_4	a_4	$A_4 = a_4 + a_3 + a_2 + a_1$
300 μm	m_5	a_5	$A_5 = a_5 + a_4 + a_3 + a_2 + a_1$
150 μm	m_6	a_6	$A_6 = a_6 + a_5 + a_4 + a_3 + a_2 + a_1$

将由筛分试验得出的 6 个累计筛余百分率作为计算砂平均粗细程度的指标细度模数（M_x）和检验砂的颗粒级配是否合理的依据。

细度模数是指各号筛的累计筛余百分率之和除以 100 之商，即

$$M_x = \frac{\sum_{i=2}^{6} A_i}{100}$$

因砂定义为粒径小于 4.75 mm 的颗粒，故公式中的 i 应取 2～6。

细度模数越大，砂越粗。国家标准《建设用砂》（GB/T 14684—2011）按细度模数将砂分为粗砂（$M_x = 3.7 \sim 3.1$）、中砂（$M_x = 3.0 \sim 2.3$）、细砂（$M_x = 2.2 \sim 1.6$）三类。普通混凝土在可能的情况下应选用粗砂或中砂，以节约水泥。

细度模数的数值主要取决于 150 μm 孔径的筛到 2.36 mm 孔径的筛 5 个累计筛余量，由于在累计筛余的总和中，粗颗粒分计筛余的"权"比细颗粒大（如 a_2 的权为 5，而 a_6 的权仅为 1），所以，M_x 的值在很大程度上取决于粗颗粒的含量。另外，细度模数的数值与小于 150 μm 的颗粒含量无关。可见细度模数在一定程度上反映砂颗粒的平均粗细程度，但不能反映砂粒径的分布情况，不同粒径分布的砂可能有相同的细度模数。

根据计算和试验结果，《建设用砂》（GB/T 14684—2011）将砂的合理级配以 600 μm 级

的累计筛余率为准划分为三个级配区，分别称为1区、2区、3区，见表3-3。任何一种砂，只要其累计筛余率 $A_1 \sim A_6$ 分别分布在某同一级配区的相应累计筛余率的范围内，即为级配合理，符合级配要求。具体评定时，除 4.75 mm 及 600 μm 级外，其他级的累计筛余率允许稍有超出，但超出总量不得大于 5%。由表中数值可见，在三个级配区内，只有 600 μm 级的累计筛余率是不重叠的，故称其为控制粒级，控制粒级使任何一个砂样只能处于某一级配区内，以避免出现砂样同属两个级配区的现象。

评定砂的颗粒级配，也可采用作图法，即以筛孔直径为横坐标，以累计筛余率为纵坐标，将表 3-3 规定的各级配区的相应累计筛余率的范围标注在图上形成级配区域，如图 3-2 所示。然后，把某种砂的累计筛余率 $A_1 \sim A_6$ 在图上依次描点连线，若所连折线都在某一级配区的累计筛余率范围内，即为级配合理。

表 3-3　颗粒级配

砂的分类	天然砂			机制砂		
级配区	1 区	2 区	3 区	1 区	2 区	3 区
方筛孔	累计筛余/%					
4.75 mm	10～0	10～0	10～0	10～0	10～0	10～0
2.36 mm	35～5	25～0	15～0	35～5	25～0	15～0
1.18 mm	65～35	50～10	25～0	65～35	50～10	25～0
600 μm	85～71	70～41	40～16	85～71	70～41	40--16
300 μm	95～80	92～70	85～55	95～80	92～70	85～55
150 μm	100～90	100～90	100～90	97～85	94～80	94～75

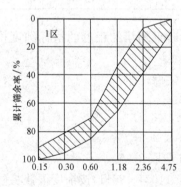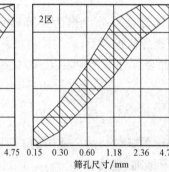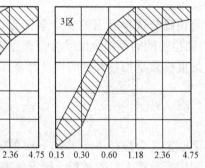

图 3-2　混凝土用砂级配范围曲线

如果砂的自然级配不符合级配的要求，可采用人工调整级配来改善，即将粗、细不同的砂进行掺配或将砂筛除过粗、过细的颗粒。

3. 细骨料的质量要求

（1）砂的含水状态。砂在实际使用时，一般是露天堆放的，受到环境温湿度的影响，往往处于不同的含水状态。在混凝土的配合比计算中，需要考虑砂的含水状态的影响。砂的含水状态，从干到湿可分为四种状态。

1)全干状态，或称烘干状态，是砂在烘箱中被烘干至恒重，内、外部均不含水，如图 3-3(a)所示。

2)气干状态，即在砂的内部含有一定水分，而表层和表面是干燥无水的，砂在干燥的环境中自然堆放达到干燥往往是这种状态，如图 3-3(b)所示。

3)饱和面干状态，即砂的内部和表层均含水达到饱和状态，而表面的开口孔隙及面层却处于无水状态，如图 3-3(c)所示，拌合混凝土的砂处于这种状态时，与周围水的交换最少，对配合比中水的用量影响最小。

4)湿润状态，砂的内部不但含水饱和，其表面还被一层水膜覆裹，颗粒间被水充盈，如图 3-3(d)所示。

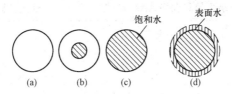

图 3-3　砂的含水状态
(a)全干状态；(b)气干状态；(c)饱和面干状态；(d)湿润状态

一般情况下，混凝土的试验室配合比是按砂的全干状态考虑的，此时拌和混凝土的实际流动性要小一些。而在施工配合比中，有时把砂的全部含水都考虑在用水量的调整中而缩减拌合水量，但实际状况是仅有湿润状态的表面水才可以冲抵拌合用水量，因此也会出现实际流动性的损失。因而从理论上讲，试验室配合比中砂的理想含水状态应为饱和面干状态。在混凝土用量较大，需精确计算的市政、水利工程中，常以砂的饱和面干状态为准。

(2)含泥量、石粉含量和泥块含量。砂中的含泥量通常是指天然砂中粒径小于 0.075 mm 的颗粒含量；石粉含量是指机制砂中粒径小于 0.075 mm 的颗粒含量；泥块含量是指砂中所含粒径大于 1.18 mm，经水浸洗、手捏后粒径小于 0.6 mm 的颗粒含量。

**细集料含泥量试验
（筛洗法）**

天然砂中的泥土颗粒极细。它们通常包覆于砂粒表面，从而在混凝土中妨碍了水泥浆与砂子的粘结。有的泥土还会降低混凝土的使用操作性能、强度及耐久性，并增大混凝土的干缩。因此，砂中的泥土对混凝土不利，应严格控制其含量。通常，在配制高强度混凝土时，需将砂子冲洗干净。当砂中夹有黏土块时，会形成混凝土中的薄弱部分，这对混凝土质量的影响很大，应严格控制其含量。

在生产机制砂的过程中会产生一定量的石粉，并混入砂中。石粉的粒径虽小于 0.075 mm，但与天然砂中的泥土成分不同，粒径分布有所不同，它在混凝土中的表现也不同。一般认为，机制砂中适量的石粉对混凝土质量是有益的，主要是可以改善新拌混凝土的施工操作性能。因为机制砂颗粒本身尖锐、多棱角，这对混凝土的某些性能不利，而适量的石粉存在可对此有所改善。另外，由于石粉主要是由 0.004～0.075 mm 的微粒组成的，它能在细骨料间隙中嵌固填充，从而提高混凝土的密实性。

《建设用砂》(GB/T 14684—2011)规定，砂的含泥量、石粉含量和泥块含量应符合下列要求：

1)天然砂的含泥量、泥块含量应符合表3-4的规定。

表3-4　天然砂的含泥量、泥块含量

类别	I	II	III
含泥量(按质量计)/%	≤1.0	≤3.0	≤5.0
泥块含量(按质量计)/%	0	≤1.0	≤2.0

2)机制砂 MB 值≤1.4 或用快速法试验合格时，石粉含量和泥块含量应符合表3-5 的规定；机制砂 MB 值＞1.4 或用快速法试验不合格时，石粉含量和泥块含量应符合表3-6 的规定。

表3-5　石粉含量和泥块含量(MB 值≤1.4 或用快速法试验合格)

类别	I	II	III
MB 值	≤0.5	≤1.0	≤1.4 或合格
石粉含量(按质量计)/%*		≤10.0	
泥块含量(按质量计)/%	0	≤1.0	≤2.0

* 此指标根据使用地区和用途，经试验验证，可由供需双方协商确定。

表3-6　石粉含量和泥块含量(MB 值＞1.4 或用快速法试验不合格)

类别	I	II	III
石粉含量(按质量计)/%	≤1.0	≤3.0	≤5.0
泥块含量(按质量计)/%	0	≤1.0	≤2.0

4. 砂中的有害物质

砂在生成过程中，由于环境的影响和作用，常混有对混凝土性质不利的物质，以天然砂尤为严重。根据《建设用砂》(GB/T 14684—2011)的规定，砂中不应混有草根、树叶、树枝、塑料、煤块、炉渣等杂物。砂中如含有云母、轻物质、有机物、硫化物和硫酸盐、氯化物、贝壳，其限量应符合表3-7 的规定。

表3-7　有害物质限量

类别	I	II	III
云母(按质量计)/%	≤1.0		≤2.0
轻物质(按质量计)/%		≤1.0	
有机物		合格	
硫化物和硫酸盐(按 SO₃ 质量计)/%		≤0.5	
氯化物(以氯离子质量计)/%	≤0.01	≤0.02	≤0.06
贝壳(按质量计)/%ᵃ	≤3.0	≤5.0	≤8.0

a 该指标仅适用于海砂，其他砂种不作要求。

（1）云母及轻物质。云母是砂中常见的矿物，呈薄片状，极易分裂和风化，会影响混凝土的工作性和强度。轻物质是 $\rho<2$ g/cm³ 的矿物(如煤或轻砂)，其本身与水泥粘结不牢，会降低混凝土的强度和耐久性。

（2）有机物。有机物是指天然砂中混杂的动植物的腐殖质或腐殖土等。有机物会减缓水泥的凝结，影响混凝土的强度。如砂中有机物过多，可采用石灰水冲洗、露天摊晒的方法来处理。

（3）硫化物和硫酸盐。硫化物和硫酸盐是指砂中所含的二硫化亚铁（FeS_2）和石膏（$CaSO_4 \cdot 2H_2O$）会与硅酸盐水泥石中的水化产物生成体积膨胀的水化硫铝酸钙，造成水泥石的开裂，降低混凝土的耐久性。

（4）氯盐。海水常会使海砂中的氯盐超标。氯离子会对钢筋造成锈蚀，所以对钢筋混凝土，尤其是预应力混凝土中的氯盐含量应严加控制。对氯盐可用水洗的方法给予处理。

5. 碱活性骨料

当水泥或混凝土中含有较多的强碱（Na_2O、K_2O）物质时，它们可能会与含有活性二氧化硅的骨料发生反应，这种反应称为碱-集料反应，其结果可能导致混凝土内部产生局部体积膨胀，甚至使混凝土结构产生膨胀性破坏。因此，除控制水泥的碱含量外，还应严格控制混凝土中含有活性二氧化硅等物质的活性骨料。在实际工程中，若怀疑所用砂含有活性骨料，应根据混凝土结构的使用条件与要求，按规定方法进行骨料的碱活性试验，以确定其是否可以被采用。对于重要工程中的混凝土用砂，通常应采用化学法或砂浆长度法对砂子进行碱活性检验。

6. 砂的坚固性

坚固性是指骨料在自然风化和外界其他的物理化学因素作用下所具有的抵抗破坏的能力。采用硫酸钠溶液法进行试验时，样品在硫酸钠饱和溶液中经过五次浸渍循环后，依质量损失来评定其类别，应符合表 3-8 的规定；对机制砂则采用压碎指标试验法进行检测。机制砂的压碎指标均应符合表 3-9 的规定。

表 3-8　坚固性指标

类别	I	II	III
质量损失/%	≤8		≤10

表 3-9　压碎指标

类别	I	II	III
单级最大压碎指标/%	≤20	≤25	≤30

三、粗骨料（石子）

粗骨料是指粒径为 4.75～9.0 mm 的岩石颗粒，俗称石子。

1. 粗骨料的分类

普通混凝土常用的粗骨料有碎石和卵石。碎石是由天然岩石、卵石或矿山废石经机械破碎、筛分制成的粒径大于 4.75 mm 的岩石颗粒。卵石是由自然风化、水流搬运和分选、堆积形成的，粒径大于 4.75 mm 的岩石颗粒，按其产源可分为河卵石、海卵石、山卵石等。天然卵石表面光滑，少棱角，孔隙率及表面积小，由其拌制的混凝土的和易性好，但与水泥的胶结能力较差。碎石表面粗糙，有棱角，与水泥浆粘结牢固，由其拌制的混凝土的强度较高。使用粗骨料时应根据工程要求及就地取材的原则选用。《建设用卵石、碎石》

(GB/T 14685—2011)将卵石、碎石按技术要求分为Ⅰ类、Ⅱ类、Ⅲ类。Ⅰ类用于强度等级大于 C60 的混凝土；Ⅱ类用于强度等级为 C30~C60 及抗冻、抗渗或有其他要求的混凝土；Ⅲ类适用于强度等级小于 C30 的混凝土。

2. 粗骨料的技术要求

(1)最大粒径及颗粒级配。粗骨料的粗细程度用最大粒径表示。公称粒级的上限称为该粒级的最大粒径。例如，5~40 mm 粒级的粗骨料，其最大粒径为 40 mm。粗骨料的最大粒径增大时，骨料的总表面积减小，可见采用较大粒径的骨料可以节约水泥。因此，当配制中、低强度等级的混凝土时，粗骨料的最大粒径应尽可能大些。

粗骨料的颗粒级配与细骨料级配的原理相同。采用级配良好的粗骨料对节约水泥和提高混凝土的强度极为有利。粗骨料级配的判定也是通过筛分析方法，其标准筛的孔径为 2.36 mm、4.75 mm、9.50 mm、16.0 mm、19.0 mm、26.5 mm、31.5 mm、37.5 mm、53.0 mm、63.0 mm、75.0 mm、90.0 mm 这 12 个筛档。分析筛余百分率及累计筛余百分率的计算方法与细骨料的计算方法相同。碎石或卵石颗粒级配应符合表 3-10 的规定。

表 3-10　碎石或卵石的颗粒级配

公称粒级 /mm		累计筛余/%											
		方孔筛/mm											
		2.36	4.75	9.50	16.0	19.0	26.5	31.5	37.5	53.0	63.0	75.0	90
连续粒级	5~16	95~100	85~100	30~60	0~10	0							
	5~20	95~100	90~100	40~80		0~10	0						
	5~25	95~100	90~100	—	30~70		0~5	0					
	5~31.5	95~100	90~100	70~90		15~45		0~5	0				
	5~40	—	95~100	70~90		30~65			0~5	0			
单粒粒级	5~10	95~100	80~100	0~15	0								
	10~16		95~100	80~100	0~15								
	10~20		95~100	85~100		0~15							
	16~25			95~100	55~70	25~40	0~10						
	16~31.5		95~100		85~100			0~10					
	20~40			95~100		80~100			0~10	0			
	40~80					95~100			70~100		30~60	0~10	0

粗骨料的级配按供应情况有连续粒级和单粒级两种。连续粒级中由小到大每一级颗粒都占有一定的比例，又称为连续级配。天然卵石的颗粒级配就属于连续级配，连续级配大小颗粒搭配合理，使得配制的混凝土拌合物的工作性好，不易发生离析现象，目前多采用连续级配。单粒级主要用于组合具有要求级配的连续粒级，或与连续粒级混合使用，以改善级配或配成较大粒度的连续粒级。

(2)强度。粗骨料在混凝土中要形成坚实的骨架，故其强度要满足一定的要求。粗骨料的强度有立方体抗压强度和压碎指标值两种。

立方体抗压强度是用浸水饱和状态下的骨料母体岩石制成的 50 mm×50 mm×50 mm 立方体试件，在标准试验条件下测得的抗压强度值。要求该强度：火成岩不小于 80 MPa，变质岩不小于 60 MPa，水成岩不小于 30 MPa。

压碎指标是对粒状粗骨料强度的另一种测定指标。测定方法是将气干的石子按规定方法填充于压碎指标测定仪（内径为 152 mm 的圆筒）内，其上放置压头，在试验机上均匀加荷至 200 kN 并稳荷 5 s，卸荷后称量试样质量（G_1），然后再用孔径为 2.36 mm 的筛进行筛分，称其筛余量（G_2），则压碎指标 Q_e 可用下式表示：

$$Q_e = \frac{G_1 - G_2}{G_1} \times 100\%$$

压碎指标值越大，说明骨料的强度越小。该种方法操作简便，在实际生产质量控制中的应用较普遍。根据国家标准《建设用卵石、碎石》（GB/T 14685—2011），粗骨料的压碎指标值的控制可参照表 3-11。

表 3-11　卵石、碎石的压碎指标

类别	Ⅰ	Ⅱ	Ⅲ
碎石压碎指标/%	≤10	≤20	≤30
卵石压碎指标/%	≤12	≤14	≤16

（3）坚固性。骨料颗粒在气候、外力及其他物理力学因素作用下抵抗碎裂的能力，称为坚固性。对于骨料的坚固性，采用硫酸钠溶液浸泡法来检验。该种方法是将骨料颗粒在硫酸钠溶液中浸泡若干次，取出烘干后，测其在硫酸钠结晶晶体的膨胀作用下骨料的质量损失率，以其来说明骨料的坚固性，其指标应符合表 3-12 的规定。

表 3-12　卵石、碎石的坚固性指标

类别	Ⅰ	Ⅱ	Ⅲ
质量损失/%	≤5	≤8	≤12

（4）针、片状颗粒。骨料颗粒的理想形状应为立方体，但实际骨料产品中常会出现颗粒长度大于平均粒径 4 倍的针状颗粒和厚度小于平均粒径 2/5 的片状颗粒。针、片状颗粒的外形和较低的抗折能力，会降低混凝土的密实度和强度，并使其工作性变差，故对其含量应予以控制，见表 3-13。

表 3-13　针、片状颗粒的含量

类别	Ⅰ	Ⅱ	Ⅲ
针、片状颗粒总含量（按质量计）/%	≤5	≤10	≤15

（5）含泥量和泥块含量。卵石、碎石的含泥量和泥块含量应符合表 3-14 的规定。

表 3-14　卵石、碎石的含泥量和泥块含量

类别	Ⅰ	Ⅱ	Ⅲ
含泥量（按质量计）/%	≤0.5	≤1.0	≤1.5
泥块含量（按质量计）/%	0	≤0.2	≤0.5

粗集料含泥量与
泥块含量试验方法

(6)有害物质。与砂相同，卵石和碎石中不应混有草根、树叶、树枝、塑料、煤块和炉渣等杂物，并且其中的有害物质(如有机物、硫化物和硫酸盐)的含量控制应满足表 3-15 的要求。

表 3-15　卵石、碎石中有害物质限量

类别	I	II	III
有机物	合格	合格	合格
硫化物及硫酸盐 (按 SO_3 质量计)/%	≤0.5	≤1.0	≤1.0

当粗骨料中含有活性二氧化硅(如蛋白石、凝灰岩、鳞石英等岩石)时，可与水泥中的碱性氧化物 Na_2O 或 K_2O 发生化学反应，生成体积膨胀的碱－硅酸凝胶体。该种物质吸水后体积膨胀，会造成硬化混凝土的严重开裂，甚至造成工程事故，这种有害作用称为碱-集料反应。国家标准《建设用卵石、碎石》(GB/T 14685—2011)规定，当骨料中含有活性二氧化硅，而水泥含碱量超过 0.6% 时，需进行专门试验，以确定骨料的可用性。

四、拌合用水

混凝土拌合用水按水源可分为饮用水、地表水、地下水、海水。拌合用水所含物质对混凝土、钢筋混凝土和预应力混凝土不应产生以下有害作用：

(1)影响混凝土的工作性及凝结；

(2)有碍混凝土强度的发展；

(3)降低混凝土的耐久性，加快钢筋腐蚀及导致预应力钢筋脆断；

(4)污染混凝土表面。

根据以上要求，符合国家标准《混凝土用水标准》(JGJ 63—2006)的生活用水(自来水、河水、江水、湖水)可直接拌制各种混凝土。海水只可用于拌制素混凝土。地表水和地下水首次使用前应按表 3-16 的规定进行检测，有关指标值在限值内才可作为拌合用水。

表 3-16　混凝土拌合用水有害物质含量的限值

项目	预应力混凝土	钢筋混凝土	素混凝土
pH	≥5.0	≥4.5	≥4.5
不溶物/(mg·L^{-1})	≤2 000	≤2 000	≤5 000
可溶物/(mg·L^{-1})	≤2 000	≤5 000	≤10 000
Cl^-/(mg·L^{-1})	≤500	≤1 000	≤3 500
SO_4^{2-}/(mg·L^{-1})	≤600	≤2 000	≤2 700
碱含量/(mg·L^{-1})	≤1 500	≤1 500	≤1 500

注：碱含量按 $Na_2O+0.658K_2O$ 计算值来表示。采用非碱活性骨料时，可不检验碱含量。

五、混凝土外加剂

混凝土外加剂是在混凝土拌和过程中掺入的材料，它能按要求改善混凝土的性能，一般情况下掺量不超过水泥质量的 5%。

混凝土外加剂按其主要功能可分为以下四类：

（1）改善混凝土拌合物流变性能的外加剂，包括各种减水剂、引气剂和泵送剂等。

（2）调节混凝土凝结时间、硬化性能的外加剂，包括缓凝剂、早强剂和速凝剂。

（3）改变混凝土耐久性的外加剂，包括引气剂、防水剂和阻锈剂等。

（4）改善混凝土其他性能的外加剂，包括加气剂、膨胀剂、防冻剂、着色剂、防水剂和泵送剂等。

混凝土外加剂大部分为化工制品，还有一部分为工业副产品。因其掺量小、作用大，故对掺量（占水泥质量的百分比）、掺配方法和适用范围要严格按产品说明和操作规程执行。

混凝土外加剂

以下重点介绍几种工程中常用的外加剂。

（一）减水剂

1. 减水剂的分类

减水剂是指在混凝土坍落度基本相同的条件下，能减少拌合用水量的外加剂。减水剂多为表面活性剂，它的作用效果是由其表面活性产生的。根据减水剂的作用效果及功能情况，减水剂可分为普通减水剂、高效减水剂、早强减水剂、缓凝减水剂、引气减水剂等；根据凝聚时间，减水剂可分为标准型、早强型、缓凝型三种；根据是否引气，减水剂又可分为引气型和非引气型两种；根据化学成分，减水剂分为木质素系、萘系、树脂系、腐殖酸系等。

（1）木质素系减水剂。该类减水剂为普通减水剂，也称 M 型减水剂，是提取酒精后的木浆废液经蒸发、磺化浓缩、喷雾、干燥所制成的棕黄色粉状物。木钙（木质素磺酸盐类）是一种传统的阳离子型减水剂，常用的掺量为 0.2%～0.3%。其采用的是工业废料，成本低廉，生产工艺简单，曾在我国广泛应用。

M 型减水剂的技术经济效果为：在保持工作性不变的前提下，可减水 10% 左右；在保持水胶比不变的条件下，使坍落度增大 100 mm 左右；在保持水泥用量不变的情况下，提高 28 d 抗压强度 10%～20%；在保持坍落度及强度不变的条件下，可节约水泥用量 10%。

M 型减水剂是缓凝型减水剂，在 0.25% 的掺量下可缓凝 1～3 h，故可减少水化热，但掺量过多会造成严重缓凝，导致强度下降的后果。M 型减水剂不适宜蒸养混凝土，也不利于冬期施工。

（2）萘系减水剂。萘系减水剂为高效减水剂，是用萘及萘的同系物经磺化、水解、缩合、中和、过滤、干燥而制成的，为棕色粉末，属阴离子表面活性剂。这类减水剂品种很多，目前我国生产的主要有 NNO、NF、UNF、AF 等，它们的性能与日本产"迈蒂"高效减水剂相同。

萘系减水剂的适宜掺量为 0.5%～1.0%，减水率为 10%～25%，增强效果显著，缓凝性很小，大多为非引气型。萘系减水剂对钢筋无锈蚀危害，适用于日最低气温在 0 ℃以上的所有混凝土工程，尤其适用于配制高强、早强、流态混凝土等。

（3）树脂系减水剂。树脂系减水剂也称水溶性密胺树脂，是一种水溶性高分子树脂非引气型高效减水剂。国产的品种有 SM 减水剂等，其适宜的掺量为 0.5%～2%。因其价格较高，故应用受到限制。

SM 减水剂的经济技术效果极优：减水率可达 20%～27%；混凝土 1 d 抗压强度可提高

30%～100%，28 d抗压强度可提高30%～60%；强度不变，可节约水泥25%左右；混凝土的抗渗、抗冻等性能也得到明显改善。

该类减水剂特别适宜配置早强、高强度混凝土，泵送混凝土和蒸养预制混凝土。

2. 减水剂的作用机理

表面活性物质的分子可分为亲水端和疏水端两部分。亲水端在水中可指向水；而疏水端则指向气体、非极性液体（油）或固态物质，可降低水—气、水—固相间的界面能，具有湿润、发泡、分散、乳化的作用，如图3-4(a)所示。根据表面活性物质亲水端的电离特性，它可分为离子型和非离子型，又根据亲水端电离后所带的电性，可分为阳离子型、阴离子型和两性型。

减水剂作用

水泥加水拌和后，水泥矿物颗粒带有不同电荷，产生异性吸引或由于水泥颗粒在水中的热运动而产生吸附力，使其形成絮凝状结构，如图3-4(b)所示，把拌合用水包裹在其中，对拌合物的流动性不起作用，降低了工作性。因此，在施工中必须增加拌合用水量，而水泥水化的用水量很少（水胶比仅为0.23左右即可完成水化），多余的水分在混凝土硬化后挥发，形成较多孔隙，从而降低了混凝土的强度和耐久性。

加入减水剂后，减水剂的疏水端定向吸附于水泥矿物颗粒的表面，亲水端朝向水溶液，形成吸附水膜。由于减水剂分子的定向排列，使水泥颗粒表面带有相同电荷，在电斥力的作用下水泥颗粒分散开来，由絮凝状结构变成分散状结构，如图3-4(c)、(d)所示，从而把包裹的水分释放出来，达到减水、提高流动性的目的。

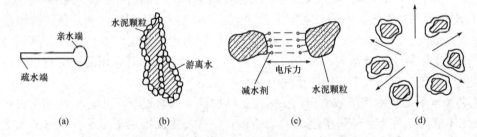

图3-4 减水剂的作用机理

(a)减水剂分子模型；(b)水泥浆的絮凝状结构；

(c)减水剂分子的作用；(d)水泥浆絮凝状结构的解体

3. 减水剂的技术经济效果

根据使用减水剂目的的不同，在混凝土中掺入减水剂，可得到如下效果：

（1）提高流动性。在不改变原配合比的情况下，加入减水剂后可以明显地提高拌合物的流动性，而且不影响混凝土的强度。

（2）提高强度。在保持流动性不变的情况下，掺入减水剂可以减少拌合用水量；若不改变水泥用量，可以降低水胶比，提高混凝土的强度。

（3）节省水泥。在保持混凝土的流动性和强度都不变的情况下，可以减少拌合用水量，同时减少水泥用量。

（4）改变混凝土性能。在拌合物加入减水剂后，可以减少拌合物的泌水、离析现象，延缓拌合物的凝结时间，降低水泥水化的放热速度，显著提高混凝土的抗渗性及抗冻性，使其耐久性能得到提高。

(二)引气剂

引气剂是指在搅拌混凝土的过程中能引入大量均匀分布、稳定而封闭的微小气泡的外加剂。

引气剂属憎水性表面活性剂，由于其能显著降低水的表面张力和界面能，水溶液在搅拌过程中极易产生许多微小的封闭气泡，气泡直径多在 200 μm 以下。同时，因引气剂定向吸附在气泡表面，形成较为牢固的液膜，使气泡稳定而不破裂。按混凝土含气量为 3%～5%计(不加引气剂的混凝土含气量为 1%)，1 m^3 混凝土拌合物中含数百亿个气泡，由于大量微小、封闭且均匀分布的气泡存在，混凝土的某些性能在以下几个方面可得到明显的改善或改变：

(1)改善和易性。在拌合物中，微小独立的气泡可起滚珠轴承作用，减少颗粒间的摩擦阻力，使拌合物的流动性大大提高。若使流动性不变，可减水 10%左右，由于大量微小气泡的存在，水分均匀地分布在气泡表面，从而使拌合物具有较好的保水性和黏聚性。

(2)提高耐久性。混凝土硬化后，由于气泡隔断了混凝土中的毛细管渗水通道，改善了混凝土的孔隙特征，从而可显著提高混凝土的抗渗性和抗冻性，对抗侵蚀性也有所提高。

(3)强度受损、变形加大。掺入引气剂形成的气泡，使混凝土的有效承载面积减少，故引气剂可使混凝土的强度受到损失。同时，气泡的弹性模量较小，会使混凝土的弹性变形加大。

对于长期处于潮湿严寒环境中的混凝土，应掺入引气剂或引气减水剂。引气剂的掺量根据混凝土含气量的要求并经试验确定。

由于外加剂技术的不断发展，近年来引气剂已逐渐被引气型减水剂所代替，引气型减水剂不仅能起到引气作用，而且对强度有提高作用，还可节约水泥，因此其应用范围逐渐扩大。

(三)早强剂

早强剂是指能加速混凝土早期强度发展的外加剂。早强剂可促进水泥的水化和硬化，加快施工进度，提高模板周转率，特别适用于早强、有防冻要求或紧急抢修的工程。

目前广泛使用的混凝土早强剂有三类，即氯化物早强剂、硫酸盐(如 Na_2SO_4)早强剂和三乙醇胺早强剂。为了更好地发挥各种早强剂的技术特性，实践中常采用复合早强剂。早强剂或对水泥的水化产生催化作用，或与水泥成分发生反应生成固相产物，从而有效提高混凝土的早期(<7 d)强度。

1. 氯盐早强剂

常用的氯盐早强剂有氯化钙、氯化钠、氯化钾，其中以氯化钙应用最广。氯化钙能与水泥中的矿物成分或水化物反应，其生成物能增加水泥石中的固相比例，促进水泥石结构的形成，还能使混凝土中的游离水减少、孔隙率降低。因而，掺入氯化钙能缩短水泥的凝结时间，提高混凝土的密实度、强度和抗冻性。氯盐早强剂的掺入也会给混凝土结构物带来一些负面影响。氯离子浓度的增加将加剧其对混凝土中钢筋的锈蚀作用，所以应严格控制氯盐类早强剂的掺量。

2. 硫酸盐早强剂

硫酸盐早强剂包括硫酸钠、硫代硫酸钠、硫酸钙等。应用最多的硫酸钠(Na_2SO_4)是缓凝型的早强剂。

硫酸钠掺入混凝土后，会迅速与水泥水化产生的 $Ca(OH)_2$ 反应，生成高分散性的二水石膏($CaSO_4 \cdot 2H_2O$)，它比直接掺入的二水石膏更易与 C_3A 迅速反应，生成水化硫铝酸钙的晶体，从而有效提高混凝土的早期强度。

硫酸钠的掺量为 0.5%～2%，可使混凝土 3 d 强度提高 20%～40%。硫酸钠常与氯化钠、亚硝酸钠、三乙醇胺、重铬酸盐等制成复合早强剂，可取得更好的早强效果。

硫酸钠对钢筋无锈蚀作用，可用于不允许使用氯盐早强剂的混凝土中，但硫酸钠与水泥水化产物 $Ca(OH)_2$ 反应后可生成 $NaOH$，发生碱-集料反应，故严禁将其用于含有活性骨料的混凝土中。

3. 三乙醇胺早强剂

三乙醇胺是无色或淡黄色油状液体，强碱性、无毒、不易燃烧，对钢筋无锈蚀作用；但单独使用时，其早强效果不明显，常与氯化钠、亚硝酸钠、二水石膏复合使用，效果较好，掺量为 0.02%～0.05%。混凝土在掺入这类复合早强剂后，其强度和抗渗性均有所提高。

4. 复合早强剂

大量试验表明，以适当比例配制成的复合早强剂具有较好的早强效果。常用复合早强剂的外加剂组分及常用剂量见表 3-17。

表 3-17　常用复合早强剂的外加剂组分及常用剂量

项目	外加剂组分	常用剂量(以水泥质量%计)
常用复合早强剂	三乙醇胺＋氯化钠	(0.03～0.05)＋0.5
	三乙醇胺＋氯化钠＋亚硝酸钠	0.05＋(0.3～5)＋(1～2)
	硫酸钠＋亚硝酸钠＋氯化钠＋氯化钙	(1～1.5)＋(1～3)＋(0.3～0.5)＋(0.3～0.5)
	硫酸钠＋氯化钠	(0.5～1.5)＋(0.3～0.5)
	硫酸钠＋亚硝酸钠	(0.5～1.5)＋1.0
	硫酸钠＋三乙醇胺	(0.5～1.5)＋0.05
	硫酸钠＋二水石膏＋三乙醇胺	(1～1.5)＋2＋0.05
	亚硝酸钠＋二水石膏＋三乙醇胺	1.0＋2＋0.05

(四)缓凝剂

缓凝剂是能延缓混凝土的凝结时间并对混凝土的后期强度发展无不利影响的外加剂。常用的缓凝剂品种有多羟基碳水化合物、木质素磺酸盐类、羟基羧酸及其盐类、无机盐四类。其中，我国常用的为木钙(木质素磺酸盐类)和糖蜜(多羟基碳水化合物类)。

缓凝剂是通过其在水泥及其水化物表面的吸附或与水泥矿物反应生成不溶层而延缓水泥的水化，达到缓凝的效果。糖蜜的掺量为 0.1%～0.3%，可缓凝 2～4 h。木钙既是减水剂又是缓凝剂，其掺量为 0.1%～0.3%，当掺量为 0.25%时，可缓凝 2～4 h。羟基羧酸及其盐类，如柠檬酸或酒石酸钾钠等，当掺量为 0.03%～0.1%时，凝结时间可达 8～19 h。

缓凝剂有延缓混凝土的凝结、保持工作性、延长放热时间、消除或减少裂缝以及减水增强等多种功能，对钢筋也无锈蚀作用，适用于高温季节施工和泵送混凝土、滑模混凝土，以及大体积混凝土的施工或远距离运输的商品混凝土。缓凝剂不宜用于在日最低气温 5 ℃以下施工的混凝土，也不宜单独用于有早强要求的混凝土或蒸养混凝土。

(五)膨胀剂

膨胀剂是能使混凝土(砂浆)在水化过程中产生一定的体积膨胀，并在有约束的条件下产生适宜自应力的外加剂。其可补偿混凝土的收缩，使其抗裂性、抗渗性得到提高，掺量较大时可在钢筋混凝土中产生自应力。常用的膨胀剂品种有硫铝酸钙类(如明矾石膨胀剂)、氧化镁类(如氧化镁膨胀剂)、复合类(如氧化钙－硫铝酸钙膨胀剂)等。

膨胀剂主要应用于屋面刚性防水、地下防水、基础后浇缝、堵漏、底座灌浆、梁柱接头及自应力混凝土。

(六)防冻剂

防冻剂是指能使混凝土在负温下硬化，并在规定时间内达到足够防冻强度的外加剂。

防冻剂能显著降低冰点，使混凝土在一定负温条件下仍有液态水存在，并能与水泥进行水化反应，使混凝土在规定的时间内获得预期强度，保证混凝土不遭受冻害。目前使用的防冻剂均为由防冻组分、早强组分、减水组分和引气组分组成的复合防冻剂。它们能使混凝土中水的冰点降至－10 ℃以下，使水泥在负温下仍有较快的水化增长强度。防冻剂可用于各种混凝土工程，在寒冷季节施工时使用。

六、掺合料

在混凝土搅拌过程中，为了改善混凝土的性能、节约水泥而加入的矿物质粉料，称为混凝土矿物掺合料。由于这些矿物掺合料都具有一定的细度和活性，因此在混凝土中掺入矿物掺合料，能有效地改善混凝土拌合物的和易性，大大改善拌合物的黏聚性和保水性。这些矿物掺合料在混凝土硬化过程中能发挥其活性，参与水化反应，生成有利于强度增长的水化产物，使混凝土的结构更加坚固、密实，不但有利于混凝土强度的发展，同时，也会更好地提高混凝土的耐久性能。

用于混凝土的矿物掺合料主要有粉煤灰、磨细粉煤灰、高钙粉煤灰、粒化高炉矿渣粉、磨细矿渣、磨细天然沸石粉、硅灰、煤矸石等。采用时，掺合料应符合相应技术标准的要求。

(一)粉煤灰

粉煤灰是火力发电厂的煤粉燃烧后排放出来的废料，属于火山灰质混合材料，表面光滑，颜色呈灰色或暗灰色。按氧化钙含量，可分为高钙灰(CaO 含量为 $15\% \sim 35\%$，活性相对较高)和低钙灰(CaO 含量低于 10%，活性较低)，我国大多数火力发电厂排放的粉煤灰均为低钙灰。

在混凝土中掺入一定量的粉煤灰：一方面，由于粉煤灰本身具有良好的火山灰性和潜在的水硬性，能同水泥一样水化生成硅酸钙凝胶，起到增加混凝土强度的作用；另一方面，由于粉煤灰中含有大量微珠，具有较小的表面积，因此在用水量不变的情况下，可以有效地改善拌合物的和易性；同时，若保持拌合物的流动性不变，减少用水量，可以提高混凝土的强度和耐久性。粉煤灰在混凝土中有提高密实度、强度，改善和易性，节约水泥的效果，并能降低水化热，改善混凝土抗化学侵蚀的能力。

1. 粉煤灰的种类

根据国家标准《用于水泥和混凝土中的粉煤灰》(GB/T 1596—2017)的规定，粉煤灰的种类划分如下：

(1)粉煤灰根据用途可分为拌制砂浆和混凝土用粉煤灰、水泥活性混合材料用粉煤灰两类。拌制砂浆和混凝土用粉煤灰可分为Ⅰ、Ⅱ、Ⅲ三个级别。其中，Ⅰ级粉煤灰的品质最好。水泥泥性混合材料用粉煤灰不分级。

(2)粉煤灰按煤种划分为 F 类粉煤灰和 C 类粉煤灰。

F 类粉煤灰：此类粉煤灰是由无烟煤或烟煤煅烧收集的粉煤灰。

C 类粉煤灰：此类粉煤灰是由褐煤或次烟煤煅烧收集的粉煤灰，其氧化钙含量一般大于 10%。

2. 粉煤灰的技术要求

拌制砂浆和混凝土用粉煤灰的技术要求应符合表 3-18 中的规定，水泥活性混合材料用粉煤灰的技术要求应符合表 3-19 的规定。

表 3-18　拌制混凝土和砂浆用粉煤灰的技术要求

项目		技术要求		
		Ⅰ级	Ⅱ级	Ⅲ级
细度 45μm 方孔筛筛余/%，≤	F 类粉煤灰	12.0	25.0	45.0
	C 类粉煤灰			
需水量比/%，≤	F 类粉煤灰	95	105	115
	C 类粉煤灰			
烧失量/%，≤	F 类粉煤灰	5.0	8.0	10.0
	C 类粉煤灰			
三氧化硫含量/%，≤	F 类粉煤灰	3.0		
	C 类粉煤灰			
游离氧化钙/%，≤	F 类粉煤灰	1.0		
	C 类粉煤灰	4.0		
含水量/%，≤	F 类粉煤灰	1.0		
	C 类粉煤灰			
二氧化硅(SiO_2)、三氧化二铝(Al_2O_3)和三氧化二铁(Fe_2O_3)总质量分数/%，≥	F 类粉煤灰	70.0		
	C 类粉煤灰	50.0		
密度/(g·cm^{-3})，≤	F 类粉煤灰	2.6		
	C 类粉煤灰			
安定性(雷氏法)/mm，≤	C 类粉煤灰	5.0		
强度活性指数/%，≥	F 类粉煤灰	70.0		
	C 类粉煤灰			

表 3-19 水泥活性混合材料用粉煤灰的技术要求

项目		技术要求
烧失量/%，≤	F 类粉煤灰	8.0
	C 类粉煤灰	
含水量/%，≤	F 类粉煤灰	1.0
	C 类粉煤灰	
三氧化硫(SO_3)质量分数/%，≤	F 类粉煤灰	3.5
	C 类粉煤灰	
游离氧化钙（f-CaO）质量分数/%，≤	F 类粉煤灰	1.0
	C 类粉煤灰	4.0
二氧化硅(SiO_2)、三氧化二铝(Al_2O_3)和三氧化二铁(Fe_2O_3)总质量分数/%，≥	F 类粉煤灰	70.0
	C 类粉煤灰	50.0
密度/(g·cm^{-3})，≤	F 类粉煤灰	2.6
	C 类粉煤灰	
安定性（雷氏法）/mm，不大于	C 类粉煤灰	5.0
强度活性指数/%，≥	F 类粉煤灰	70.0
	C 类粉煤灰	

3. 粉煤灰的掺用方法

（1）等量取代法。以等质量的粉煤灰取代混凝土中的水泥，主要适用于掺加Ⅰ级粉煤灰的混凝土及大体积的混凝土工程。

（2）超量取代法。粉煤灰的掺入量超过取代水泥的质量，超量的粉煤灰取代部分细骨料。超量取代法可以使掺粉煤灰的混凝土达到与不掺时相同的强度，并可节约细骨料的用量。

粉煤灰的超量应根据粉煤灰的等级而定。

1）Ⅰ级粉煤灰的超量系数为 1.1～1.4。

2）Ⅱ级粉煤灰的超量系数为 1.3～1.7。

3）Ⅲ级粉煤灰的超量系数为 1.5～2.0。

（3）外加法。外加法是指在保持混凝土水泥用量不变的情况下，外掺一定量的粉煤灰，其目的是改善混凝土拌合物的和易性。

实践证明，当粉煤灰取代水泥用量过多时，混凝土的抗碳化耐久性变差，所以，粉煤灰取代水泥的最大限量应符合表 3-20 的规定。

表 3-20 粉煤灰取代水泥的最大限量 %

混凝土种类	粉煤灰取代水泥的最大限量			
	硅酸盐水泥	普通硅酸盐水泥	矿渣硅酸盐水泥	火山灰质硅酸盐水泥
预应力钢筋混凝土	25	15	10	—
钢筋混凝土 高强度混凝土 高抗冻性混凝土 蒸养混凝土	30	25	20	15

混凝土种类	粉煤灰取代水泥的最大限量			
	硅酸盐水泥	普通硅酸盐水泥	矿渣硅酸盐水泥	火山灰质硅酸盐水泥
中、低混凝土 泵送混凝土 大体积混凝土 地下、水下混凝土 压浆混凝土	50	40	30	20
碾压混凝土	65	55	45	35

4. 粉煤灰掺合料的应用

粉煤灰掺合料适用于一般工业民用建筑结构和构筑物的混凝土，尤其适用于泵送混凝土、大体积混凝土、抗渗混凝土、抗化学侵蚀混凝土、蒸汽养护混凝土、地下工程和水下工程混凝土、压浆和碾压混凝土等。

粉煤灰用于混凝土工程时，常根据等级，按《粉煤灰混凝土应用技术规范》(GB/T 50146—2014)的规定选用。

(1) Ⅰ级粉煤灰适用于钢筋混凝土和跨度小于6 m的预应力钢筋混凝土。

(2) Ⅱ级粉煤灰适用于钢筋混凝土和无筋混凝土。

(3) Ⅲ级粉煤灰主要适用于无筋混凝土。对强度等级要求等于或大于C30的无筋混凝土，宜采用Ⅰ、Ⅱ级粉煤灰。

(4) 用于预应力钢筋混凝土、钢筋混凝土及强度等级要求等于或大于C30的无筋混凝土的粉煤灰的等级，经试验可采用比上述规定低一级的粉煤灰。

(二)矿渣微粉

粒化高炉矿渣是水泥的优质混合材料，矿渣经干燥磨细而成的微粉，可作为混凝土的外掺料。矿渣微粉不仅可以等量取代水泥，而且可以使混凝土的多项性能获得显著改善，如降低水泥水化热、提高耐蚀性、抑制碱-集料反应和大幅度提高长期强度等。

掺矿渣微粉的混凝土与普通混凝土的用途一样，可用作钢筋混凝土、预应力钢筋混凝土和素混凝土。大掺量矿渣微粉混凝土更适用于大体积混凝土、地下工程混凝土和水下混凝土。

(三)硅灰

硅灰又称凝聚硅灰或硅粉，为硅金属或硅铁合金的副产品。在温度高达2 000 ℃时，将石英还原成硅时，会产生SiO气体，到低温区再氧化成SiO_2，最后冷凝成极细的球状颗粒固体。

在硅灰成分中，SiO_2含量高达80%以上，硅灰颗粒的平均粒径为0.1~0.2 μm，比表面积为20 000~25 000 m^2/kg，密度为2.2 g/cm^3，堆积密度只有250~300 kg/m^3。硅灰中的火山灰活性极高，但因其颗粒极细、单位质量很小，给收集、装运、管理等带来不少困难。

硅灰取代水泥后，其作用与粉煤灰类似，可改善混凝土拌合物的和易性，降低水化热，提高混凝土的抗侵蚀、抗冻、抗渗性，抑制碱-集料反应，且其效果要比粉煤灰好得多。硅

灰中的 SiO_2 在早期即可与 $Ca(OH)_2$ 发生反应,生成水化硅酸钙。所以,用硅灰取代水泥可提高混凝土的早期强度。

硅灰取代水泥量一般应控制在 $5\%\sim15\%$,当超过 20% 以后,水泥浆将变得十分黏稠。混凝土拌合用水量随硅灰的掺入而增加。为此,当混凝土掺用硅灰时,应同时掺加减水剂,这样才可获得最佳效果。由于硅灰的售价较高,目前只用于配制高强和超高强混凝土、高抗渗混凝土以及其他要求高性能的混凝土。

(四)煤矸石

煤矸石是煤矿开采或洗煤过程中排出的一种碳质岩。将煤矸石经过高温煅烧,使其所含黏土矿物脱水分解,并除去碳分,烧掉有害杂质,就可使其具有较高的活性,它是一种可以很好地利用黏土质的混合材料。

煤矸石除可作为火山灰混合材料外,还可以生产湿碾压混凝土制品和烧制混凝土骨料等。由于煤矸石中含有一定数量的氧化铝,所以它还能促使水泥的快凝和早强。

第三节 普通混凝土的技术性能

普通混凝土的主要技术性能包括新拌混凝土和易性、硬化后混凝土达到的强度、混凝土的耐久性三个方面。另外,在满足上述性能要求的前提下,还应尽量降低成本,以使其具有良好的经济性。

一、混凝土拌合物的和易性

混凝土拌合物的和易性是指混凝土拌合物在一定的施工条件和环境下,是否易于各种施工工序的操作,以获得均匀、密实混凝土的性能(即工作性)。工作性在搅拌时体现为各种组成材料易于均匀混合,均匀卸出;在运输过程中体现为拌合物不离析,稀稠程度不变化;在浇筑过程中体现为易于浇筑、振实、流满模板;在硬化过程中体现为能保证水泥水化以及水泥石和骨料的良好粘结。混凝土的工作性是一项综合性质,目前普遍认为,它应包括以下三个方面的技术要求:

(1)流动性。流动性是指混凝土拌合物在本身自重或机械振捣的作用下能产生流动并均匀、密实地流满模板的性能。流动性的好坏反映了拌合物的稀稠,故又称为稠度。稠度的大小直接影响施工时浇筑捣实的难易和混凝土的浇筑质量。

(2)黏聚性。黏聚性是指混凝土拌合物的各种组成材料在施工过程中具有一定的黏聚力,能保持成分的均匀性,在运输、浇筑、振捣、养护过程中不发生离析、分层现象。它反映了混凝土拌合物的均匀能力。

(3)保水性。保水性是指拌合物保持水分,不致产生泌水的性能。拌合物发生泌水现象会使混凝土内部形成贯通的孔隙,不但影响混凝土的密实性、降低强度,而且还会影响混凝土的抗渗、抗冻等耐久性能。它反映了混凝土拌合物的稳定性。

混凝土的和易性是一项由流动性、黏聚性、保水性构成的综合指标体系,各性能之间有联系也有矛盾。在实际操作中,要根据具体工程的特点、材料情况、施工要求及环境条件，既有所侧重又要全面考虑。

1. 和易性的测定

由于和易性是一项综合的技术性质，因此很难找到一种能全面反映拌合物工作性的测定方法。通常是以测定流动性(即稠度)为主，而对黏聚性和保水性主要通过观察进行评定。

根据《普通混凝土拌合物性能试验方法标准》(GB/T 50080—2016)，混凝土拌合物的稠度可采用坍落度试验法和维勃稠度法测定。

(1)坍落度试验法。坍落度试验法是将按规定配合比配制的混凝土拌合物按规定方法分层装填至坍落度筒内，并分层用捣棒插捣密实，然后提起坍落度筒，测量筒高与坍落后混凝土试体最高点之间的高度差，该值即坍落度值(以 mm 计)，如图 3-5 所示。坍落度是流动性(也称稠度)的指标，坍落度值越大，流动性越大。

坍落度测试

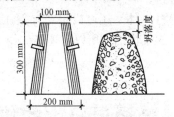

图 3-5　坍落度测定示意

黏聚性分析

在测定坍落度的同时，观察确定黏聚性。用捣棒侧击混凝土拌合物的侧面，如其逐渐下沉，表示黏聚性良好；若混凝土拌合物发生坍塌、部分崩裂或出现离析，则表示黏聚性不好。保水性以在混凝土拌合物中稀浆析出的程度来评定。坍落度筒提起后如有较多稀浆自底部析出，部分混凝土因失浆而骨料外露，则表示保水性不好。若坍落度筒提起后无稀浆或仅有少量稀浆自底部析出，则表示保水性好。

采用坍落度试验法测定混凝土拌合物的和易性，操作简便，故应用广泛。但该种方法的结果受操作技术的影响较大，尤其是黏聚性和保水性主要靠试验者的主观观测而定，人为因素较大。该法一般仅适用于骨料最大粒径不大于 40 mm、坍落度值不小于 10 mm 的混凝土拌合物流动性的测定。

国家标准《混凝土质量控制标准》(GB 50164—2011)规定，混凝土拌合物根据其坍落度大小可分为五级，见表 3-21。

表 3-21　混凝土按坍落度的等级划分

等级	坍落度/mm	等级	坍落度/mm	等级	坍落度/mm
S1	10～40	S3	100～150	S5	≥220
S2	50～90	S4	160～210		
注：坍落度检测结果，在分级评定时，其表达取舍至临近的 100 mm。					

(2)维勃稠度法。维勃稠度法适用于骨料最大粒径不大于 40 mm、维勃稠度为 5～30 s 的混凝土拌合物稠度的测定，坍落度值小于 10 mm 的干硬性混凝土拌合物也应采用维勃稠度法测定。这种方法是先按规定方法在圆柱形容器内做坍落度试验，提起坍落度筒后在拌合物试体顶面上放一透明圆盘，开启振动台，同时启动秒表并观察拌合物的下落情况。当

透明圆盘下面全部布满水泥浆时关闭振动台，停秒表，此时拌合物已被振实。秒表的读数即为该拌合物的维勃稠度值，以"秒"为单位，如图3-6所示。

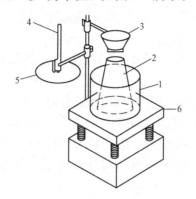

图3-6 维勃稠度仪

1—圆柱形容器；2—坍落度筒；3—漏斗；
4—测杆；5—透明圆盘；6—振动台

国家标准《混凝土质量控制标准》(GB 50164—2011)规定，混凝土拌合物根据其维勃稠度大小，可分为五级，见表3-22。

表3-22 混凝土的维勃稠度等级划分

等级	维勃稠度/s	等级	维勃稠度/s	等级	维勃稠度/s
V0	≥31	V2	20～11	V4	5～3
V1	30～21	V3	10～6		

2. 影响混凝土拌合物和易性的因素

影响混凝土拌合物和易性的因素较复杂，大致可分为组成材料、环境条件和时间三个方面，如图3-7所示。

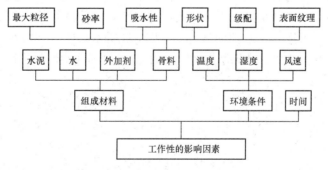

图3-7 混凝土拌合物工作性的影响因素

(1)组成材料。

1)水泥特性。不同品种的水泥，需水量不同，因此在配合比相同时，拌合物的稠度也有所不同。需水量大者，其拌合物的坍落度较小。一般采用火山灰质水泥、矿渣水泥时，拌合物的坍落度较用普通水泥时小一些。水泥的细度越细，在相同用水量的情况下其混凝土拌合物的流动性小，但黏聚性及保水性较好。

2)用水量。在水胶比不变的前提下，用水量加大，则水泥浆量增多，会使骨料表面包裹的水泥浆层的厚度加大，从而减小骨料之间的摩擦，增加混凝土拌合物的流动性。大量试验证明，当水胶比在一定范围（0.40～0.80）内而其他条件不变时，混凝土拌合物的流动性只与单位用水量（每立方米混凝土拌合物的拌合水量）有关，这一现象称为"恒定用水量法则"，它为混凝土配合比设计中单位用水量的确定提供了一种简单的方法，即单位用水量可主要由流动性来确定。

3)外加剂。在拌制混凝土时，掺用外加剂（减水剂、引气剂）能使混凝土拌合物在不增加水泥和水用量的条件下，流动性显著提高，且具有较好的黏聚性和保水性。

另外，由于混凝土拌合后水泥立即开始水化，水化产物不断增多，游离水逐渐减少，因此拌合物的流动性将随时间的增长而不断降低。而且，坍落度降低的速度随温度的提高而显著加快。

4)水胶比。水胶比的大小决定了水泥浆的稠度。水胶比越小，水泥浆就越稠。当水泥浆与骨料用量比一定时，拌制成的拌合物的流动性便越低。当水胶比过小时，水泥浆较干稠，拌制的拌合物的流动性过低会使施工困难，不易保证混凝土的质量。若水胶比过大，会造成拌合物的黏聚性和保水性不良，产生流浆、离析现象。因此，水胶比不宜过小或过大，一般应根据混凝土的强度和耐久性的要求合理选用。

5)骨料性质。

①砂率。砂率是指混凝土中砂的质量占砂、石总质量的百分率。砂的粒径远小于石子，具有很大的比表面积，而且砂在拌合物中填充粗骨料的空隙，因此，砂率的变动会使骨料的总表面积和孔隙率发生较大的变化，对拌合物的和易性有显著的影响。

在水泥用量一定的条件下，当砂率过大时，骨料的总表面积及孔隙率增大，骨料表面的水泥浆层厚度减薄，会减弱水泥浆的润滑作用，使拌合物的流动性减小；如砂率过小，粗骨料之间不能保证有足够的砂浆层，会降低拌合物的流动性，严重影响其黏聚性和保水性，容易造成离析、流浆现象。因此，在配制混凝土时，应选用一个合理砂率。

合理砂率是指在用水量及水泥用量一定的情况下，能使拌合物获得最大的流动性，且能保证其有良好的黏聚性和保水性的砂率，如图 3-8 所示；或者是指在保证拌合物获得所要求的流动性及良好的黏聚性和保水性时，水泥用量最少的砂率，如图 3-9 所示。

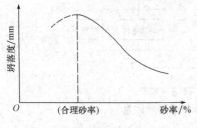

图 3-8　砂率与坍落度的关系
（水和水泥用量一定）

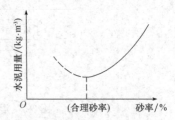

图 3-9　砂率与水泥用量的关系
（达到相同的坍落度）

②骨料粒径、级配和表面状况。在用水量和水胶比不变的情况下，加大骨料粒径可提高流动性，采用细度模数较小的砂，黏聚性和保水性可得到明显改善。由级配良好、颗粒表面光滑、圆整的骨料（如卵石）所配制的混凝土的流动性较大。

（2）环境条件。新搅拌混凝土的和易性在不同的施工环境条件下往往会发生变化。现场当前推广使用的集中搅拌的商品混凝土，与现场搅拌混凝土最大的不同就是要经过长距离的运输才能到达施工现场。在这个过程中，若空气湿度较低、气温较高、风速较大，混凝土的工作性就会因失水而发生较大的变化。

（3）时间。新拌制的混凝土随着时间的推移，部分拌合用水挥发或被骨料吸收，同时水泥矿物会逐渐水化，进而使混凝土拌合物变稠、流动性减小，造成坍落度的损失，影响混凝土的施工质量。

3. 改善混凝土拌合物和易性的措施

根据影响混凝土拌合物和易性的因素，可采取以下相应的技术措施来改善混凝土拌合物的和易性：

（1）在水胶比不变的前提下，适当增加水泥浆的用量。

（2）通过试验，采用合理砂率。

（3）改善砂、石料的级配，一般情况下尽可能采用连续级配。

（4）调整砂、石料的粒径，如为加大流动性，可加大粒径；若欲提高黏聚性和保水性，则可减小骨料的粒径。

（5）掺加外加剂，如采用减水剂、引气剂、缓凝剂，都可有效地改善混凝土拌合物的和易性。

（6）根据具体环境条件，尽可能缩短新拌混凝土的运输时间；若不允许，可掺缓凝剂，以减少坍落度的损失。

二、混凝土硬化后的强度

混凝土硬化后的强度包括抗压、抗拉、抗弯、抗剪及握裹强度等，其中以抗压强度最大，故在工程上其为混凝土所承受的主要压力，而且混凝土的抗压强度与其他强度之间有一定的相关性，可以根据抗压强度的大小来估计其他强度值，因此混凝土的抗压强度是最重要的一项性能指标。

1. 立方体抗压强度

按《混凝土物理力学性能试验方法标准》（GB/T 50081—2019）的规定，将混凝土拌合物制成边长为 150 mm 的立方体标准试件，在（20±5）℃、相对湿度大于 50% 的环境中静置 1 d～2 d，拆模后，将其置于温度为（20±2）℃、相对湿度为 90% 以上的标准养护室中养护，或在温度为（20±2）℃的不流动的 $Ca(OH)_2$ 饱和溶液中养护，测得其抗压强度，所测得的抗压强度值称为立方体抗压强度，以 f_{cu} 表示。

2. 立方体抗压强度标准值

影响混凝土强度的因素非常复杂，大量的统计分析和试验研究表明，同一等级的混凝土，在龄期、生产工艺和配合比基本一致的条件下，其强度（即在等间隔的不同强度范围内，某一强度范围的试件数量占试件总数量的比例）呈正态分布，如图 3-10 所示。图 3-10 中的平均强度指该批混凝土的立方体抗压强度的平均值，若以此值作为混凝土的试验强度，则只有 50% 的混凝土强度大于或等于试配强度，显然满足不了要求。为提高强度的保证率（我国规定为 95%），平均强度（即试配强度）必须提高（如图 3-10 所示，图中 σ 为均方差，为正态分布曲线拐点处的相对强度范围，代表强度分布的不均匀性）。立方体抗压强度的标准值是指按标准试验方法测得的立方体抗压强度总体分布中的一个值,强度低于该值的百分率不超过5%(即具有95%的强度保证率)。立方体抗压强度标准值用$f_{cu,k}$表示(图3-11)。

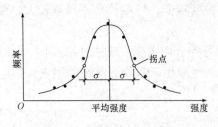

图3-10　混凝土的强度分布

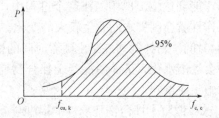

图3-11　混凝土的立方体抗压强度标准值

3. 立方体强度等级

根据《混凝土强度检验评定标准》(GB/T 50107—2010)的规定,混凝土的强度等级按立方体抗压强度标准值划分。混凝土的强度等级采用符号C与立方体抗压强度标准值$f_{cu,k}$(以N/mm²计)表示。立方体抗压强度标准值是指按标准方法制作和养护的边长为150 mm的立方体试件在28 d龄期,用标准试验方法测得的抗压强度总体分布中的一个值,强度低于该值的百分率不超过5%。混凝土的强度等级分为C15、C20、C25、C30、C35、C40、C45、C50、C55、C60、C65、C70、C75、C80共14个等级,例如,C25表示立方体抗压强度标准值为25 MPa,即混凝土立方体抗压强度大于25 MPa的概率为95%以上。

4. 立方体轴心抗压强度

混凝土的立方体抗压强度只是评定强度等级的一个标志,它不能直接用来作为结构设计的依据。为了符合实际情况,在结构设计中混凝土受压构件的计算采用混凝土的轴心抗压强度(也称棱柱强度)。按《普通混凝土力学性能试验方法标准》(GB/T 50081—2002)的规定,混凝土轴心抗压强度试验采用150 mm×150 mm×300 mm的棱柱体为标准试件。试验表明,混凝土的轴心抗压强度f_{cp}与立方体抗压强度f_{cu}之比为0.7~0.8。

5. 影响混凝土强度的因素

混凝土的受力破坏,主要出现在水泥石与骨料的界面上以及水泥石中,而混凝土的强度主要取决于水泥石与骨料的粘结强度和水泥石的强度。因此,水泥的强度、水胶比及骨料的情况是影响混凝土强度的主要因素,另外,还与外加剂、养护条件、龄期、施工条件等有关。

(1)水泥强度。在所用原材料及配合比例关系相同的情况下,所用的水泥强度越高,水泥石的强度及水泥与骨料的粘结强度也越高,因此制成的混凝土的强度也越高。试验证明,混凝土的强度与水泥的强度成正比例关系。

(2)水胶比。水胶比是反映水与水泥质量之比的一个参数。一般来说,水泥水化需要的水分仅占水泥质量的25%左右,也就是水胶比为0.25即可保证水泥完全水化,但此时水泥浆的稠度过大,混凝土的工作性满足不了施工的要求。为满足浇筑混凝土对工作性的要求,水胶比通常需在0.4以上,这样在混凝土完全硬化后,多余的水分会挥发而形成众多孔隙,影响混凝土的强度和耐久性。大量试验表明,水胶比大于0.25时,随着水胶比的加大,混凝土的强度将下降。

(3)骨料。骨料的种类不同,其表面状态也不同。碎石表面粗糙并有棱角,骨料颗粒之间有嵌固作用,与水泥石的粘结力较强,而卵石表面光滑,粘结力较差。因此,在原材料和水胶比相同的条件下，用碎石拌制的混凝土的强度比用卵石拌制的混凝土的强度高。当粗骨料级配良好、砂率适当时，能组成密集的骨架，使水泥浆的数量相对减少，也会使混凝土的强度有所提高。

(4)养护条件。混凝土浇筑后必须保持足够的湿度和温度，才能保证水泥的不断水化，以使混凝土强度不断发展。一般情况，混凝土的养护条件在下可分为标准养护和同条件养护。标准养护主要在确定混凝土的强度等级时采用；同条件养护在检验浇筑混凝土工程或预制构件中混凝土的强度时采用。

为满足水泥水化的需要，浇筑后的混凝土必须保持一定时间的湿润。过早失水，会使强度下降，而且形成的结构疏松，会产生大量的干缩裂缝，进而影响混凝土的耐久性。

周围环境的湿度是保证水泥正常进行水化作用的必要条件。湿度适当，水泥水化能顺利进行，混凝土强度能充分发展。若湿度不足，混凝土会失水干燥而影响水泥水化作用的正常进行，甚至停止水化。这不仅降低混凝土的强度，而且会使混凝土结构疏松，形成干缩裂缝，渗水性增大，从而影响耐久性。

(5)龄期。在正常不变的养护条件下，混凝土的强度随龄期的增长而提高，一般早期(7~14 d)增长较快，以后逐渐变缓；28 d后增长更加缓慢，但可延续几年甚至几十年，如图 3-12(a)所示。

混凝土强度和龄期间的关系，对于用早期强度推算长期强度和缩短混凝土强度的判定时间具有重要的实际意义。几十年来，国内外的工程界和学者对此进行了深入的研究，取得了一些重要成果，图 3-12(b)所示即阿布拉姆斯提出的在潮湿养护条件下，混凝土强度与龄期(以对数表示)间的直线表达式。

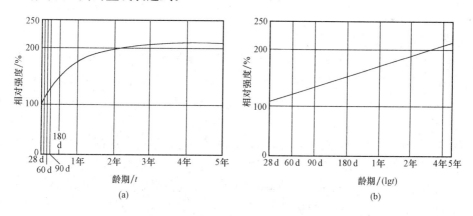

图 3-12　混凝土强度与龄期的关系

(6)试验条件。对于同一批混凝土，如试验条件不同，所测得的混凝土强度值会有所差异。试验条件是指试件的尺寸、形状、表面状态及加荷速度等。

1)试件尺寸和形状。在标准养护条件下，采用标准试件测定混凝土的抗压强度是为了具有对比性。在实际施工中，也可以按粗骨料最大粒径的尺寸选用不同的试件尺寸，但计算其抗压强度时，应将其乘以换算系数。

试件尺寸越大，测得的强度值越小。这是由大试件内部存在的孔隙、微裂缝等缺陷的概率大和测试时产生的环箍效应所致。混凝土立方体试件在压力机上受压时，在沿加荷方向发生纵向变形的同时，混凝土试件和上、下钢压板也按泊桑比效应产生横向变形。上、下钢压板和混凝土的弹性模量及泊松比不同，所以在荷载作用下，钢压板的横向应变小于混凝土的横向应变，造成上、下钢压板与混凝土试件接触的表面之间产生摩阻力，对试件的横向膨胀起着约束作用，这种作用称为"环箍效应"，如图 3-13(a)所示。这种效应随着试件与压板距离的加大而逐渐消失，其影响范围约为试件边长 a 的 3/2 倍，这种作用使试件被破坏后呈一对顶棱锥体，如图 3-13(b)所示。

2)试件表面的状态。若混凝土试件表面和钢压板之间涂有润滑剂，则环箍效应大大减小，试件将出现垂直裂缝而破坏，如图 3-13(c)所示，测得的强度值较低。

3)试件的加荷速度。试验时，压混凝土试件的加荷速度对所测强度值的影响较大。加荷速度越快，测得的强度值越大。因此，我国标准规定，测混凝土试件的强度时，应连续而均匀地加荷。当强度等级低于 C30 时，加荷速度为 0.3～0.5 MPa/s；当强度等级≥C30 且＜C60 时，加荷速度为 0.5～0.8 MPa/s；当强度等级≥C60 时，加荷速度为 0.8～1.0 MPa/s。

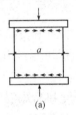 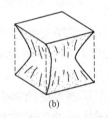 

(a)　　　　　　　　　(b)　　　　　　　　　(c)

图 3-13　混凝土试件受压破坏状态

(a)环箍效应；(b)环箍效应对试件的破坏

(c)试件表面和钢压板之间涂有润滑剂时对试件的破坏

6. 提高混凝土强度的措施

根据影响混凝土强度的因素，施工方可采取以下措施提高混凝土强度：

(1)采用高强度等级的水泥或早强型水泥。在混凝土配合比相同的情况下，水泥的强度等级越高，混凝土 28 d 龄期的强度值就越大；采用早强型水泥，可提高混凝土的早期强度，加快施工进程。

(2)降低水胶比。降低水胶比是提高混凝土强度的有效措施。混凝土拌合物的水胶比降低，可降低硬化混凝土的孔隙率，明显增加水泥与骨料间的粘结力，使强度提高。但降低水胶比，会使混凝土拌合物的工作性下降。因此，必须有相应的技术措施配合，如采用机械强力振捣、掺加提高工作性的外加剂等。

(3)采用湿热养护处理。采用湿热养护处理可提高水泥石与骨料的粘结强度，从而提高混凝土的强度。这种措施对采用掺混合材料的水泥拌制的混凝土更为有利。

除采用蒸汽养护、蒸压养护、冬期骨料预热等技术措施外，还可利用蓄存于水泥本身的水化热来提高强度的增长速度。

(4)采用机械搅拌和振捣。机械搅拌和振捣比人工拌和与捣实更能使混凝土拌合物均匀，流动性增大，很好地充满模型，提高混凝土的密实度和强度。采用机械搅拌和振捣对于干硬性混凝土或低流动性混凝土的施工效果更显著。

(5)龄期调整。实践证明，混凝土的龄期在 3～6 个月时，强度较 28 d 会提高 25%～50%。工程某些部位的混凝土如在 6 个月后才能满载使用，则该部位的强度等级可适当降低，以节约水泥，但具体应用时，应得到设计、管理单位的批准。

（6）掺加外加剂。在混凝土拌合物中掺加早强剂，可提高混凝土的早期强度；掺入减水剂，可减少拌合物的用水量、降低水胶比，提高混凝土强度。

三、混凝土的耐久性

混凝土的耐久性是指混凝土在使用条件下抵抗周围环境各种因素长期作用的能力。根据混凝土所处环境条件的不同，其耐久性的含义也有所不同。混凝土耐久性检验评定的项目可包括抗冻性能、抗水渗透性能、抗硫酸盐侵蚀性能、抗氯离子渗透性能、抗碳化性能和早期抗裂性能。当混凝土需要进行耐久性检验评定时，检验评定的项目及其等级或限值须根据设计要求确定。

混凝土原材料应符合现行国家有关标准的规定，并应满足设计要求；在工程施工过程中，混凝土原材料的质量控制与验收应符合现行国家标准《混凝土结构工程施工质量验收规范》（GB 50204—2015）的规定。对于需要进行耐久性检验评定的混凝土，其强度应满足设计要求，且强度检验评定应符合现行国家标准《混凝土强度检验评定标准》（GB/T 50107—2010）的规定。混凝土的配合比设计应符合现行行业标准《普通混凝土配合比设计规程》（JGJ 55—2011）中关于耐久性的规定。混凝土的质量控制应符合现行国家标准《混凝土质量控制标准》（GB 50164—2011）的规定。

《混凝土耐久性检验评定标准》（JGJ/T 193—2009）规定，混凝土性能等级划分如下：

（1）混凝土的抗冻性能、抗水渗透性能和抗硫酸盐侵蚀性能的等级划分应符合表 3-23的规定。

表 3-23　混凝土的抗冻性能、抗水渗透性能和抗硫酸盐侵蚀性能的等级划分

抗冻等级（快冻法）		抗冻标号（慢冻法）	抗渗等级	抗硫酸盐等级
F50	F250	D50	P4	KS30
F100	F300	D100	P6	KS60
F150	F350	D150	P8	KS90
F200	F400	D200	P10	KS120
>F400		>D200	P12	KS150
			>P12	>KS150

（2）混凝土抗氯离子渗透性能的等级划分应符合下列规定：

1）当采用氯离子迁移系数（RCM 法）划分混凝土抗氯离子渗透性能等级时，应符合表 3-24 的规定，且混凝土测试龄期应为 84 d。

表 3-24　混凝土抗氯离子渗透性能的等级划分（RCM 法）

等级	RCM-Ⅰ	RCM-Ⅱ	RCM-Ⅲ	RCM-Ⅳ	RCM-Ⅴ
氯离子迁移系数 D_{RCM}（RCM 法）$/(\times 10^{-12} m^2 \cdot s^{-1})$	$D_{RCM} \geq 4.5$	$3.5 \leq D_{RCM} < 4.5$	$2.5 \leq D_{RCM} < 3.5$	$1.5 \leq D_{RCM} < 2.5$	$D_{RCM} < 1.5$

2)当采用电通量划分混凝土抗氯离子渗透性能等级时，应符合表 3-25 的规定，且混凝土测试龄期宜为 28 d。当混凝土中水泥混合材料与矿物掺合料之和超过胶凝材料用量的 50％时，测试龄期可为 56 d。

表 3-25　混凝土抗氯离子渗透性能的等级划分（电通量法）

等级	Q-Ⅰ	Q-Ⅱ	Q-Ⅲ	Q-Ⅳ	Q-Ⅴ
电通量 Q_s/C	$Q_s \geqslant 4\ 000$	$2\ 000 \leqslant Q_s < 4\ 000$	$1\ 000 \leqslant Q_s < 2\ 000$	$500 \leqslant Q_s < 1\ 000$	$Q_s < 500$

（3）混凝土抗碳化性能的等级划分应符合表 3-26 的规定。

表 3-26　混凝土抗碳化性能的等级划分

等级	T-Ⅰ	T-Ⅱ	T-Ⅲ	T-Ⅳ	T-Ⅴ
碳化深度 d/mm	$d \geqslant 30$	$20 \leqslant d < 30$	$10 \leqslant d < 20$	$0.1 \leqslant d < 10$	$d < 0.1$

（4）混凝土早期抗裂性能的等级划分应符合表 3-27 的规定。

表 3-27　混凝土早期抗裂性能的等级划分

等级	L-Ⅰ	L-Ⅱ	L-Ⅲ	L-Ⅳ	L-Ⅴ
单位面积上的总开裂面积 $c/(mm^2 \cdot m^{-2})$	$c \geqslant 1\ 000$	$700 \leqslant c < 1\ 000$	$400 \leqslant c < 700$	$100 \leqslant c < 400$	$c < 100$

混凝土的耐久性要求主要应根据工程特点、环境条件而定。工程上主要应从材料的质量、配合比设计、施工质量控制等多方面采取措施给予保证。混凝土的耐久性要求具体有以下几点：

（1）根据混凝土的使用环境选择合适品种的水泥。

（2）选用质量良好、技术条件合格的砂、石骨料，也是保证混凝土耐久性的重要条件。

（3）控制水胶比及保证足够的水泥用量是保证混凝土密实度的重要措施。

（4）掺加外加剂。改善混凝土耐久性的外加剂有减水剂和引气剂。

（5）严格控制混凝土的施工质量，保证混凝土均匀、密实。

第四节　普通混凝土配合比设计

混凝土配合比设计是混凝土工艺中最重要的项目。其目的是在满足工程对混凝土的基本要求的情况下，找出混凝土组成材料间最合理的比例，以便生产出优质而经济的混凝土。混凝土配合比设计包括配合比的计算、试配和调整。

普通混凝土
配合比设计规程

一、配合比设计的基本要求

（1）满足混凝土结构设计的强度等级要求；

(2)满足施工和易性要求;

(3)满足工程所处环境对混凝土耐久性的要求;

(4)满足经济要求,节约水泥,降低成本。

二、混凝土配合比设计基本参数的确定

混凝土的配合比设计,实际上就是单位体积混凝土拌合物中水、水泥、粗骨料(石子)、细骨料(砂)四种材料用量的确定。反映四种组成材料间关系的三个基本参数,即水胶比、砂率和单位用水量。这三个参数一旦确定,混凝土的配合比也就确定了。

1. 水胶比的确定

水胶比的确定,主要取决于混凝土的强度和耐久性。从强度角度看,水胶比应小些,水胶比可根据混凝土的强度公式来确定;从耐久性角度看,水胶比越小,水泥用量越多,混凝土的密度就会越高,则耐久性优良,这可通过控制最大水胶比和最小水泥用量来满足。由强度和耐久性分别决定的水胶比往往是不同的,此时应取较小值;但在强度和耐久性都已满足的前提下,水胶比应取较大值,以获得较高的流动性。

2. 单位用水量的确定

用水量的多少,是影响混凝土拌合物流动性大小的重要因素。单位用水量在水胶比和水泥用量不变的情况下,实际反映的是水泥浆量与骨料用量之间的比例关系。水泥浆量须满足包裹粗、细骨料表面并保持足够的流动性的要求,但用水量过大,会降低混凝土的耐久性。

3. 砂率的确定

砂率的大小不仅影响拌合物的流动性,而且对黏聚性和保水性也有很大的影响,因此,配合比设计应选用合理砂率。砂率主要应从满足工作性和节约水泥两方面考虑。在水泥浆量不变的前提下,砂率应取坍落度最大而黏聚性和保水性又好的砂率,即合理砂率,这可由表 3-28 初步决定,经试拌调整而最终确定。在工作性满足的情况下,砂率应尽可能取小值,以达到节约水泥的目的。

表 3-28　混凝土的砂率

水胶比	卵石最大公称粒径/mm			碎石最大公称粒径/mm		
	10.0	20.0	40.0	16.0	20.0	40.0
0.40	26～32	25～31	24～30	30～35	29～34	27～32
0.50	30～35	29～34	28～33	33～38	32～37	30～35
0.60	33～38	32～37	31～36	36～41	35～40	33～38
0.70	36～41	35～40	34～39	39～44	38～43	36～41

注: 1. 本表数值是中砂的选用砂率,对细砂或粗砂,可相应减小或增大砂率;

　　2. 采用人工砂配制混凝土时,砂率可适当增大;

　　3. 只用一个单粒级粗骨料配制混凝土时,砂率应适当增大。

混凝土配合比的三个基本参数的确定原则,可由图 3-14 表达。

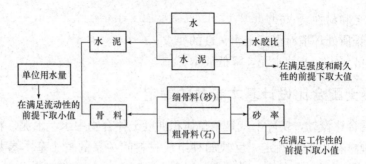

图 3-14　混凝土配合比设计的三个基本参数及其确定原则

三、混凝土配合比设计的步骤

混凝土的配合比设计是一个计算、试配、调整的复杂过程，大致可分四个设计阶段：第一，根据配合比设计的基本要求和原材料技术条件，利用混凝土强度经验公式和图表进行计算，得出"计算配合比"；第二，通过试拌、检测，进行和易性调整，得出满足施工要求的"试拌配合比"；第三，通过对水胶比的微量调整，得出既满足设计强度又比较经济、合理的"设计配合比"；第四，根据现场砂、石的实际含水率，对设计配合比进行修正，得出"施工配合比"。

(一)通过计算，确定"计算配合比"

计算配合比是指按原材料的性能、混凝土的技术要求和施工条件，利用混凝土强度经验公式和图表进行计算所得到的配合比。

1. 确定混凝土配制强度

(1)混凝土配制强度应按下列规定确定。

1)当混凝土的设计强度等级小于 C60 时，配制强度应按下式确定：

$$f_{cu,0} \geqslant f_{cu,k} + 1.645\sigma$$

式中　$f_{cu,0}$——混凝土配制强度(MPa)；

　　　$f_{cu,k}$——混凝土立方体抗压强度标准值(MPa)，即混凝土的设计强度等级；

　　　σ——混凝土强度标准差(MPa)。

2)当混凝土的设计强度等级不小于 C60 时，配制强度应按下式确定：

$$f_{cu,0} \geqslant 1.15 f_{cu,k}$$

(2)混凝土强度标准差应按下列规定确定。

1)当具有近 1~3 个月的同一品种、同一强度等级混凝土的强度资料，且试件组数不小于 30 时，其混凝土强度标准差 σ 应按下式计算：

$$\sigma = \sqrt{\frac{\sum_{i=1}^{n} f_{cu,i}^2 - n m_{f_{cu}}^2}{n-1}}$$

式中　σ——混凝土强度标准差；

　　　$f_{cu,i}$——第 i 组的试件强度(MPa)；

　　　$m_{f_{cu}}$——n 组试件的强度平均值(MPa)；

　　　n——试件组数。

对于强度等级不大于 C30 的混凝土，当混凝土强度标准差的计算值不小于 3.0 MPa 时，应按上式计算结果取值；当混凝土强度标准差的计算值小于 3.0 MPa 时，应取 3.0 MPa。

对于强度等级大于 C30 且小于 C60 的混凝土，当混凝土强度标准差的计算值不小于 4.0 MPa 时，应按上式计算结果取值；当混凝土强度标准差的计算值小于 4.0 MPa 时，应取 4.0 MPa。

2）当没有近期的同一品种、同一强度等级的混凝土强度资料时，其强度标准差 σ 可按表 3-29 取值。

表 3-29　标准差 σ 的值　　　　　　　　　　　　　MPa

混凝土强度标准值	≤C20	C25～C45	C50～C55
Σ	4.0	5.0	6.0

2. 确定水胶比

混凝土强度等级小于 C60 时，混凝土的水胶比按下式计算：

$$W/B = \frac{\alpha_a f_b}{f_{cu,0} + \alpha_a \alpha_b f_b}$$

式中　α_a，α_b——回归系数，应根据工程所使用的水泥、骨料，通过试验建立的水胶比与混凝土强度关系式确定。当不具备试验统计资料时，回归系数可取：碎石，$\alpha_a = 0.53$，$\alpha_b = 0.20$；卵石，$\alpha_a = 0.49$，$\alpha_b = 0.13$。

　　　　$f_{cu,0}$——混凝土的试配强度（MPa）。

　　　　f_b——胶凝材料 28 d 胶砂抗压强度实测值（MPa）；当无实测值时，f_b 可按下式确定。

$$f_b = \gamma_f \gamma_s f_{ce}$$

式中　γ_f，γ_s——粉煤灰影响系数和粒化高炉矿渣粉影响系数，可按表 3-30 取值。

　　　　f_{ce}——水泥 28 d 胶砂抗压强度（MPa），可实测，也可根据 3 d 强度或快测强度推定 28 d 强度关系式推定得出。

表 3-30　粉煤灰影响系数（γ_f）和粒化高炉矿渣粉影响系数（γ_s）

种类 掺量/%	粉煤灰影响系数（γ_f）	粒化高炉矿渣粉影响系数（γ_s）
0	1.00	1.00
10	0.85～0.95	1.00
20	0.75～0.85	0.95～1.00
30	0.65～0.75	0.90～1.00
40	0.55～0.65	0.80～0.90
50	—	0.70～0.85

注：1. 采用 I 级、II 级粉煤灰宜取上限值；

　　2. 采用 S75 级粒化高炉矿渣粉宜取下限值，采用 S95 级粒化高炉矿渣粉宜取上限值，采用 S105 级粒化高炉矿渣粉可取上限值加 0.05；

　　3. 当超出表中的掺量时，粉煤灰和粒化高炉矿渣粉影响系数应经试验确定。

计算出的水胶比，应小于规定的最大水胶比。若计算而得的水胶比大于最大水胶比，则取最大水胶比，以保证混凝土的耐久性。

3. 确定用水量(m_{w0})和外加剂用量(m_{a0})

(1)干硬性和塑性混凝土用水量的确定。混凝土的水胶比在 0.40～0.80 范围时，可按表 3-31 和表 3-32 选取；混凝土的水胶比小于 0.40 时，可通过试验确定。

表 3-31　干硬混凝土的用水量　　　　　　　　　　　　　　kg/m³

拌合物稠度		卵石最大公称粒径/mm			碎石最大公称粒径/mm		
项目	指标	10.0	20.0	40.0	16.0	20.0	40.0
维勃稠度/s	16～20	175	160	145	180	170	155
	11～15	180	165	150	185	175	160
	5～10	185	170	155	190	180	165

表 3-32　塑性混凝土的用水量　　　　　　　　　　　　　　kg/m³

拌合物稠度		卵石最大公称粒径/mm				碎石最大公称粒径/mm			
项目	指标	10.0	20.0	31.5	40.0	16.0	20.0	31.5	40.0
坍落度/mm	10～30	190	170	160	150	200	185	175	165
	35～50	200	180	170	160	210	195	185	175
	55～70	210	190	180	170	220	205	195	185
	75～90	215	195	185	175	230	215	205	195

注：1. 本表用水量是采用中砂时的平均取值。采用细砂时，每立方米混凝土用水量可增加 5～10 kg；采用粗砂时，则可减少 5～10 kg。
　　2. 掺用矿物掺合料和外加剂时，用水量应相应调整。

(2)流动性和大流动性混凝土用水量的确定。掺外加剂时，每立方米流动性或大流动性混凝土的用水量(m_{w0})可按下式计算：

$$m_{w0} = m_{w0}'(1-\beta)$$

式中　m_{w0}——计算配合比每立方米混凝土的用水量(kg/m³)；

　　　m_{w0}'——未掺外加剂时推定的满足实际坍落度要求的每立方米混凝土的用水量(kg/m³)，以表 3-32 中 90 mm 坍落度的用水量为基础，按每增大 20 mm 坍落度相应增加 5 kg/m³ 用水量来计算；当坍落度增大到 180 mm 以上时，随坍落度相应增加的用水量可减少；

　　　β——外加剂的减水率(%)，经混凝土试验确定。

(3)每立方米混凝土中的外加剂用量(m_{a0})应按下式计算：

$$m_{a0} = m_{b0}\beta_a$$

式中　m_{a0}——计算配合比每立方米混凝土中的外加剂用量(kg/m³)；

　　　m_{b0}——计算配合比每立方米混凝土中的胶凝材料用量(kg/m³)；

　　　β_a——外加剂掺量(%)，经凝土试验确定。

4. 计算胶凝材料用量(m_{b0})、矿物掺合料用量(m_{f0})和水泥用量(m_{c0})

(1)每立方米混凝土的胶凝材料用量(m_{b0})按下式计算,并进行试拌调整,在拌合物性能被满足的情况下,取经济合理的胶凝材料用量。

$$m_{b0} = \frac{m_{w0}}{W/B}$$

式中 m_{b0}——计算配合比每立方米混凝土中的胶凝材料用量(kg/m³);

m_{w0}——计算配合比每立方米混凝土的用水量(kg/m³);

W/B——混凝土水胶比。

(2)每立方米混凝土的矿物掺合料用量(m_{f0})按下式计算:

$$m_{f0} = m_{b0}\beta_f$$

式中 m_{f0}——计算配合比每立方米混凝土中的矿物掺合料用量(kg/m³);

β_f——矿物掺合料掺量(%)。

(3)每立方米混凝土的水泥用量(m_{c0})按下式计算:

$$m_{c0} = m_{b0} - m_{f0}$$

式中 m_{c0}——计算配合比每立方米混凝土中的水泥用量(kg/m³)。

5. 选取合理砂率值 β_s

根据粗骨料的种类、最大粒径及混凝土的水胶比,由表3-28查得或根据混凝土拌合物的和易性要求,通过试验确定合理砂率。

6. 计算粗、细骨料用量(m_{g0}、m_{s0})

在已知砂率的情况下,粗、细骨料的用量可用质量法或体积法求得。

(1)质量法假定各组成材料的质量之和(即拌合物的体积密度)接近一个固定值。当采用质量法计算混凝土配合比时,粗、细骨料的用量应按规定计算,砂率应按下式计算:

$$m_{f0} + m_{c0} + m_{g0} + m_{s0} + m_{w0} = m_{cp}$$

$$\beta_s = \frac{m_{s0}}{m_{g0} + m_{s0}} \times 100\%$$

式中 m_{g0}——计算配合比每立方米混凝土的粗骨料用量(kg/m³);

m_{s0}——计算配合比每立方米混凝土的细骨料用量(kg/m³);

β_s——砂率(%);

m_{cp}——每立方米混凝土拌合物的假定质量(kg),可取 2 350~2 450 kg/m³。

(2)体积法假定混凝土拌合物的体积等于各组成材料的体积与拌合物中所含空气的体积之和。当采用体积法计算混凝土配合比时,砂率应按上式计算,粗、细骨料用量应按下式计算:

$$\frac{m_{c0}}{\rho_c} + \frac{m_{f0}}{\rho_f} + \frac{m_{g0}}{\rho_g} + \frac{m_{s0}}{\rho_s} + \frac{m_{w0}}{\rho_w} + 0.01\alpha = 1$$

式中 ρ_c——水泥密度(kg/m³),可按现行国家标准《水泥密度测定方法》(GB/T 208—2014)测定,也可取 2 900~3 100 kg/m³;

ρ_f——矿物掺合料密度(kg/m³),可按现行国家标准《水泥密度测定方法》(GB/T 208—2014)测定;

ρ_g——粗骨料的表面密度（kg/m³），应按现行行业标准《普通混凝土用砂、石质量及检验方法标准》(JGJ 52—2006)测定；

ρ_s——细骨料的表面密度（kg/m³），应按现行行业标准《普通混凝土用砂、石质量及检验方法标准》(JGJ 52—2006)测定；

ρ_w——水的密度（kg/m³），可取 1 000 kg/m³；

α——混凝土的含气量百分数，在不使用引气剂或引气型外加剂时，α 可取 1。

经过上述计算，即可求出计算配合比。

(二)检测和易性，确定"试拌配合比"

按计算配合比进行混凝土配合比的试配和调整。

试拌后立即测定混凝土的和易性。当试拌得出的拌合物坍落度比要求值小时，应在水胶比不变的前提下，增加用水量（同时增加水泥用量）；当坍落度比要求值大时，应在砂率不变的前提下，增加砂、石用量；当黏聚性、保水性差时，可适当加大砂率。调整时，应及时记录调整后各材料的用量（m_{cb}、m_{wb}、m_{sb}、m_{gb}），并实测调整后混凝土拌合物的体积密度 ρ_{0h}（kg/m³）。令和易性调整后的混凝土试样的总质量 m_{Qb} 为

$$m_{Qb}=m_{cb}+m_{wb}+m_{sb}+m_{gb}（体积\geqslant 1\ m^3）$$

由此得出基准配合比（调整后的 1 m³ 混凝土中各材料的用量）：

$$m_{cj}=\frac{m_{cb}}{m_{Qb}}\rho_{0h}$$

$$m_{wj}=\frac{m_{wb}}{m_{Qb}}\rho_{0h}$$

$$m_{sj}=\frac{m_{sb}}{m_{Qb}}\rho_{0h}$$

$$m_{gj}=\frac{m_{gb}}{m_{Qb}}\rho_{0h}$$

混凝土配合比
设计试验

(三)检验强度，确定"设计配合比"

经过和易性调整得出的试拌配合比，不一定满足强度要求，应进行强度检验。既满足设计强度又比较经济、合理的配合比，就称为设计配合比（试验室配合比）。在试拌配合比的基础上做强度试验时，应采用三个不同的配合比，其中一个为试拌配合比中的水胶比，另外两个较试拌配合比的水胶比分别增加和减少 0.05。其用水量应与试拌配合比的用水量相同，砂率可分别增加和减少 1%。当不同水胶比混凝土拌合物的坍落度与要求值的差超过允许偏差时，可通过增、减用水量进行调整。

制作混凝土强度试验试件时，应检验混凝土拌合物的和易性及表观密度，并以此结果作为代表相应配合比的混凝土拌合物的性能。每种配合比至少应制作一组（三块）试件，标准养护到 28 d 时试压。

根据试验得出的混凝土强度与其相对应的胶水比（B/W）的关系，用作图法或计算法求出与混凝土配制强度（$f_{cu,0}$）相对应的胶水比，并应按下列原则确定每立方米混凝土的材料用量：

(1)用水量（m_w）和外加剂用量（m_a）应在基准配合比用水量的基础上，根据制作强度试件时测得的坍落度或维勃稠度进行调整确定。

(2)胶凝材料用量（m_b）应以用水量乘以选定出来的胶水比计算确定。

（3）粗骨料和细骨料用量（m_g 和 m_s）应在基准配合比的粗骨料和细骨料用量的基础上，按选定的胶水比进行调整后确定。

经试配确定配合比后，尚应按下列步骤进行校正：

据前述已确定的材料用量按下式计算混凝土的表观密度计算值 $\rho_{c,c}$：

$$\rho_{c,c} = m_c + m_f + m_g + m_s + m_w$$

式中　$\rho_{c,c}$——混凝土拌合物的表观密度计算值（kg/m³）；

m_c——每立方米混凝土的水泥用量（kg/m³）；

m_f——每立方米混凝土的矿物掺合料用量（kg/m³）；

m_g——每立方米混凝土的粗骨料用量（kg/m³）；

m_s——每立方米混凝土的细骨料用量（kg/m³）；

m_w——每立方米混凝土的用水量（kg/m³）。

再按下式计算混凝土配合比的校正系数 δ：

$$\delta = \frac{\rho_{c,t}}{\rho_{c,c}}$$

式中　$\rho_{c,t}$——混凝土表观密度的实测值（kg/m³）；

$\rho_{c,c}$——混凝土表观密度的计算值（kg/m³）。

当混凝土表观密度的实测值 $\rho_{c,t}$ 与计算值 $\rho_{c,c}$ 之差的绝对值不超过计算值的 2% 时，上述配合比可不做校正；当两者之差超过 2% 时，应将配合比中每项材料的用量均乘以校正系数 δ，即确定的设计配合比。

根据本单位常用的材料，可设计出常用的混凝土配合比备用。在使用过程中，应根据原材料的情况及混凝土质量检验的结果予以调整。但遇有下列情况之一时，应重新进行配合比设计：

（1）对混凝土性能指标有特殊要求时；

（2）水泥、外加剂或矿物掺合料的品种、质量有显著变化时；

（3）该配合比的混凝土生产间断半年以上时。

（四）根据含水率，换算"施工配合比"

试验室得出的设计配合比值中，骨料是以干燥状态为准的，而施工现场的骨料含有一定的水分，因此应根据骨料的含水率对配合比设计值进行修正，修正后的配合比为施工配合比。经测定，施工现场砂的含水率为 w_s，石子的含水率为 w_g，则施工配合比为

水泥用量 m_c' 　　　　　　$m_c' = m_c$

砂用量 m_s' 　　　　　　$m_s' = m_s(1 + w_s)$

石子用量 m_g' 　　　　　　$m_g' = m_g(1 + w_g)$

用水量 m_w' 　　　　　　$m_w' = m_w - m_s \cdot w_s - m_g \cdot w_g$

式中，m_c、m_w、m_s、m_g 为调整后的试验室配合比中每立方米混凝土中的水泥、水、砂和石子的用量（kg）。

进行混凝土配合比计算时，其计算公式和有关参数表格中的数值均是以干燥状态的骨料（含水率小于 0.05% 的细骨料或含水率小于 0.2% 的粗骨料）为基准。当以饱和面干骨料为基准进行计算时，则应做相应的调整。

第五节　装饰混凝土

装饰混凝土是一种饰面混凝土，它充分利用混凝土的可塑性和材料构成的特点，在墙体、构件成型时采取一定的工艺，使其表面产生具有装饰性的线型、图案、纹理、质感及色彩，以满足建筑立面装饰的要求。

一、清水装饰混凝土

清水装饰混凝土是利用混凝土结构体本身造型的竖线条或几何外形取得简单、大方、明快的立面效果，从而获得装饰性；或者在成型时利用模板等在构件表面上做出凹、凸花纹，使立面的质感更加丰富。其成型方法有正打成型工艺、反打成型工艺和立模工艺三种。

1. 正打成型工艺

正打成型工艺多用于大板建筑的墙板预制。它是在混凝土墙板浇筑完毕、水泥初凝前后，在混凝土表面进行压印，使之形成各种线条和花饰。根据表面加工工艺方法的不同，正打成型可分为压印和挠刮两种方式。压印一般有凸纹和凹纹两种做法。凸纹是用刻有镂花图案的模具，在刚浇筑的壁板表面上印出的；挠刮是在新浇的混凝土壁板上，用硬毛刷等工具挠刮，形成一定的毛面质感。正打压印、挠刮制作简单，施工方便，但壁面形成的凹凸程度小、层次少、质感不丰富。

2. 反打成型工艺

反打成型工艺是在浇筑混凝土的底面模板上做出凹槽，或在底模上加垫具有一定图案的衬模，拆模后使混凝土表面具有线型或立体装饰图案。反打工艺制品的图案和线条的凹凸感很强，质感很好，图案、花纹的可选择性大，且可形成较大尺寸的线型，其既可振动成型也可压制成型。

3. 立模工艺

正打、反打成型工艺均为预制条件下的成型工艺。立模工艺则是在现浇混凝土墙面时做饰面处理，利用墙板升模工艺，在外模内侧安置衬模，脱模时使模板先平移，使其离开新浇筑的混凝土墙面再将其提升。这样，随着模板爬升形成具有直条形纹理的装饰混凝土，其立面效果别具一格。

二、彩色混凝土

在普通混凝土中掺入适当的着色颜料，可以制成着色的彩色混凝土。彩色混凝土的装饰效果在于色彩。色彩效果的好与差，混凝土的着色是关键，这与颜料性质、掺量和掺加方法有关。

1. 彩色混凝土的着色方法

彩色混凝土着色的常用方法包括在混凝土中掺入适量的彩色外加剂和无机氧化物颜料，掺入化学着色剂，或者干撒着色硬化剂等。

（1）掺入彩色外加剂和无机氧化物颜料。在混凝土中直接掺入无机氧化物颜料，并按一定的投料顺序进行搅拌。其投料顺序为砂→颜料→粗骨料→水泥，充分干拌均匀，然后再加水搅拌。如果在混凝土拌合物中使用了外加剂，必须预先确定它与颜料之间的相融性，因为外加剂中若含有氯化钙等对颜料分散性有影响的成分，将会导致混凝土饰面颜色不均匀。

（2）掺入化学着色剂。化学着色剂是一种水溶性金属盐。将它掺入混凝土中并使其与之发生反应，在混凝土孔隙中生成难溶且抗磨性好的有颜色的沉淀物。这种着色剂中含有稀释的酸，能轻微腐蚀混凝土，从而使着色剂能渗透较深，且色调更加均匀。化学着色剂的使用，应在混凝土养护至少一个月以后进行。施加前应将混凝土表面的尘土、杂质清除干净，以免影响着色效果。

（3）干撒着色硬化剂。干撒着色硬化剂是一种表面着色方法。它是由细颜料、表面调节剂、分散剂等拌制而成，将其均匀干撒在新浇筑的混凝土表面即可着色，其适用于混凝土板、地面、人行道、车道及其他水平表面的着色，但不适于在垂直的大面积墙面使用。

2. 彩色混凝土的应用

目前，整体着色的彩色混凝土的应用较少，而在普通混凝土或硅酸盐混凝土基材表面加做彩色饰面层，制成面层着色的彩色混凝土路面砖，被广泛地应用于园林、街心花园、庭院和人行便道，可获得十分理想的装饰效果。图 3-15 所示为彩色混凝土面砖和花格砖图样。

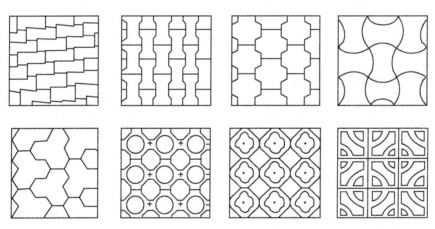

图 3-15　彩色混凝土面砖和花格砖图样

三、外露骨料混凝土

外露骨料混凝土是在混凝土硬化前或硬化后，通过一定工艺手段使混凝土骨料适当外露，以骨料的天然色泽和不规则的分布，达到一定的装饰效果。外露骨料混凝土的制作方法有水洗法、缓凝剂法、酸洗法、抛丸法等。

1. 水洗法工艺

水洗法用于正打工艺，是在混凝土成型后，水泥终凝前，采用具有一定压力的射流水把面层水泥浆冲刷至露出骨料，使混凝土表面呈现石子的自然色彩。

2. 缓凝剂法工艺

缓凝剂法用于反打或立模工艺，是先将缓凝剂涂刷在模板上，然后浇筑混凝土，借助缓凝剂使混凝土表面层的水泥浆不硬化，以待脱模后用水冲洗，使之露出骨料。

3. 抛丸法工艺

抛丸法是将混凝土制品以 1.5～2 m/min 的速度通过抛丸机室，室内抛丸机以 65～80 m/s 的速度抛出铁丸，将混凝土表面的水泥浆皮剥离，露出骨料的色彩，且骨料表面也同时被凿毛，其效果尤似花锤剁斧，别具特色。

本章小结

本章介绍了混凝土的分类与特点，普通混凝土的基本组成、技术性能及配合比设计，装饰混凝土的种类、特点及应用。

1. 普通混凝土是由水泥、粗骨料、细骨料、水和外加剂按一定的比例配制而成的。混凝土的主要技术性质包括新拌混凝土和易性、硬化后混凝土达到的强度、混凝土的耐久性三个方面。混凝土配合比设计包括配合比的计算、试配和调整。

2. 装饰混凝土是一种饰面混凝土，常用的有清水装饰混凝土、彩色混凝土和外露骨料混凝土。

思考与练习

1. 混凝土的基本组成材料有哪几类？它们分别在混凝土中起什么作用？

2. 什么是混凝土拌合物的和易性？其包括哪几个方面的技术要求？

3. 改善混凝土拌合物和易性的措施有哪些？

4. 普通混凝土配合比设计的基本要求有哪些？

5. 简述混凝土配合比设计的步骤。

6. 什么是清水装饰混凝土？

第四章 砂 浆

知识目标

1. 了解砂浆的分类及用途；熟悉砌筑砂浆的组成材料及对材料质量要求；掌握砂浆和易性的测定方法、砂浆的强度等级；掌握砌筑砂浆配合比选用和设计的方法。

2. 了解抹面砂浆的组成及应用，掌握抹面砂浆的性能特征及配合比。

3. 了解装饰砂浆的分类，熟悉砌筑砂浆的组成材料及对材料的质量要求；掌握装饰砂浆的施工要点。

能力目标

1. 能够对砂浆的主要技术性质进行检测。

2. 能够对砌筑砂浆进行配合比设计。

3. 能够根据各种抹面砂浆的特性对其进行应用。

4. 能够进行装饰砂浆的饰面设计及实际应用。

砂浆是由胶结料、细骨料、掺合料和水配制而成的建筑工程材料，在建筑工程中起粘结、衬垫和传递应力的作用。由于砂浆中没有粗骨料，可认为砂浆是一种细骨料混凝土，因此有关混凝土的各种基本规律，原则上也适用于砂浆。

砂浆的种类很多，根据用途不同，可分为砌筑砂浆、抹面砂浆。其中，抹面砂浆包括普通抹面砂浆、装饰抹面砂浆、特种砂浆（如防水砂浆、耐酸砂浆、绝热砂浆、吸声砂浆等）。根据胶凝材料的不同，砂浆可分为水泥砂浆、石灰砂浆、混合砂浆（包括水泥石灰砂浆、石灰粉煤灰砂浆等）。

第一节 砌筑砂浆

一、砌筑砂浆的组成材料

将砖、砌块、石等粘结成为砌体的砂浆，称为砌筑砂浆。砌筑砂浆宜用水泥砂浆或水泥混合砂浆。水泥砂浆是由水泥、细骨料和水配制而成的砂浆。水泥混合砂浆是由水泥、细骨料、掺合料和水配制成的砂浆。

1. 胶凝材料

建筑砂浆常用的胶凝材料有水泥、石灰、石膏等。在选用时，应根据使用环境、用途等合理选择。在干燥条件下使用的砂浆既可选用气硬性胶凝材料，又可选用水硬性胶凝材料；若为在潮湿环境或水中使用的砂浆，则必须选用水泥作为胶凝材料。

用于砂浆的水泥，其强度等级应根据砂浆强度等级进行选择，并应尽量选用中、低强度等级的水泥。水泥强度是砂浆强度的 4~5 倍为宜，水泥强度的等级过高，将因砂浆中水泥用量不足而导致保水性不良。

2. 砂

砂浆用砂主要为天然砂，其质量要求应符合《建设用砂》(GB/T 14684—2011)的规定。砂浆采用中砂拌制，既可以满足和易性的要求，又能节约水泥，因此应优先选用中砂。由于砂浆铺设层较薄，应对砂的最大粒径加以限制，其最大粒径不应大于 2.5 mm；毛石砌体宜选用粗砂，其最大粒径应小于砂浆层厚度的 1/4。砂的含泥量不应超过 5%；对于强度等级为 M2.5 的水泥混合砂浆，砂的含泥量不应超过 10%。

3. 水

拌合砂浆用水与混凝土拌合用水的要求基本相同，应选用无有害杂质的洁净水拌制砂浆，未经试验鉴定的污水不能使用。

4. 掺合料

(1)为改善砂浆的和易性，常在砂浆中加入无机微细颗粒的掺合料，如石灰膏、磨细生石灰、消石灰粉及磨细粉煤灰等。

(2)采用生石灰时，生石灰应熟化成石灰膏。熟化时应用孔径不大于 3 mm×3 mm 的网过滤，熟化时间不得少于 7 d。对于沉淀池中贮存的石灰膏，应采取防止干燥、冻结和污染的措施。严禁使用脱水硬化的石灰膏。使用消石灰粉时也应预先浸泡，不得直接将其用于砌筑砂浆。

(3)石灰膏、电石膏试配时的稠度应为(120±5)mm。

(4)粉煤灰的品质指标应符合国家有关标准的要求。

(5)砂浆中所掺入的微沫剂等有机塑化剂，应经砂浆性能试验合格后方可使用。

二、砂浆的技术性质

砂浆的技术性质主要是新拌砂浆的和易性与硬化后砂浆的强度，另外，还有砂浆的粘结力、变形、耐久性等性能。

1. 新拌砂浆的和易性

同混凝土一样，新拌砂浆应具有良好的和易性。砂浆的和易性是指新拌制的砂浆是否便于施工操作，并能保证质量的综合性质。和易性好的砂浆可以比较容易地在砖石表面上被铺成均匀连续的薄层，且能与底面紧密地粘结，并保证工程质量。因此，新拌砂浆的和易性应包括稠度和保水性两个方面的含义。

(1)稠度。稠度又称流动性，是指新拌砂浆在自重或外力作用下流动的性能，用沉入度表示。

砂浆稠度的大小以砂浆稠度测定仪的标准圆锥沉入砂浆内的深度值表示。圆锥沉入的深度越深，表明砂浆的流动性越大。砂浆的流动性不能过大，否则强度会下降，并且会出现分层、泌水现象；若流动性过小，砂浆偏干，不便于施工操作，灰缝不易填充。

影响砂浆稠度的主要因素有所有胶凝材料的品种与数量、掺合料的品种与数量、砂的粗细与级配状况、用水量及搅拌时间等。砂浆的原材料确定后，流动性的大小主要取决于单位用水量，因此，施工中常以用水量的多少来调整砂浆的稠度。

(2)保水性。保水性是指新拌砂浆保持内部水分的能力。保水性好的砂浆，在存放、运输和使用过程中，能很好地保持其中的水分使其不致很快流失，在砌筑时容易被铺成均匀、密实的砂浆薄层，以保证砌体的质量。

砂浆的保水性用砂浆分层度测定仪测定，以分层度(mm)表示。先将搅拌均匀的砂浆拌合物一次装入分层度筒，测定沉入度，然后静置 30 min 后，去掉上节 200 mm 砂浆，将剩余的 100 mm 砂浆倒出放在搅拌锅内搅拌 2 min，再测其沉入度，两次测得的沉入度之差即为该砂浆的分层度值。砂浆的分层度以在 10～20 mm 为宜。分层度过大，砂浆易产生离析，不便于施工和水泥硬化，因此，水泥砂浆的分层度不应大于 30 mm，水泥混合砂浆的分层度一般不会超过 20 mm，分层度接近于零的砂浆，容易出现干缩裂缝。

2. 强度和强度等级

砂浆在砌体中主要起传递荷载的作用，并经受周围环境介质的作用，因此，砂浆应具有一定的粘结强度、抗压强度和耐久性。试验证明，砂浆的粘结强度、耐久性均随抗压强度的增大而提高，即它们之间有一定的相关性，而且测量抗压强度的试验方法较为成熟，测试较为简单、准确，所以，工程上常以抗压强度作为砂浆的强度指标。

砂浆的强度等级是以边长为 70.7 mm 的立方体试块，在标准养护条件[水泥混合砂浆为温度(20±2)℃，相对湿度 60%～80%；水泥砂浆为温度(20±2)℃，相对湿度 90%以上]下，用标准试验方法测得 28 d 龄期的抗压强度来确定的。

影响砂浆强度的因素较多。试验证明，当原材料质量一定时，砂浆的强度主要取决于水泥强度等级与水泥用量。用水量对砂浆强度及其他性能的影响不大。砂浆的强度可用下式表示：

$$f_m = \frac{\alpha f_{ce} Q_c}{1\,000} + \beta = \frac{\alpha K_c f_{ce,k} Q_c}{1\,000} + \beta$$

式中　f_m——砂浆的抗压强度(MPa)；

　　　f_{ce}——水泥的实际强度(MPa)；

　　　Q_c——1 m³ 砂浆中的水泥用量(kg)；

　　　K_c——水泥强度等级的富余系数，按统计资料确定；

　　　$f_{ce,k}$——水泥强度等级的标准值(MPa)；

　　　α，β——砂浆的特征系数，$\alpha=3.03$，$\beta=-15.09$。

3. 粘结力

砂浆能够把许多块状的砖石材料粘结成为一个整体。因此，砌体的强度、耐久性及抗震性取决于砂浆粘结力的大小。砂浆的粘结力随其抗压强度的增大而提高。另外，砂浆的粘结力与砖石的表面状态、清洁程度、湿润状况及施工养护条件等因素有关。粗糙、洁净、湿润的砂浆的表面粘结力较好。

4. 变形

砂浆在承受荷载或温湿度条件变化时，均会产生变形。如果变形过大或者不均匀，会降低砌体质量，引起沉陷或裂缝。砂浆变形性的影响因素很多，如胶凝材料的种类和用量、用水量、细骨料的种类和级配、细骨料的质量以及外部环境条件等。

砂浆中混合料掺量过多或使用轻骨料，会产生较大的收缩变形。为了减少收缩，可在砂浆中加入适量的膨胀剂。

5. 耐久性

砂浆的耐久性指砂浆在使用条件下经久耐用的性质。在受冻融影响较多的建筑部位，要求砂浆具有一定的抗冻性。对有冻融次数要求的砌筑砂浆，经冻融试验后，质量损失率不得大于5%，抗压强度损失率不得大于25%。

三、砌筑砂浆的配合比设计

砂浆配合比设计可通过查有关资料或手册来选取或通过计算来初步确定，然后再进行试拌调整。《砌筑砂浆配合比设计规程》(JGJ/T 98—2010)规定，砂浆的配合比以质量比表示。

砌筑砂浆配合比
设计规程

1. 技术条件

(1)水泥砂浆和预拌砌筑砂浆的强度等级可分为 M5、M7.5、M10、M15、M20、M25、M30；水泥混合砂浆的强度等级可分为 M5、M7.5、M10、M15。

(2)砌筑砂浆拌合物的表观密度宜符合表 4-1 的规定。

表 4-1　砌筑砂浆拌合物的表观密度　　　　　　　　　　　　　　　　kg/m³

砂浆种类	表观密度	砂浆种类	表观密度
水泥砂浆	≥1 900	预拌砌筑砂浆	≥1 800
水泥混合砂浆	≥1 800		

(3)砌筑砂浆的稠度、保水率、试配抗压强度应同时满足要求。

(4)砌筑砂浆施工时的稠度宜按表 4-2 选用。

表 4-2　砌筑砂浆的施工稠度　　　　　　　　　　　　　　　　mm

砌体种类	施工稠度
烧结普通砖砌体、粉煤灰砖砌体	70～90
混凝土砖砌体、普通混凝土小型空心砌块砌体、灰砂砖砌体	50～70
烧结多孔砖砌体、烧结空心砖砌体、轻骨料混凝土小型空心砌块砌体、蒸压加气混凝土砌块砌体	60～80
石砌体	30～50

(5)砌筑砂浆的保水率应符合表 4-3 的规定。

表 4-3　砌筑砂浆的保水率　　　　　　　　　　　　　　　　%

砂浆种类	保水率	砂浆种类	保水率
水泥砂浆	≥80	预拌砌筑砂浆	≥88
水泥混合砂浆	≥84		

(6)对于有抗冻性要求的砌体工程，对砌筑砂浆应进行冻融试验。砌筑砂浆的抗冻性应符合表 4-4 的规定，且当设计对抗冻性有明确要求时，还应符合设计规定。

表 4-4　砌筑砂浆的抗冻性

使用条件	抗冻指标	质量损失率/%	强度损失率/%
夏热冬暖地区	F15		
夏热冬冷地区	F25	≤5	≤25
寒冷地区	F35		
严寒地区	F50		

(7)砌筑砂浆中的水泥和石灰膏、电石膏等材料的用量可按表 4-5 选用。

表 4-5　砌筑砂浆的材料用量　　　　　　　　　　　kg/m³

砂浆种类	材料用量	砂浆种类	材料用量
水泥砂浆	≥200	预拌砌筑砂浆	≥200
水泥混合砂浆	≥350		

注：1. 水泥砂浆中的材料用量是指水泥用量。
　　2. 水泥混合砂浆中的材料用量是指水泥和石灰膏、电石膏的材料总量。
　　3. 预拌砌筑砂浆中的材料用量是指胶凝材料用量，包括水泥和替代水泥的粉煤灰等活性矿物掺合料。

(8)砌筑砂浆中可掺入保水增稠材料、外加剂等。掺量应经试配后确定。

(9)砌筑砂浆试配时应采用机械搅拌。搅拌时间应自开始加水算起，并应符合下列规定：

1)对水泥砂浆和水泥混合砂浆，搅拌时间不得少于 120 s。

2)对预拌砌筑砂浆和掺有粉煤灰、外加剂、保水增稠材料等的砂浆，搅拌时间不得少于 180 s。

2. 现场配制砌筑砂浆的试配要求

(1)现场配制水泥混合砂浆的试配应符合下列规定。

1)配合比应按下列步骤进行计算：

①计算砂浆试配强度($f_{m,0}$)；

②计算每立方米砂浆中的水泥用量(Q_C)；

③计算每立方米砂浆中石灰膏用量(Q_D)；

④确定每立方米砂浆中的砂用量(Q_S)；

⑤按砂浆稠度确定每立方米砂浆的用水量(Q_W)。

2)砂浆的试配强度应按下式计算：

$$f_{m,0} = k f_2$$

式中　$f_{m,0}$——砂浆的试配强度(MPa)，应精确至 0.1 MPa；

　　　f_2——砂浆强度等级值(MPa)，应精确至 0.1 MPa；

　　　k——系数，按表 4-6 取值。

表 4-6 砂浆强度标准差 σ 及 k 的值

强度等级\施工水平	强度标准差 σ/MPa							k
	M5	M7.5	M10	M15	M20	M25	M30	
优良	1.00	1.50	2.00	3.00	4.00	5.00	6.00	1.15
一般	1.25	1.88	2.50	3.75	5.00	6.25	7.50	1.20
较差	1.50	2.25	3.00	4.50	6.00	7.50	9.00	1.25

3)砂浆强度标准差的确定应符合下列规定：

①当有统计资料时，应按下式计算：

$$\sigma = \sqrt{\dfrac{\displaystyle\sum_{i=1}^{n} f_{\mathrm{m},i}^2 - n\mu_{\mathrm{fm}}^2}{n-1}}$$

式中　$f_{\mathrm{m},i}$——统计周期内同一品种砂浆第 i 组试件的强度(MPa)；

　　　μ_{fm}——统计周期内同一品种砂浆 n 组试件强度的平均值(MPa)；

　　　n——统计周期内同一品种砂浆试件的总组数，$n \geqslant 25$。

②当无统计资料时，砂浆强度标准差 σ 可按表 4-6 选用。

4)水泥用量的计算应符合下列规定：

①每立方米砂浆中的水泥用量，应按下式计算：

$$Q_{\mathrm{C}} = 1\,000(f_{\mathrm{m},0} - \beta)/(\alpha \cdot f_{\mathrm{ce}})$$

式中　Q_{C}——每立方米砂浆的水泥用量(kg)，应精确至 1 kg；

　　　f_{ce}——水泥的实测强度(MPa)，应精确至 0.1 MPa；

　　　α,β——砂浆的特征系数，其中 α 取 3.03，β 取 -15.09。

注：各地区也可用本地区试验资料确定 α、β 的值，统计用的试验组数不得少于 30。

②在无法取得水泥的实测强度值时，可按下式计算：

$$f_{\mathrm{ce}} = \gamma_{\mathrm{c}} \cdot f_{\mathrm{ce},\mathrm{k}}$$

式中　$f_{\mathrm{ce},\mathrm{k}}$——水泥强度等级对应的强度值；

　　　γ_{c}——水泥强度等级值的富余系数，该值应按实际统计资料确定，无统计资料时 γ_{c} 可取 1.0。

5)石灰膏用量应按下式计算：

$$Q_{\mathrm{D}} = Q_{\mathrm{A}} - Q_{\mathrm{C}}$$

式中　Q_{D}——每立方米砂浆的石灰膏用量(kg)，应精确至 1 kg；石灰膏使用时的稠度宜为 (120 ± 5) mm。

　　　Q_{C}——每立方米砂浆的水泥用量(kg)，应精确至 1 kg。

　　　Q_{A}——每立方米砂浆中水泥和石灰膏的总量，应精确至 1 kg，可为 350 kg。

6)每立方米砂浆中的砂用量，应以干燥状态(含水率小于 0.5%)的堆积密度值作为计算值(kg)。

7)每立方米砂浆中的用水量，可根据砂浆稠度等要求选用 210～310 kg。

注：①混合砂浆中的用水量，不包括石灰膏中的水；

②当采用细砂或粗砂时，用水量分别取上限或下限；

③稠度小于 70 mm 时，用水量可小于下限；

④施工现场气候炎热或在干燥季节，可酌量增加用水量。

（2）现场配制水泥砂浆的试配应符合下列规定：

1）每立方米水泥砂浆的材料用量可按表 4-7 选用。

表 4-7　每立方米水泥砂浆的材料用量　　　　　　　　kg/m³

强度等级	水泥	砂	用水量
M5	200～230	砂的堆积密度值	270～330
M7.5	230～260		
M10	260～290		
M15	290～330		
M20	340～400		
M25	360～410		
M30	430～480		

注：1. M15 及 M15 以下强度等级水泥砂浆，水泥强度等级为 32.5 级；M15 以上强度等级水泥砂浆，水泥强度等级为 42.5 级。

　　2. 当采用细砂或粗砂时，用水量分别取上限或下限。

　　3. 稠度小于 70 mm 时，用水量可小于下限。

　　4. 施工现场气候炎热或干燥季节，可酌量增加用水量。

　　5. 试配强度应按程式 $f_{m,0}=kf_2$ 计算。

2）每立方米水泥粉煤灰砂浆的材料用量可按表 4-8 选用。

表 4-8　每立方米水泥粉煤灰砂浆的材料用量　　　　　　kg/m³

强度等级	水泥和粉煤灰总量	粉煤灰	砂	用水量
M5	210～240	粉煤灰掺量可占胶凝材料总量的 15%～25%	砂的堆积密度值	270～330
M7.5	240～270			
M10	270～300			
M15	300～330			

注：1. 表中水泥强度等级为 32.5 级；

　　2. 当采用细砂或粗砂时，用水量分别取上限或下限；

　　3. 稠度小于 70 mm 时，用水量可小于下限；

　　4. 施工现场气候炎热或干燥季节，可酌量增加用水量；

　　5. 试配强度应按程式 $f_{m,0}=kf_2$ 计算。

3. 预拌砌筑砂浆的试配要求

（1）预拌砌筑砂浆应符合下列规定：

1）在确定湿拌砌筑砂浆的稠度时应考虑砂浆在运输和储存过程中的稠度损失。

2）对于湿拌砌筑砂浆应根据凝结时间要求确定外加剂掺量。

3）对于干混砌筑砂浆应明确拌制时的加水量范围。

4）预拌砌筑砂浆的搅拌、运输、储存等应符合现行行业标准《预拌砂浆》（GB/T 25181—2019）的规定。

5）预拌砌筑砂浆的性能应符合现行行业标准《预拌砂浆》（GB/T 25181—2019）的规定。

（2）预拌砌筑砂浆的试配应符合下列规定：

1）生产预拌砌筑砂浆前应对其进行试配，试配强度应按相关规定计算确定，试配时稠度取 70～80 mm。

2）预拌砌筑砂浆中可掺入保水增稠材料、外加剂等，掺量应经试配后确定。

4. 砌筑砂浆配合比试配、调整与确定

（1）砌筑砂浆试配时应考虑工程实际的要求，搅拌应符合相关的规定。

（2）按计算或查表所得配合比进行试拌时，应按现行行业标准《建筑砂浆基本性能试验方法标准》（JGJ/T 70—2009）测定砌筑砂浆拌合物的稠度和保水率。当稠度和保水率不能满足要求时，应调整材料用量，直到其符合要求为止，然后将其确定为试配时的砂浆基准配合比。

（3）试配时至少应采用三个不同的配合比，其中一个配合比应为按《砌筑砂浆配合比设计规程》（JGJ/T 98—2010）得出的基准配合比，其余两个配合比的水泥用量应按基准配合比分别增加及减少 10%。在保证稠度、保水率合格的条件下，可对用水量、石灰膏、保水增稠材料或粉煤灰等活性掺合料的用量做相应调整。

（4）砌筑砂浆试配时稠度应满足施工要求，并应按现行行业标准《建筑砂浆基本性能试验方法标准》（JGJ/T 70—2009）分别测定不同配合比砂浆的表观密度及强度；同时，应选定符合试配强度及和易性要求、水泥用量最低的配合比作为砂浆的试配配合比。

（5）砌筑砂浆试配配合比尚应按下列步骤进行校正。

1）应根据《砌筑砂浆配合比设计规程》（JGJ/T 98—2010）确定的砂浆配合比材料用量，按下式计算砂浆的理论表观密度值：

$$\rho_t = Q_C + Q_D + Q_S + Q_W$$

式中　ρ_t——砂浆的理论表观密度值（kg/m³），应精确至 10 kg/m³。

2）应按下式计算砂浆配合比校正系数 δ：

$$\delta = \rho_c / \rho_t$$

式中　ρ_c——砂浆的实测表观密度值（kg/m³），应精确至 10 kg/m³。

3）当砂浆的实测表观密度值与理论表观密度值之差的绝对值不超过理论值的 2% 时，可将按《砌筑砂浆配合比设计规程》（JGJ/T 98—2010）得出的试配配合比确定为砂浆设计配合比；当其超过 2% 时，应将试配配合比中每项的材料用量均乘以校正系数（δ）后，确定为砂浆设计配合比。

（6）生产预拌砌筑砂浆前应对其进行试配、调整与确定，并应使其符合现行行业标准《预拌砂浆》（GB/T 25181—2019）的规定。

第二节　抹面砂浆

抹面砂浆又称抹灰砂浆，主要是以薄层抹于建筑物的墙体、顶棚等部位的底层、中层或面层，对建筑物起到保护、增强耐久性和表面装饰的作用。为便于施工和保证抹面质量，要求抹灰砂浆有较好的和易性与粘结能力，因此，抹面砂浆胶凝材料（包括掺合料）的用量要比砌筑砂浆胶凝材料的用量多。为保证抹灰质量表面平整，避免干缩裂缝、脱落，施工时一般分两层或三层抹灰，根据各层抹灰要求的不同，所用的砂浆和材料也不相同。

一、抹面砂浆的组成及应用

（1）一般抹面砂浆的功能是保护建筑物不受风、雨、雪和大气中有害气体的侵蚀，提高砌体的耐久性并使建筑物保持光洁，增加美感。

（2）一般抹灰砂浆所用的材料主要有水泥、石灰、石膏、黏土及砂等。

（3）水泥多为普通硅酸盐水泥及矿渣硅酸盐水泥。石灰为熟石灰，且多含有未熟化颗粒。通常是由生石灰熟化 15 d 后过筛而得。石膏应为磨细石膏，且应满足建筑石膏的凝结时间要求。

（4）黏土应为砂黏土，砂最好为中砂，其细度模数为 3.0～2.3，也可用中砂、粗砂混合物及膨胀珍珠岩砂等。

（5）抹面砂浆中有时还掺入麻丝，麻丝长度为 2～3 cm。

各层抹面砂浆的材料组成及用途见表 4-9。

表 4-9　各层抹面砂浆的材料组成及用途

层次名称	使用砂浆种类	用途	备注
底层 （3 mm）	砖墙基层：石灰或水泥砂浆 混凝土基层：混合或水泥砂浆 板条、苇箔基层：麻刀灰或纸筋灰 金属网基层：麻刀灰（适加水泥）	起粘结作用	有防水、防潮要求时，应采用水泥砂浆打底
中层 （5～13 mm）	与底层相同	起找平作用	分层或一次抹成
面层 （2 mm）	室内：麻刀灰、纸筋灰 室外：各种水泥砂浆、水泥拉毛灰和各种假石	起装饰作用	面层镶嵌材料有大理石、预制水磨石、瓷板、瓷砖等

二、抹面砂浆的性能特征

抹面砂浆的稠度和细骨料的最大粒径，根据抹面层次的不同有如下要求：底层抹灰稠度为 100～120 mm，砂的最大粒径为 2.6 mm；中层抹灰的稠度为 70～90 mm，砂的最大粒径为 2.6 mm；面层抹灰的稠度为 70～80 mm，砂的最大粒径为 1.2 mm。

三、抹面砂浆的配合比

一般抹面砂浆的配合比与砌筑砂浆的不同之处在于抹面砂浆的主要要求不是抗压强度，而是与基层材料的粘结强度，因而，胶凝材料及掺合料的用量要比砌筑砂浆多。

抹面砂浆有外墙使用和内墙使用两种。为保证抹灰层表面平整，避免其开裂与脱落，施抹时通常分为底层、中层和面层三个层次。各层抹面砂浆的稠度和砂子的最大粒径见表 4-10。

表 4-10　各层抹面砂浆的稠度和砂的最大粒径

抹面砂浆层次	稠度/mm	砂的最大粒径/mm
底层	100~120	2.5
中层	70~90	2.5
面层	70~80	1.2

抹面砂浆的配合比一般采取体积比，抹面工程中常用的配合比见表 4-11。

表 4-11　各种抹面砂浆配合比参考表

材料	配合比（体积比）	应用范围
石灰：砂	1：3	用于砖石墙面打底找平（干燥环境）
石灰：砂	1：1	墙面石灰砂浆面层
石灰：黏土：砂	1：1：(4~8)	干燥环境墙表面
石灰：石膏：砂	1：0.4：2~1：1：3	用于非潮湿房间的墙及顶棚
石灰：石膏：砂	1：2：(2~4)	用于非潮湿房间的线脚及其他装饰工程
石灰膏：麻刀	100：2.5（质量比）	木板条顶棚底层
石灰膏：麻刀	100：1.3（质量比）	木板条顶棚面层
石灰膏：纸筋灰	100：3.8（质量比）	木板条顶棚面层
石灰膏：纸筋灰	1 m³ 石灰膏掺 3.6 kg 纸筋灰	较高级墙面及顶棚
水泥：砂	1：(2.5~3)	用于浴室、潮湿车间等墙裙、勒脚或地面基层
水泥：砂	1：(1.5~2)	用于地面、顶棚或墙面面层
水泥：砂	1：(0.5~1)	用于混凝土地面随时压光
水泥：石灰：砂	1：1：6	内外墙面混合砂浆打底层
水泥：石灰：砂	1：0.3：3	墙面混合砂浆面层
水泥：石膏：砂：锯末	1：1：3：5	用于吸声粉刷
水泥：白石子	1：(1~2)	用于水磨石（打底用 1：2.5 水泥砂浆）
水泥：白石子	1：1.5	用于斩假石[打底用 1：(2~2.5)水泥砂浆]

第三节　装饰砂浆

　　装饰砂浆是指专门用于建筑物室内外表面装饰，以增加建筑物美感为主的砂浆。其是在抹面的同时，经各种艺术处理而获得特殊的表面形式，以满足艺术审美需要的一种表面装饰。

一、装饰砂浆的分类

　　（1）灰浆类饰面。灰浆类饰面是通过水泥砂浆的着色或水泥砂浆表面形态的艺术加工，获得一定色彩、线条、纹理质感，达到装饰目的。

(2)石碴类饰面。石碴类饰面是在水泥浆中掺入各种彩色石碴作骨料，制成水泥石碴浆，然后用水洗、斧剁、水磨等手段除去表面的水泥浆皮，露出石碴的颜色、质感的饰面做法。

石碴类饰面与灰浆类饰面的主要区别在于：石碴类饰面主要靠石碴的颜色、颗粒形状来达到装饰目的；而灰浆类饰面则主要靠掺入颜料，以及砂浆本身所能形成的质感来达到装饰目的。与灰浆类相比，石碴类饰面的色泽比较明亮，质感相对更为丰富，并且不易褪色。但石碴类饰面相对于砂浆而言，工效低而造价高。

二、装饰砂浆的组成材料

装饰砂浆主要由胶凝材料、骨料和颜料组成。

1. 胶凝材料

装饰砂浆所用的胶凝材料主要有水泥、石灰、石膏等，其中水泥多以白水泥和彩色水泥为主。通常对于装饰砂浆的强度要求并不太高，因此，对水泥的强度要求也不太高。

2. 骨料

装饰砂浆所采用的骨料除普通砂外，还常使用石英砂、彩釉砂和着色砂，以及石碴、石屑、砾石及彩色瓷粒和玻璃珠等。

(1)石英砂。石英砂分天然石英砂、人造石英砂及机制石英砂三种。人造石英砂和机制石英砂是将石英岩加以焙烧，经人工或机械破碎筛分而成。它们比天然石英砂质量好，纯净且 SiO_2 含量高。除用于装饰工程外，石英砂还可用于配制耐腐蚀砂浆。

(2)彩釉砂和着色砂。彩釉砂和着色砂均为人工砂。彩釉砂是由各种不同粒径的石英砂或白云石粒加颜料焙烧后，再经化学处理而制成的，在高温 80 ℃、低温－20 ℃下不变色，具有防酸、防碱性能。着色砂是在石英砂或白云石细粒表面进行着色而制得，着色多采用矿物颜料，人工着色的砂粒色彩鲜艳，耐久性好。

(3)石碴。石碴也称石粒、石米等，是由天然大理石、白云石、方解石、花岗石破碎加工而成，具有多种色泽，是石碴类饰面的主要骨料，也是人造大理石、水磨石的原料。其规格、品种及质量要求见表 4-12。

表 4-12　石碴的规格、品种及质量要求

编号、规格与粒径			常用品种	质量要求
编号	规格	粒径/mm		
1	大二分	约 20	东北红、东北绿、丹东绿、盖平红、粉黄绿、玉泉灰、旺青、晚霞、白云石、云彩绿、红玉花、奶油白、竹根霞、苏州黑、黄花玉、南京红、雪浪、松香石、墨玉、汉白玉、曲阳红等	1. 颗粒坚韧有棱角，洁净，不含有风化石粒； 2. 使用时应冲洗干净
2	一分半	约 15		
3	大八厘	约 8		
4	中八厘	约 6		
5	小八厘	约 4		
6	米粒石	0.3~1.2		

(4)石屑。石屑是比石粒更小的细骨料，主要用于配制外墙喷涂饰面用聚合物砂浆。常用的有松香石屑、白云石屑等。

(5)彩色瓷粒和玻璃珠。彩色瓷粒是以石英、长石和瓷土为主要原料烧制而成的。其粒

径为 1.2～3 mm，颜色多样。玻璃珠即玻璃弹子，有各种镶色或花蕊。彩色瓷粒和玻璃珠可代替彩色石碴用于室外装饰抹灰，也可嵌在水泥砂浆、混合砂浆或彩色砂浆底层上作为装饰饰面之用，如在檐口、腰线、外墙面、门头线、窗套等表面镶嵌一层具有各种色彩的瓷粒或玻璃珠，装饰效果极好。

3. 颜料

装饰砂浆中颜料的选择要根据其价格、砂浆品种、建筑物所处环境和设计要求而定。建筑物处于受侵蚀的环境中时，要选用耐酸性好的颜料；对于受日光暴晒的部位，要选用耐光性好的颜料；设计要求鲜艳颜色时，可选色彩鲜艳的有机颜料。在装饰砂浆中，通常采用耐碱性和耐光性好的矿物颜料。

三、灰浆类砂浆饰面

1. 拉毛灰

拉毛灰先用水泥砂浆作底层，再用水泥石灰浆作面层，在砂浆尚未凝结之前，将表面拍拉成凹凸不平的形状。要求表面拉毛花纹、斑点均匀，颜色一致，同一平面上不显接槎。

2. 甩毛灰

甩毛灰是用竹丝刷等工具，将罩面灰浆甩洒在墙面上，形成大小不一但又很有规律的云朵状毛面。也有先在基层上刷水泥色浆，再甩上不同颜色的罩面灰浆，并用抹子轻轻压平，形成两种颜色的套色做法。甩出的云朵必须大小相称，纵横相同，既不能杂乱无章，也不能整齐划一，以免显得呆板。

3. 搓毛灰

搓毛灰是在罩面灰浆初凝时，用硬木抹子由上而下搓出一条细而直的纹路，也可水平方向搓出一条 L 形细纹路，当纹路明显搓出后即停。这种装饰方法工艺简单，造价低，效果朴实大方。

4. 扫毛灰

扫毛灰是在罩面灰浆初凝时，用竹丝扫帚把按设计组合分格的面层砂浆，扫出不同方向的条纹，或做成仿岩石的装饰抹灰。以扫毛灰法做成假石以代替天然石材饰面，工序简单，施工方便、造价便宜。

5. 拉条抹灰

拉条抹灰即采用专用模具在面层砂浆上做出竖向线条的装饰做法。拉条抹灰有细条形、粗条形、半圆形、波形、梯形、方形等多种形式，是一种较新的抹灰做法。它具有美观、大方、不易积灰、成本低等优点，并具有良好的音响效果。

6. 假面砖

假面砖是采用掺氧化铁系颜料的水泥砂浆通过手工操作达到模拟面砖装饰效果。其适合于房屋建筑外墙饰面。

7. 假大理石

假大理石是用掺适当颜料的石膏色浆和素石膏浆按 1：10 比例配合，用手工操作，做成具有大理石表面特征的装饰抹灰。这种装饰工艺对操作技术的要求较高，但如果做得好，无论在颜色、花纹和表面粗糙度等方面，都接近天然大理石的效果。其适合于高级装饰工程中的室内抹灰。

四、石碴类砂浆饰面

1. 水刷石

水刷石是将水泥和粒径为 5 mm 左右的石碴按比例混合，配制成水泥石碴砂浆，用作建筑物表面的面层抹灰，待水泥浆初凝后，以硬毛刷蘸水刷洗，或用喷浆泵、喷枪等喷以清水冲洗，将表面的水泥浆冲走，使石碴半露而不脱落。水刷石饰面具有石料饰面的质感效果，如果再结合适当的艺术处理，如分格、分色、凹凸线条等，可使饰面获得自然美观、明快庄重、秀丽淡雅的艺术效果。水刷石饰面除用于建筑物外墙面外，檐口、腰线、窗套、阳台、雨篷、勒脚及花台等部位也经常采用。

2. 干粘石

在素水泥浆或聚合物水泥砂浆的粘结层上，把石粒、彩色石子等备好的骨料粘在其上，再拍平压实即为干粘石。干粘石的操作方法有手工甩粘和机械甩喷两种。其要求石子粘牢，不掉粒，不露浆，石子应压入砂浆厚度的 2/3。

3. 斩假石

斩假石又称剁斧石，是以水泥石碴浆或水泥石屑浆作面层抹灰，待其硬化具有一定强度时，用钝斧及各种凿子等工具在面层上剁斩出类似石材经雕琢的纹理效果的一种人造石材装饰方法。

斩假石既有似石材一样的质感，又有精工细作的特点，给人以朴实、自然、素雅、庄重的感觉。其缺点是费工、费时，劳动强度大，施工效率低。斩假石饰面一般多用于局部小面积装饰，如勒脚、台阶、桩面、扶手等。

4. 拉假石

拉假石是将废锯条或 5～6 mm 厚的镀锌薄钢板加工成锯齿形，钉于木板上构成抓耙，用抓耙挠刮去除表层水泥浆皮露出石碴，形成条纹效果。与斩假石相比，其施工速度快，劳动强度低，装饰效果类似斩假石，可大面积使用。

5. 水磨石

水磨石是在彩色水泥或普通水泥中加入一定规格、比例、色泽的色砂或彩色石碴，加水拌匀作为面层材料，铺敷在水泥砂浆或混凝土基层上，经浇捣成型、养护、硬化后，再经过表面打磨、酸洗、面层打蜡等工序制成。水磨石色彩鲜艳、图案丰富、施工方便、耐磨性好、价格便宜，是装饰工程中应用最广泛的一种材料。

本章小结

本章介绍了砂浆的分类及用途，砌筑砂浆的组成材料、技术性质、配合比设计，抹面砂浆的组成及应用、性能特征及配合比，装饰砂浆的分类、组成材料及施工要点。

1. 砌筑砂浆是将砖、砌块、石等粘结成为砌体的砂浆。砂浆的技术性质主要是新拌砂浆的和易性与硬化后砂浆的强度，另外还有砂浆的粘结力、变形、耐久性等性能。砂浆配合比设计可通过查有关资料或手册来选取或通过计算来进行，然后再进行试拌调整。

2. 抹面砂浆主要是以薄层抹于建筑物的墙体、顶棚等部位的底层、中层或面层，对建筑物起到保护、增强耐久性和表面装饰的作用。

3. 装饰砂浆是指专门用于建筑物室内外表面装饰，以增加建筑物美感为主的砂浆，可分为灰浆类饰面和石碴类饰面两大类。

思考与练习

1. 什么是砌筑砂浆？砌筑砂浆的技术性质主要有哪些？
2. 对抹面砂浆的稠度和细骨料的最大粒径有哪些要求？
3. 装饰砂浆的组成材料有哪些？它们各有什么要求？

第五章 建筑石材

 知识目标

1. 了解岩石的分类及基本性质，熟悉石材的加工与应用。
2. 掌握天然大理石板材和天然花岗石板材的分类、等级及标记、技术要求及其在建筑装饰工程中的应用。
3. 熟悉青石板与板岩饰面板的特点与应用。
4. 熟悉人造石材的特点、分类及用途。

能力目标

能够根据建筑石材的特点、技术要求及工程实际情况合理选择装饰石材。

第一节 岩石与石材的基本知识

一、造岩矿物

造岩矿物主要是指组成岩石的矿物，造岩矿物大部分是硅酸盐、碳酸盐矿物，根据其在岩石中的含量，造岩矿物又可分为主要矿物、次要矿物和副矿物。

一般造岩矿物按其组成可分为两大类：一类是深色（或暗色）矿物，其内部富含 Fe、Mg 等元素，如硫铁矿、黑云母等；另一类是浅色矿物，其内部富含 Si、Al 等元素，又称硅铝矿物，它们的颜色较浅，如石英、长石等。建筑上常用的岩石有花岗石、正长岩、闪长岩、石灰岩、砂岩、大理岩和石英岩等。这些岩石中存在的主要矿物有长石、石英、云母、方解石、白云石、硫铁矿等。常见造岩矿物的性质见表 5-1。

表 5-1 常见造岩矿物的性质

序号	名称	矿物颜色	莫氏硬度	密度/(g·cm^{-3})	化学成分	备注
1	长石	灰色、白色	6	约 2.6	$KAlSi_3O_8$	多见于花岗石中
2	石英	无色、白色等	7	约 2.6	SiO_2	多见于花岗石、石英岩中
3	白云母	黄色、灰色、浅绿色	2～3	约 2.9	$KAl_2(OH)_2[AlSi_3O_{10}]$	有弹性，多以杂质状存在

序号	名称	矿物颜色	莫氏硬度	密度/(g·cm⁻³)	化学成分	备注
4	方解石	白色或灰色等	3	2.7	$CaCO_3$	多见于石灰岩、大理岩中
5	白云石	白色、浅绿色、棕色	3.5	2.83	$CaCO_3$、$MgCO_3$	多见于白云岩中
6	硫铁矿	亮黄色	6	5.2	FeS_2	为岩石中的杂质

二、岩石的分类

自然界的岩石依其成因可分为三类,即由地球内部的岩浆上升到地表附近或喷出地表冷却凝结而成的岩石称为岩浆岩;由岩石风化后再沉积,胶结而成的岩石称为沉积岩;岩石在温度、压力作用或化学作用下变质而成的新岩石称为变质岩。它们具有显著不同的结构、构造和性质。

1. 岩浆岩

岩浆岩由地壳内部的熔融岩浆上升冷却而成,又称火成岩。根据冷却条件的不同,岩浆岩又可分为深成岩、喷出岩和火山岩三类。

(1)深成岩。岩浆在地表深处缓慢冷却结晶而成的岩石称为深成岩,其结构致密,晶粒粗大,体积密度大,抗压强度高,吸水性小,耐久性高。建筑中常用的花岗石、正长岩、辉长岩、闪长岩等属于深成岩。

1)花岗石。花岗石属于深成岩浆岩,是岩浆岩中分布最广的岩石,其主要矿物组成为长石、石英和少量云母等。其为全晶质,有细粒、中粒、粗粒、斑状等多种构造,属块状构造,但以细粒构造的性质为好,通常有灰、白、黄、粉红、红、纯黑等多种颜色,具有较好的装饰性。

花岗石的体积密度为 2 500～2 800 kg/m³,抗压强度为 120～300 MPa,孔隙率低,吸水率为 0.1%～0.7%,莫氏硬度为 6～7。其耐磨性好、抗风化性及耐久性高、耐酸性好,但不耐火,使用年限为数十年至数百年,高质量的可达千年以上。

花岗石主要用于基础、挡土墙、勒脚、踏步、地面、外墙饰面、雕塑等,属高档材料,破碎后可用于配制混凝土。此外,花岗石还可用于耐酸工程。

2)辉长岩、闪长岩、辉绿岩。它们均由长石、辉石和角闪石等组成,体积密度均较大,为 2 800～3 000 kg/m³,抗压强度为 100～280 MPa,耐久性及磨光性好,常呈深灰、浅灰、黑灰、灰绿、黑绿色和斑纹。辉长岩、闪长岩、辉绿岩除用于基础等石砌体外,还可用作名贵的装饰材料。

(2)喷出岩。熔融的岩浆喷出地壳表面,迅速冷却而成的岩石称为喷出岩。由于岩浆喷出地表时压力骤减且迅速冷却,结晶条件差,其多呈隐晶质或玻璃体结构。如喷出岩凝固成很厚的岩层,其结构接近深成岩。当喷出岩凝固成比较薄的岩层时,常呈多孔构造。工程中常用的喷出岩有玄武岩、安山岩等。

玄武岩为岩浆冲破覆盖岩层喷出地表冷凝而成的岩石,由辉石和长石组成。体积密度为 2 900～3 300 kg/m³,抗压强度为 100～300 MPa,脆性大,抗风化性较强,主要用于基础、桥梁等石砌体,破碎后可作为高强度混凝土的骨料。

（3）火山岩。火山岩是岩浆被喷到空气中，急速冷却而形成的岩石，又称火山碎屑。因其被喷到空气中急速冷却而成，故内部含有大量的气孔，并多呈玻璃质，有较高的化学活性。常用的火山岩有火山灰、火山渣、浮石等，主要用作轻骨料混凝土的骨料、水泥的混合材料等。

2. 沉积岩

沉积岩是地表的各种岩石在外力地质作用下经风化、搬运、沉积成岩作用（压固、胶结、重结晶等），在地表或地表不太深处形成的，又称水成岩。沉积岩的主要特征是呈层状构造，各层岩石的成分、构造、颜色、性能均不同，且为各向异性。与火成岩相比，沉积岩的体积密度小，孔隙率和吸水率较大，强度和耐久性较低。

沉积岩在地球上分布极广，加之藏于地表不太深处，故易于开采。根据生成条件，沉积岩分为机械沉积岩、化学沉积岩和生物沉积岩三类。根据胶结物质不同可分为硅质的、泥质的和石灰质的。硅质的代表性岩石有石英岩、砂岩、砾岩和硅藻土等；泥质的有泥岩、页岩和油页岩等；灰质的有石灰岩、白云岩、泥灰岩、石灰角砾岩等。

（1）砂岩。砂岩主要由石英等胶结而成，根据胶结物的不同分为以下几类：

1）硅质砂岩：由氧化硅胶结而成，呈白、淡灰、淡黄、淡红色，强度可达300 MPa，耐磨性、耐久性、耐酸性高，性能接近花岗石。纯白色硅质砂岩又称白玉石。硅质砂岩可用于各种装饰及浮雕、踏步、地面及耐酸工程。

2）钙质砂岩：由碳酸钙胶结而成，为砂岩中最常见和最常用的，呈白、灰白色，强度较大，但不耐酸，可用于大多数工程。

3）铁质砂岩：由氧化铁胶结而成，常呈褐色，性能较差，密实者可用于一般工程。

4）黏土质砂岩：由黏土胶结而成，易风化，耐水性差，甚至会因水的作用而溃散，一般不用于建筑工程。

另外，还有长石砂岩、硬砂岩，二者的强度较高，可用于建筑工程。

由于砂岩的性能相差较大，使用时需加以区别。

（2）石灰岩。石灰岩俗称青石，由海水或淡水中的生物残骸沉积而成，主要由方解石组成，常含有一定数量的白云石、菱镁矿（碳酸镁晶体）、石英、黏土矿物等，分布极广。石灰岩有密实、多孔和散粒等多种构造，密实构造的即普通石灰岩。石灰岩常呈灰、灰白、白、黄、浅红、黑、褐红等颜色。

普通石灰岩的体积密度为2 400～2 600 kg/m³，抗压强度为20～120 MPa，莫氏硬度为3～4。当含有的黏土矿物超过3%～4%时，其抗冻性和耐水性显著降低；当含有较多的氧化硅时，其强度、硬度和耐久性提高。石灰岩遇稀盐酸时强烈起泡，硅质和镁质石灰岩起泡不明显。

石灰岩可用于大多数基础、墙体、挡土墙等石砌体，破碎后可用于混凝土。石灰岩也是生产石灰和水泥等的原料。石灰岩不得被用于酸性水或二氧化碳含量多的水中，因其中的方解石会被酸或碳酸溶蚀。

3. 变质岩

变质岩是岩石由于岩浆等的活动（主要为高温、高湿、压力等）发生再结晶，矿物成分、结构、构造以至化学组成都发生改变而形成的岩石，常见的变质岩主要有石英岩、大理岩和片麻岩三种。

（1）石英岩。石英岩由硅质砂岩变质而成，结构致密均匀，坚硬，加工困难，耐酸性好，抗压强度为 250～400 MPa，主要用于纪念性建筑等的饰面以及耐酸工程，使用寿命可达千年以上。

（2）大理岩。大理岩由石灰岩或白云岩变质而成，主要矿物组成为方解石、白云石，具有等粒、不等粒、斑状结构，常呈白、浅红、浅绿、黑、灰等颜色（斑纹），抛光后具有优良的装饰性。白色大理岩又称汉白玉。

大理岩的体积密度为 2 500～2 800 kg/m³，抗压强度为 100～300 MPa，莫氏硬度为 3～4，易于雕琢磨光。城市空气中的二氧化硫遇水后对大理岩中的方解石有腐蚀作用，即生成易溶的石膏，从而使其表面变得粗糙多孔，并失去光泽，故其不宜用于室外，但吸水率小、杂质少、晶粒细小、纹理细密、质地坚硬，特别是白云岩或白云质石灰岩变质而成的某些大理岩也可用于室外，如汉白玉、艾叶青等。

大理岩主要用于室内的装修，如墙面、柱面及磨损较小的地面、踏步等。

（3）片麻岩。片麻岩由花岗石变质而成，呈片状构造，各向异性，在冰冻作用下易成层剥落，体积密度为 2 600～2 700 kg/m³，抗压强度为 120～250 MPa（垂直解理方向）。可用于一般建筑工程的基础、勒脚等石砌体，也可作为混凝土骨料。

三、石材的基本性质

1. 表观密度

石材的表观密度与矿物组成及孔隙率有关。表观密度大于 1 800 kg/m³ 的为重石，主要用于建筑的基础、贴面、地面、路面、房屋外墙、挡土墙等，花岗石、大理岩均是较致密的天然石材，其表观密度接近其密度，为 2 500～3 100 kg/m³；表观密度小于 1 800 kg/m³ 的为轻石，主要用作墙体材料，如采暖房屋外墙等。

2. 吸水率

石材的吸水率与石材的致密程度和石材的矿物组成有关。深成岩和多数变质岩的吸水率较小，一般不超过 1%。二氧化硅的亲水性较高，因而，二氧化硅含量高则吸水率较高，即酸性岩石（$SiO_2 \geqslant 63\%$）的吸水率相对较高。石材的吸水率越小，则石材的强度与耐久性越高。为保证石材的性能，有时要限制石材的吸水率，如饰面用大理岩和花岗石的吸水率须小于 0.5%、0.6%。

3. 耐水性

石材的耐水性以软化系数来表示。根据软化系数的大小，石材的耐水性分为高、中、低三等，软化系数大于 0.90 的石材为高耐水性石材；软化系数为 0.70～0.90 的石材为中耐水性石材；软化系数为 0.60～0.70 的石材为低耐水性石材。

4. 抗压强度

石材的抗压强度很大，而抗拉强度却很小，后者为前者的 1/10～1/20，石材是典型的脆性材料，这是石材区别于钢材和木材的主要特征之一，也是限制石材作为结构材料使用的主要原因。岩石属于非均质的天然材料。由于生成的原因不同，大部分石材呈现出各向异性。一般来说，加压方向垂直于节理面或裂纹时，其抗压强度大于加压方向平行于节理面或裂纹时的抗压强度。对天然石材的抗压强度评定时，采用边长为 70 mm 的正方体试件，用标准试验方法测得的抗压强度值作为评定石材强度等级的标准。它的强度等级可分为 MU100、MU80、MU60、MU50、MU40、MU30、MU20 七个等级。

5. 抗冻性

抗冻性是指石材抗冻融破坏的能力，是衡量石材耐久性的一个重要指标。石材的抗冻性用冻融循环次数表示，石材在吸水饱和状态下，经规定的冻融循环次数后，若无贯穿裂缝且质量损失不超过 5%，强度降低不大于 25%，则认为其抗冻性合格。

6. 耐磨性

耐磨性是指石材在使用条件下抵抗摩擦、边缘剪切以及撞击等复杂作用而不被磨损（耗）的性质。耐磨性以单位面积磨耗量表示。对用于遭受磨损的部位如道路、地面、踏步等场合的石材，均应选用耐磨性好的石材。

四、石材的加工

天然岩石必须经开采加工成石材后才能在建筑工程中使用。开采出来的石材需被送往加工厂，按照设计所需要的规格及表面肌理，加工成各类板材及一些特殊规格形状的产品，荒料加工成材后，表面还要进行加工处理，如机械研磨、烧毛加工、凿毛加工等。

1. 机械研磨

研磨是使用研磨机械使石材表面平整和呈现出光泽的工艺，一般分为粗磨、细磨、半细磨、精磨和抛光五道工序。研磨设备有摇臂式手扶研磨机和桥式自动研磨机，分别用于小件加工和面积在 1 m² 以上的板材的加工。磨料多使用碳化硅加结合剂（树脂和高铝水泥等），也可采用金刚砂。抛光是将石材表面加工成镜面光泽的加工工艺。板材经研磨后，用毡盘或麻盘加上抛光材料，对板面上的微细痕迹进行机械磨削和化学腐蚀，使石材表面具有最大的反射光线的能力以及良好的光滑度，并使石材本身的固有花纹、色泽最大限度地呈现出来。对抛光后的表面有时还可打蜡，以使表面光滑度更高并起到保护表面的作用。

2. 烧毛加工

烧毛加工是指将锯切后的花岗石毛板，用火焰进行表面喷烧，利用某些矿物在高温下开裂的特性进行表面烧毛，使石材恢复天然粗糙表面，以获得特定的色彩和质感。

3. 凿毛加工

凿毛加工方法可分为手工、机具与手工相结合法。传统的手工雕琢法耗人力、周期长，但加工出的制品表面层次丰富、观赏性强，而机具雕琢法提高了生产规模和效率。

五、石材的应用

天然石材在建筑领域得到了广泛应用。其与木材、黏土并称为人类使用最早的三种材料。石材可用作结构材料、内外装饰装修材料、地面材料，很多情况下可作为屋顶材料，它还可用于挡土墙、道路、雕塑及其他装饰用途。目前，其主要用作建筑物的内外装饰材料。

第二节　天然大理石板材

天然大理石板材简称大理石板材，是建筑装饰中应用较为广泛的天然石饰面材料。由于大理石属碳酸岩，是石灰岩、白云岩经变质而成的结晶产物，矿物组分主要是石灰石、方解石和白云石，故其结构致密，密度为 2.7 g/cm³ 左右，强度较高，吸水率低，但表面硬度较低，不耐磨，耐化学侵蚀和抗风蚀性能较差。长期暴露于室外，受阳光雨水侵蚀易褪色失去光泽，一般多用于中高级建筑物的内墙、柱的镶贴，可以获得理想的装饰效果。

一、天然大理石板材的分类、等级及标记

1. 按矿物组成分类

天然大理石板材按矿物组成可分为方解石大理石(FL)、白云石大理石(BL)、蛇纹石大理石(SL)。

2. 按形状分类

天然大理石板材按形状可分为毛光板(MG)、普形板(PX)、圆弧板(HM)、异形板(YX)。

3. 按表面加工分类

天然大理石板材按表面加工可分为镜面板(JM)、粗面板(CM)。

4. 按等级分类

天然大理石板材按加工质量和外观质量可分为 A、B、C 三级。

二、天然大理石板材的技术要求

天然大理石板材的技术要求应符合《天然大理石建筑板材》(GB/T 19766—2016)的规定，具体要求如下。

1. 尺寸系列

普形板的尺寸系列见表 5-2，圆弧板、异形板和特殊要求的普形板规格尺寸由供需双方协商确定。

表 5-2　普形板尺寸系列　　　　　　　　　　　　　　　　mm

边长系列	300*、305*、400、500、600*、700、800、900、1 000、1 200
厚度系列	10*、12、15、18、20*、25、30、35、40、50

注：*为常用规格。

(1)规格尺寸允许偏差。

1)天然大理石普形板规格尺寸允许偏差见表 5-3。

表 5-3　天然大理石普形板规格尺寸允许偏差　　　　　　　mm

项目		技术指标		
		A	B	C
长度、宽度		0 -1.0		0 -1.5
厚度	≤12	±0.5	±0.8	±1.0
	>12	±1.0	±1.5	±2.0

2）天然大理石圆弧板壁厚的最小值应不小于 20 mm，其规格允许偏差见表 5-4。

表 5-4　天然大理石圆弧板规格允许偏差　　　　　　　　mm

项目	技术指标		
	A	B	C
弦长	0 −1.0		0 −1.5
高度	0 −1.0		0 −1.5

（2）平面度允许偏差。

1）天然大理石普形板平面度允许公差见表 5-5。

表 5-5　天然大理石普形板平面度允许公差　　　　　　　　mm

板材长度	技术指标					
	镜面板材			粗面板材		
	A	B	C	A	B	C
≤400	0.2	0.3	0.5	0.5	0.8	1.0
>400～≤800	0.5	0.6	0.8	0.8	1.0	1.4
>800	0.7	0.8	1.0	1.0	1.5	1.8

2）天然大理石圆弧板直线度与轮廓度允许公差见表 5-6。

表 5-6　天然大理石圆弧板直线度与轮廓度允许公差　　　　　　　　mm

项目		技术指标					
		镜面板材			粗面板材		
		A	B	C	A	B	C
直线度（按板材高度）	≤800	0.6	0.8	1.0	1.0	1.2	1.5
	>800	0.8	1.0	1.2	1.2	1.5	1.8
线轮廓度		0.8	1.0	1.2	1.2	1.5	1.8

（3）角度允许公差。

1）天然大理石普形板角度允许公差见表 5-7。

表 5-7　天然大理石普形板角度允许公差　　　　　　　　mm

项目	允许公差		
	A	B	C
≤400	0.3	0.4	0.5
>400	0.4	0.5	0.7

2）圆弧板端面角度允许公差：A 级为 0.4 mm，B 级为 0.6 mm，C 级为 0.8 mm。

3）普形板拼缝板材正面与侧面的夹角不得大于 90°。

4）圆弧板材的侧面角 α 应不小于 90°。

（4）外观质量。

1）同一批板材的色调应基本调和，花纹应基本一致。

2）板材正面外观缺陷的质量要求应符合表 5-8 的规定。

表 5-8　天然大理石建筑板材外观质量的要求

缺陷名称	规定内容	A	B	C
裂纹	长度≥10 mm 的条数/条		0	
缺棱	长度≤8 mm，宽度≤1.5 mm（长度≤4 mm，宽度≤1 mm 不计），每米长允许个数/个	0	1	2
缺角	沿板材边长顺延方向，长度≤3 mm，宽度≤3 mm（长度≤2 mm，宽度≤2 mm 不计），每块板允许个数/个			
色斑	面积≤6 cm² （面积＜2 cm² 不计），每块板允许个数/个			
砂眼	直径＜2 mm		不明显	有，不影响装饰效果
＊对毛光板不做要求。				

3）板材允许粘结和修补。粘结和修补后应不影响板材的装饰效果，不降低板材的物理性能。

（5）物理性能。

1）镜面板材的镜向光泽值应不低于 70 光泽单位，圆弧板镜向光泽度以及光泽度有特殊需要时由供需双方协商确定。

2）天然大理石建筑板材的其他物理性能指标应符合表 5-9 的规定。

表 5-9　天然大理石建筑板材的其他物理性能指标

项目		技术指标		
		方解石大理石	白云石大理石	蛇纹石大理石
体积密度/(g·cm⁻³)　≥		2.60	2.80	2.56
吸水率/%　≤		0.50	0.50	0.60
压缩强度/MPa　≥	干燥	52	52	70
	水饱和			
弯曲强度/MPa　≥	干燥	7.0	7.0	7.0
	水饱和			
耐磨性[a]/(1·cm⁻²)　≥		10	10	10
a 仅适用于地面、楼梯踏步、台面等易磨损部位的大理石石材。				

三、天然大理石板材的应用

天然大理石板材属于高级装饰材料，大理石镜面板材主要用于大型建筑或装饰等级高的建筑，如商场、展览馆、宾馆、饭店、影剧院、图书馆、写字楼等公共建筑物的室内墙面、柱面、台面和地面的装饰。天然大理石建筑板材还可以制成壁画、坐屏、挂屏、壁挂等工艺品，也可用来拼接花盆和镶嵌高级硬木雕花家具等。天然大理石板材通常不宜用于室外装饰，但个别质地纯正、相对稳定耐久的品种也可用于外墙饰面。

第三节 天然花岗石板材

天然花岗石经加工后的板材简称花岗石板。花岗石板以石英、长石和少量云母为主要矿物组分，随着矿物成分的变化，可以形成多种具有不同色彩和颗粒结晶的装饰材料。花岗石板材结构致密，强度高，孔隙率和吸水率小，耐化学侵蚀，耐磨，耐冻，抗风蚀性能优良，经加工后色彩多样且具有光泽，是理想的天然装饰材料。其常用于高、中级公共建筑，如宾馆、酒楼、剧院、商场、写字楼、展览馆、公寓别墅等内外墙饰面和楼地面铺贴，也用于纪念碑(雕像)等饰面，具有庄重、高贵、华丽的装饰效果。

一、天然花岗石板材的分类、等级及标记

1. 板材分类

天然花岗石板材的分类见表 5-10。

表 5-10　天然花岗石板材的分类

序号	划分标准	类别
1	按形状分类	毛光板(MG)、普形板(PX)、圆弧板(HM)、异形板(YX)
2	按表面加工程度分类	镜面板(JM)、细面板(YG)、粗面板(CM)
3	按用途分类	一般用途板：用于一般性装饰用途。 功能用途板：用于结构性承载用途或特殊功能要求

2. 板材等级

天然花岗石板材的等级按加工质量和外观质量划分如下。

(1)对于毛光板，按厚度偏差、平面度公差、外观质量等将板材分为优等品(A)、一等品(B)、合格品(C)三个等级。

(2)对于普形板，按规格尺寸偏差、平面度公差、角度公差、外观质量等将板材分为优等品(A)、一等品(B)、合格品(C)三个等级。

(3)对于圆弧板，按规格尺寸偏差、直线度公差、线轮廓度公差、外观质量等将板材分为优等品(A)、一等品(B)、合格品(C)三个等级。

3. 板材标记

天然花岗石板材的名称采用《天然石材统一编号》(GB/T 17670—2008)规定的名称或编号，标记顺序为名称、类别、规格尺寸、等级、标准编号。

二、天然花岗石板材的技术要求

天然花岗石板材的技术要求应符合《天然花岗石建筑板材》(GB/T 18601—2009)的规定，具体要求如下。

1. 规格尺寸系列

天然花岗石规格板的尺寸系列见表5-11，圆弧板、异形板和特殊要求的普形板规格尺寸由供需双方协商确定。

表 5-11　天然花岗石规格板的尺寸系列　　　　　　　　　　　　mm

项目	规格尺寸
边长系列	300[①]、305[①]、400、500、600[①]、800、900、1 000、1 200、1 500、1 800
厚度系列	10[①]、12、15、18、20[①]、25、30、35、40、50
①常用规格。	

2. 加工质量

（1）天然花岗石毛光板的平面度公差和厚度偏差应符合表5-12的规定。

表 5-12　天然花岗石毛光板的平面度公差和厚度偏差　　　　　mm

项目		技术指标					
		镜面和细面板材			粗面板材		
		优等品	一等品	合格品	优等品	一等品	合格品
平面度		0.80	1.00	1.50	1.50	2.00	3.00
厚度	≤12	±0.5	±1.0	+1.0 −1.5	—		
	>12	±1.0	±1.5	±2.0	+1.0 −2.0	±2.0	+2.0 −3.0

（2）天然花岗石普形板的规格尺寸允许偏差应符合表5-13的规定。

表 5-13　天然花岗石普形板的规格尺寸允许偏差　　　　　　　mm

项目		技术指标					
		镜面和细面板材			粗面板材		
		优等品	一等品	合格品	优等品	一等品	合格品
长度、宽度		0 −1.0		0 −1.5	0 −1.0		0 −1.5
厚度	≤12	±0.5	±1.0	+1.0 −1.5	—		
	>12	±1.0	±1.5	±2.0	+1.0 −2.0	±2.0	+2.0 −3.0

（3）天然花岗石圆弧板壁厚的最小值应不小于18 mm，天然花岗石圆弧板的规格尺寸允许偏差应符合表5-14的规定。

表 5-14　天然花岗石圆弧板的规格尺寸允许偏差　　　　　　　　mm

项目	技术指标					
	镜面和细面板材			粗面板材		
	优等品	一等品	合格品	优等品	一等品	合格品
弦长	0 −1.0		0 −1.5	0 −1.5	0 −20	0 −2.0
高度				0 −1.0	0 1.0	0 −1.5

（4）天然花岗石普形板的平面度允许公差应符合表 5-15 的规定。

表 5-15　天然花岗石普形板的平面度允许公差　　　　　　　　mm

板材长度(L)	技术指标					
	镜面和细面板材			粗面板材		
	优等品	一等品	合格品	优等品	一等品	合格品
$L \leqslant 400$	0.20	0.35	0.50	0.60	0.80	1.00
$400 < L \leqslant 800$	0.50	0.65	0.80	1.20	1.50	1.80
$L > 800$	0.70	0.85	1.00	1.50	1.80	2.00

（5）天然花岗石圆弧板的直线度与线轮廓度允许公差应符合表 5-16 的规定。

表 5-16　天然花岗石圆弧板的直线度与线轮廓度允许公差　　　　　　　　mm

项目		技术指标					
		镜面和细面板材			粗面板材		
		优等品	一等品	合格品	优等品	一等品	合格品
直线度 (按板材高度)	≤800	0.80	1.00	1.20	1.00	1.20	1.50
	>800	1.00	1.20	1.50	1.50	1.50	2.00
线轮廓度		0.80	1.00	1.20	1.00	1.50	2.00

（6）天然花岗石普形板的角度允许公差应符合表 5-17 的规定。

表 5-17　天然花岗石普形板的角度允许公差　　　　　　　　mm

板材长度(L)	技术指标		
	优等品	一等品	合格品
$L \leqslant 400$	0.30	0.50	0.80
$L > 400$	0.40	0.60	1.00

（7）圆弧板的端面角度允许公差：优等品为 0.40 mm，一等品为 0.60 mm，合格品为 0.8 mm。

（8）普形板拼缝板材正面与侧面的夹角不应大于 90°。

（9）圆弧板的侧面角 α 应不小于 90°。

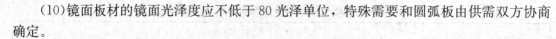

（10）镜面板材的镜面光泽度应不低于 80 光泽单位，特殊需要和圆弧板由供需双方协商确定。

3. 外观质量

（1）同一批板材的色调应基本调和，花纹应基本一致。

（2）板材正面的外观缺陷应符合表 5-18 的规定，毛光板的外观缺陷不包括缺棱和缺角。

表 5-18　天然花岗石建筑板材外观质量的要求

缺陷名称	规定内容	技术指标		
		优等品	一等品	合格品
缺棱	长度≤10 mm，宽度≤1.2 mm（长度＜5 mm，宽度＜1.0 mm 不计），周边每米长允许个数（个）	0	1	2
缺角	沿板材边长，长度≤3 mm，宽度≤3 mm（长度≤2 mm，宽度≤2 mm 不计），每块板允许个数（个）		1	2
裂纹	长度不超过两端顺延至板边总长度为 1/10（长度＜20 mm 不计），每块板允许条数（条）			
色斑	面积≤15 mm×30 mm（面积＜10 mm×10 mm 不计），每块板允许个数（个）		2	3
色线	长度不超过两端顺延至板边总长度的 1/10（长度＜40 mm 不计），每块板允许条数（条）		2	3

注：干挂板材不允许有裂纹存在。

4. 物理性能

天然花岗石建筑板材的物理性能应符合表 5-19 的规定；工程对石材物理的性能项目及指标有特殊要求的，按工程要求执行。

表 5-19　天然花岗石建筑板材的物理性能

项目		技术指标	
		一般用途	功能用途
体积密度/(g·cm⁻³)　≥		2.56	2.56
吸水率/%　≤		0.60	0.40
压缩强度/MPa　≥	干燥	100	131
	水饱和		
弯曲强度/MPa　≥	干燥	8.0	8.3
	水饱和		
耐磨性[1]/cm⁻³　≥		25	25

[1]使用在地面、楼梯踏步、台面等严重踩踏或磨损部位的花岗石石材应检验此项。

三、天然花岗石板材的应用

天然花岗石板材是高级装饰材料，但因其坚硬，开采加工较困难，所以制造成本较高，因此，其主要应用于宾馆、饭店、礼堂等大型公共建筑或装饰等级要求较高的室内外装饰工程，在一般建筑物中，其只适合用作局部点缀。粗面和细面板材常用于室外地面、墙面、柱面、勒脚、基座、台阶；镜面板材主要用于室内外地面、墙面、柱面、台面、台阶等装饰。

第四节　青石板与板岩饰面板

一、青石板

1. 青石板的特点

青石板是水成沉积岩，主要矿物成分为 $CaCO_3$，材质软、易风化，其风化程度及耐久性随岩体埋深情况差异很大。如青石板处于地壳表层，埋深较浅，风化较严重，则岩石呈片状，易撬裂成片状青石板，可直接应用于建筑，所以，青石板产地附近民间早有应用青石板作屋面、地面的传统。这种石板不属于高档材料，便于加工，造价不高，使用规格一般为长、宽 300～600 mm 不等的矩形或正方形状，表面保持其劈开后的自然纹理形状，再加上青石板具有暗红、灰、绿、蓝、紫等不同颜色，掺杂使用可形成色彩丰富有变化而又具有一定自然风格的装饰墙面。这样的青石板在我国东北及西南地区较多。如岩石埋藏较深，则板块厚，抗压强度（可达 210 MPa）及耐久性均较理想，可加工成所需的板材。这样的板材按表面处理形式可分为毛面（自然劈裂面）青石板和光面（磨光面）青石板两类。

毛面青石板由人工用錾子按自然纹理劈开，表面不经修饰，纹理清晰，再加上本身固有的暗红、灰绿、蓝、紫、黄等不同颜色，搭配混合使用时，可形成色彩丰富、有变化而又有一定自然风格的青石板贴面。其用于室内墙面可获得天然材料粗犷的质感，如用于地面，则不但可以起到防滑的作用，同时还会给人一种硬中带"软"的视觉感受，效果甚佳。

2. 青石板的应用

光面青石板是一种较为珍贵的饰面材料，可用于柱面、墙面，也可采用不规则的板块，组成有一定构成规律的自然图案，形成很独特的装饰风格。

近些年，我国许多新的公共建筑中都采用了青石板，如北京动物园爬行动物馆、深圳博物馆展楼都采用了青石板贴面，均获得了理想的建筑装饰效果。

二、板岩饰面板

1. 板岩饰面板的特点

板岩是由黏土页岩变质而成的变质岩，其矿物成分为颗粒很细的长石、石英、云母和黏土。板岩具有片状结构，易于分解成薄片而获得板材。它的解理面与所受的压力方向垂直并与原沉积层无关。板岩质地坚密、硬度较大；耐水性良好，在水中不易软化，耐久，寿命可达数十年甚至上百年。板岩有黑、蓝黑、灰、蓝灰、紫、红及杂色斑点等不同色调，是一种优良的极富装饰性的饰面石材。其缺点是质量较重，韧性差，受震时易碎裂，且不易磨光。

2. 板岩饰面板的应用

板岩饰面板在欧美大多用于覆盖斜屋面以代替其他屋面材料。近些年也常用作非磨光的外墙饰面，常做成面砖形式，厚度为 5～8 mm，长度为 300～600 mm，宽度为 150～500 mm。板岩饰面板常以水泥砂浆或专用胶粘剂直接粘贴于墙面，是国外很流行的一种饰面材料。板岩饰面板现已被我国引进，常被用作外墙饰面，也常用于室内局部墙面装饰，通过其特有的色调和质感营造一种欧美乡村情调。

第五节　人造石材

人造石材是指用人工合成的方法，制成具有天然石材花纹和质感的新型装饰材料，由于其酷似天然装饰石材，故称为人造石材。人造饰面石材是采用无机或有机胶凝材料作为胶粘剂，以天然砂、碎石、石粉或工业渣等为粗、细填充料，经成型、固化、表面处理而成的一种人造材料。

一、水磨石

水磨石是以水泥或水泥和树脂的混合物为胶粘剂、以天然碎石或和砂或石粉为主要骨料，经搅拌、成型、养护，表面经研磨和（或）抛光等工序制作而成的建筑装饰材料。建筑装饰用水磨石制品除用硅酸盐水泥外，也可用铝酸盐水泥。用铝酸盐水泥生产的水磨石板表面结构致密、光滑，光泽度高，防潮性能好。建筑装饰用水磨石制品强度较高，坚固耐用，花纹、颜色和图案等都可以任意配制，花色品种多，在施工时可根据要求组合成各种图案，装饰效果较好。

（一）水磨石的分类、规格和标记

1. 分类

水磨石的分类见表 5-20。

表 5-20　水磨石的分类

序号	分类方法	种类
1	水磨石按抗折强度和吸水率分类	（1）普通水磨石（P）； （2）水泥人造石（R）
2	水磨石按生产方式分类	（1）预制水磨石（YZ）； （2）现浇水磨石（XJ）
3	水磨石按使用功能分类	（1）常规水磨石（CG）； （2）防静电水磨石（FJ）； （3）不发火水磨石（BH）； （4）洁净水磨石（JS）
4	预制水磨石按制品在建筑物中的主要使用部位分类	（1）墙面和柱面用水磨石（Q）； （2）地面用水磨石（D）； （3）踢脚板、立板和三角板类水磨石（T）； （4）隔断板、窗台板和台面板类水磨石（G）

序号	分类方法	种类
5	预制水磨石按制品表面加工程度分类	(1)磨面水磨石(M); (2)抛光水磨石(P),普通水磨石要求不低于25光泽单位,以P25表示;水泥人造石要求不低于60光泽单位,以P60表示;或者由供需双方商定
6	预制水磨石按胶粘剂类型不同分类	(1)水泥基水磨石(SN); (2)树脂—水泥基水磨石(PMC)

2. 规格

现浇水磨石的规格尺寸根据工程实际而定,预制水磨石的常用规格尺寸见表5-21。

表5-21 预制水磨石的常用规格尺寸   mm

类别	指标						
长度	300	305	400	500	600	800	1 200
宽度	300	305	400	500	600	800	—

注:其他规格尺寸由设计使用部门与生产商共同议定。

3. 标记

水磨石按产品名称、胶粘剂类型、类别(生产方式—使用功能—使用部位—表面加工程度)、规格和标准号的顺序标记。

示例1:规格为400 mm×400 mm×25 mm的地面用常规预制磨面水泥基普通水磨石,标记为:

普通水磨石 SN—YZ—CG—D—M 400×400×25 JC/T 507—2012

示例2:规格为400 mm×400 mm×25 mm的地面用防静电预制抛光60光泽单位水泥基水泥人造石,标记为:

水泥人造石 SN—YZ—FJ—D—P60 400×400×25 JC/T 507—2012

(二)水磨石的技术要求

水磨石的技术要求应符合《建筑装饰用水磨石》(JC/T 507—2012)的规定,具体要求如下。

1. 外观质量

(1)水磨石装饰面的外观缺陷技术要求见表5-22。

表5-22 水磨石装饰面的外观缺陷技术要求

缺陷名称	技术要求	
	普通水磨石	水泥人造石
裂缝	不允许	不允许
返浆、杂质	不允许	不允许
色差、划痕、杂石、气孔	不明显	不允许
边角缺损	不允许	不允许

(2)水磨石的磨光面有图案时,越线和图案偏差应符合表5-23的规定。

表 5-23　有图案水磨石的磨光面越线和图案偏差的技术要求

缺陷名称	技术要求	
	普通水磨石	水泥人造石
越线	越线距离≤2 mm；长度≤10 mm；允许 2 处	不允许
图案偏差	≤3 mm	≤2 mm

(3)同批水磨石磨光面上的花色品种应基本一致。

2. 尺寸偏差

(1)预制水磨石的尺寸允许偏差、平面度、角度允许极限公差应符合表 5-24 的规定。

表 5-24　预制水磨石的尺寸偏差技术要求　　　　　　　　　　　　　　mm

类别	长度、宽度		厚度		平面度		角度	
	普通水磨石	水泥人造石	普通水磨石	水泥人造石	普通水磨石	水泥人造石	普通水磨石	水泥人造石
Q	0 −1	0 −1	+1 −2	±1	0.8	0.6	0.8	0.6
D	0 −1	0 −1	±2	+1 −2	0.8	0.6	0.8	0.6
T	±2	±1	±2	+1 −2	1.5	1.0	1.0	0.8
G	±3	±2	±2	+1 −2	2.0	1.5	1.5	1.0

(2)正面与侧面的夹角应不大于 90°。

3. 物理力学性质

(1)水磨石的抗折强度和吸水率值的要求见表 5-25。

表 5-25　水磨石的抗折强度和吸水率值的要求

项目		指标	
		普通水磨石	水泥人造石
抗折强度/MPa	平均值　≥	5.0	10.0
	最小值　≥	4.0	8.0
吸水率/% 　　≤		8.0	4.0

(2)对于抛光水磨石的光泽度，普通水磨石要求不低于 25 光泽单位，以 P25 表示；水泥人造石要求不低于 60 光泽单位，以 P60 表示。

4. 性能

(1)地面用水磨石的耐磨度不小于 1.5。

(2)有防滑要求的水磨石的防滑等级应符合以下要求：

1)通常情况下，防滑等级应不低于 1 级；

2)对于室内老人、儿童、残疾人等活动较多的场所，防滑等级应达到 2 级；

3)对于室内易浸水的地面，防滑等级应达到 3 级；

4)对于室内有设计坡度的干燥地面，防滑等级应达到 2 级，有设计坡度的易浸水的地面，防滑等级应达到 4 级；

5)对于室外有设计坡度的地面，防滑等级应达到 4 级，其他室外地面的防滑等级应达到 3 级；

6)石材地面防滑指标要求见表 5-26。

表 5-26　石材地面防滑指标要求

防滑等级	0 级	1 级	2 级	3 级	4 级
抗滑值 F_B	$F_B<25$	$25{\leqslant}F_B<35$	$35{\leqslant}F_B<45$	$45{\leqslant}F_B<55$	$F_B{\geqslant}55$
摩擦系数	≥0.5				

(3)防静电型水磨石的防静电性能应达到防静电工作区的技术要求。

(4)不发火水磨石的不发火性能应达到《建筑地面工程施工质量验收规范》(GB 50209—2010)附录 A 的要求。

(5)耐污染性能应符合设计要求。

(6)洁净水磨石的空气洁净度等级应符合设计要求。

(三)水磨石的应用

水磨石的生产已经实现了工业化、机械化、系列化，而且花色可以根据要求随意配制，品种繁多，价格低，比天然石材有更多的选择，是建筑装饰工程中广泛使用的一种物美价廉的材料。水磨石可以被预制成各种形状的制品和板材，也可在现场浇筑，用作建筑物的地面、墙面、柱面、窗台、台阶、踢脚和踏步等。

二、微晶玻璃装饰板

建筑装饰用微晶玻璃是由适当组成的玻璃粒径烧结和晶化，制成由结晶相和玻璃相组成的质地坚实、致密均匀的复相材料。微晶玻璃装饰板是应用受控晶化高技术而得到的多晶体，其特点是结构致密、高强、耐磨、耐蚀，外观上纹理清晰、色泽鲜艳、无色差、不褪色，常被作为豪华建筑装饰的新型高档装饰材料。

(一)微晶玻璃装饰板的分类、等级及标记

1. 分类

微晶玻璃装饰板的分类见表 5-27。

表 5-27　微晶玻璃装饰板的分类

序号	分类标准	类别
1	按颜色基调分类	基本色调有白色、米色、灰色、蓝色、绿色、红色和黑色等
2	按形状分类	(1)普形板(P)：正方形或长方形的板材。 (2)异形板(Y)：其他形状的板材
3	按表面加工程度分类	(1)镜面板(JM)：表面平整呈镜面光泽的板。 (2)亚光面板(YG)：表面具有均匀细腻光漫反射能力的板

2. 产品等级

按板材的规格尺寸允许偏差、平面度公差、角度公差、外观质量、光泽度，微晶玻璃装饰板材分为优等品(A)、合格品(B)两个等级。

3. 产品标记

微晶玻璃装饰板材的标记顺序为微晶玻璃、产品分类、规格尺寸、等级、标准号。

(二)微晶玻璃装饰板的技术要求

微晶玻璃装饰板的技术要求应符合《建筑装饰用微晶玻璃》(JC/T 872—2000)的规定，具体要求如下。

1. 规格尺寸允许偏差

微晶玻璃普形板的规格尺寸允许极限偏差应符合表 5-28 的规定。异形板的规格尺寸允许偏差由供需双方商定。

表 5-28   微晶玻璃普形板的规格尺寸允许极限偏差 mm

等级	优等品	合格品
长度、宽度	0 −1.0	0 −1.5
厚度	±2.0	±2.5

注：以干挂方式安装时参照《干挂饰面石材及其金属挂件 第一部分：干挂饰面石材》(JC 830.1—2005)和《干挂饰面石材及其金属挂件 第二部分：金属挂件》(JC 830.2—2005)，可将长、宽度数值调整为优等(0，−1.0)，合格(0，−1.5)。

2. 平面度公差

微晶玻璃装饰板的平面度公差应符合表 5-29 的规定。

表 5-29   微晶玻璃装饰板的平面度公差 mm

长度、宽度范围	优等品	合格品
≤600×900	1.0	1.5
600×900～900×1 200	1.2	2.0
>900×1 200	由供需双方商定	

3. 角度公差

微晶玻璃平面板材的角度公差，优等品不大于 0.6 mm，合格品不大于 1.0 mm。板材拼缝正面与侧面的夹角不得大于 90°。

4. 外观质量

微晶玻璃板材正面的外观质量应符合表 5-30 的规定。

表 5-30　微晶玻璃板材正面的外观质量要求

缺陷名称	规定内容		优等品	合格品
缺棱	长度、宽度不超过 10 mm×1 mm(长度小于 5 mm 不计),周边允许(个)		不允许	2
缺角	面积不超过 5 mm×2 mm(面积小于 2 mm×2 mm 不计)			
气孔	直径 ϕ/mm		不允许	不允许
		$\phi > 2.5$		
		$2.5 \geq \phi \geq 1$	≤5 个/m²	≥10 个/m²
杂质	在距离板面 2 m 处目视观察,≥3 mm²		不大于 3 个/m²	不大于 5 个/m²

5. 物理性能

微晶玻璃板材的物理性能见表 5-31。

表 5-31　微晶玻璃板材的物理性能

序号	性能指标	说明
1	光泽度	镜面板材的镜面光泽度优等品不低于 85 光泽单位,合格品不低于 75 光泽单位
2	硬度	板材硬度为莫氏硬度 5~6 级
3	弯曲强度	弯曲强度不小于 30 MPa
4	抗急冷急热	抗急冷急热无裂隙(此指标仅对外墙装饰用微晶玻璃)
5	色差	同一颜色、同一批号板材花纹颜色基本一致。仲裁时色差不大于 2.0CIELAB 色差单位

6. 化学稳定性

微晶玻璃板材的耐酸碱性应符合表 5-32 的规定。

表 5-32　微晶玻璃板材的耐酸碱性

项目	条件	质量损失率 K
耐酸性	1.0%硫酸溶液室温浸泡 650 h	$K \leq 0.2\%$且外观无变化
耐碱性	1.0%氢氧化钠溶液室温浸泡 650 h	$K \leq 0.2\%$且外观无变化

(三)微晶玻璃装饰板的应用

微晶玻璃装饰板由于其优良的装饰性能,目前已代替天然花岗石而被用于墙面、地面、柱面、楼梯、墙裙及踏步等处的装饰,广泛应用于公共建筑、商业建筑、娱乐设施及工业建筑物的装饰工程中。

本章小结

本章主要介绍了岩石的分类,石材的基本性质,建筑饰面板材的品种、性能、技术要求和应用。

1. 自然界的岩石依其成因可分为岩浆岩、沉积岩和变质岩三类。它们具有显著不同的结构、构造和性质。

2. 石材的基本性质有表观密度、吸水率、耐水性、抗压强度、抗冻性和耐磨性。

3. 常用建筑饰面板材有天然大理石板材、天然花岗石板材、青石装饰板材和板岩饰面板等。人造石材有水磨石和微晶玻璃装饰板。

思考与练习

1. 什么是造岩矿物、岩石和人造石材？

2. 简述天然大理石板材的分类。

3. 如何划分天然花岗石板材等级？

4. 水磨石的应用有哪些？

第六章 建筑玻璃

知识目标

1. 了解玻璃的组成、分类及性质。
2. 掌握平板玻璃的分类、规格、技术要求及应用。
3. 掌握安全玻璃的特点、分类、技术要求及应用。
4. 掌握装饰玻璃的概念、性能和用途。
5. 了解其他装饰玻璃制品的特点及用途。

能力目标

1. 能根据建筑玻璃的特点、技术要求及不同装饰需要合理选择玻璃。
2. 能进行玻璃的装饰设计与使用。

玻璃是构成现代建筑的主要材料之一，随着现代建筑的发展，建筑玻璃的品种日益增多，其功能日渐优异。除过去单纯的透光、围护等最基本的功能外，建筑玻璃还具有控制光线、调节热量、节约能源、控制噪声、提高艺术装饰性等功能。多功能的玻璃制品为现代建筑设计和装饰设计提供了更大的选择余地。

第一节　玻璃的基本知识

一、玻璃的组成

玻璃是以石英砂、纯碱、石灰石和长石等为主要原料，并加入着色剂、助熔剂等辅助材料，经熔融、成型、冷却固化而成的非结晶无机材料。

玻璃的组成比较复杂，其主要化学成分为 SiO_2（含量为 72％左右）、Na_2O（含量约为 15％）和 CaO（约含 8％）等。玻璃中的主要化学成分及作用见表 6-1。

表 6-1　玻璃中的主要化学成分及作用

化学成分	作用	
	增加	降低
SiO_2	化学稳定性、耐热性、机械强度	密度、热膨胀系数

化学成分	作用	
	增加	降低
Na_2O	热膨胀系数	化学稳定性、热稳定性
CaO	硬度、强度、化学稳定性	耐热性
Al_2O_3	化学稳定性、韧性、硬度、强度	析晶倾向
MgO	化学稳定性、耐热性、强度	韧性

二、玻璃的分类

玻璃的种类很多，通常按化学成分和功能进行分类，见表 6-2。

表 6-2 玻璃的分类

序号	分类标准	名称	说明
1	按化学成分分类	钠玻璃	钠玻璃又称钠钙玻璃或普通玻璃，主要由 Na_2O、SiO_2 和 CaO 组成。由于所含杂质较多，制品多带绿色，它的软化点较低，其力学性质、光学性质和化学稳定性均较差，多用于制造普通建筑玻璃和日用玻璃制品
		钾玻璃	钾玻璃又称硬玻璃，以 K_2O 代替钠玻璃中的 Na_2O，并提高 SiO_2 含量。钾玻璃的光泽度、透明度、耐热性均好于钠玻璃，可用来制造高级日用器皿和化学仪器
		铝镁玻璃	铝镁玻璃是指降低钠玻璃中碱金属和碱土金属氧化物的含量，引入 MgO，并以 Al_2O_3 代替 SiO_2 而制成的一类玻璃。它的软化点低，力学、光学性能和化学性能强于钠玻璃，常用于制造高级建筑玻璃
		铅玻璃	铅玻璃又称铅钾玻璃或重玻璃、晶质玻璃，由 PbO、K_2O 和少量 SiO_2 所组成。它光泽透明，力学性能、耐热性、绝缘性和化学稳定性较好，主要用于制造光学仪器和高级器皿
		硼硅玻璃	硼硅玻璃也称耐热玻璃，由 B_2O_5、SiO_2 及少量 MgO 组成。其具有较好的光泽和透明度，较强的力学性能、耐热性能、绝缘性能和化学稳定性，用以制造高级化学仪器和绝缘材料
		石英玻璃	石英玻璃由纯 SiO_2 制成，具有优良的力学性能、光学性能和热学性能，并能透过紫外线，可用于制造耐高温仪器及杀菌灯等特殊用途的仪器
2	按功能分类	平板玻璃	平板玻璃是建筑工程中应用量比较大的建筑材料之一，它主要是指普通平板玻璃，用于建筑物的门窗，起采光作用
		安全玻璃	安全玻璃是指与普通玻璃相比，具有力学强度高、抗冲击能力好的玻璃，可有效地保障人身安全，即使损坏了其破碎的玻璃碎片也不易伤害人体。其主要品种有钢化玻璃、夹层玻璃、夹丝玻璃和贴膜玻璃等
		建筑装饰玻璃	建筑装饰玻璃包括深加工平板玻璃，如压花玻璃、彩釉玻璃、镀膜玻璃、磨砂玻璃、镭射玻璃等和熔铸制品，如玻璃马赛克、玻璃砖和槽型玻璃等
		其他功能玻璃	其他功能玻璃主要有隔声玻璃、增透玻璃、屏蔽玻璃、电加热玻璃、液晶玻璃等

随着现代建筑工程的发展，玻璃已不再是单纯的采光和装饰用材料，逐渐向多功能方向发展，玻璃的深加工制品具有调节温度、控制光线、隔声吸声、提高建筑装饰的艺术性等功能，为建筑工程设计提供了更多的选择，扩大了其使用范围，已成为现代建筑中的重要材料之一。

三、玻璃的性质

1. 密度

玻璃的密度与其化学组成有关，不同种类的玻璃的密度并不相同，含有重金属离子时密度较大，如含大量 PbO 的玻璃的密度可达 $6.59\ g/cm^3$，普通玻璃的密度为 $2.5\sim2.69\ g/cm^3$。其孔隙率 $P \approx 0$，故认为玻璃是绝对密度的材料。

2. 光学性质

玻璃具有优良的光学性质，广泛用于建筑物的采光、装饰及光学仪器和日用器皿。

当光线射入玻璃时，表现有反射、吸收和透射三种性质。光线透过玻璃的性质称为透射，以透光率表示。光线被玻璃阻挡，按一定角度反射出来称为反射，以反射率表示。光线透过玻璃后，一部分光能量损失，称为吸收，以吸收率表示。玻璃的反射率、吸收率、透光率之和等于入射光的强度，为 100%。玻璃的用途不同，要求这三项光学性质所占的百分比不同。玻璃用于采光、照明时要求透光率高，如 3 mm 厚的普通平板玻璃的透光率不小于 85%。

玻璃对光线的吸收能力随玻璃的化学组成和表现颜色而异。无色玻璃可透过可见光线，而对其他波长的红外线和紫外线有吸收作用；各种着色玻璃能透过同色光线，而吸收其他色相的光线。石英玻璃和磷酸盐、硼酸盐玻璃都有很强的透光性；锑、钾玻璃能透过红外线；铅、铋玻璃对 X 射线和 γ 射线有较强的吸收功能。彩色玻璃、热反射玻璃的透光率较低，有的可低至 19%。

玻璃的透射性质是其重要的属性。

3. 热工性质

玻璃的热工性质主要是指比热和导热系数。

玻璃的比热一般为 $(0.33\sim1.05)\times10^3 J/(g\cdot K)$。在通常情况下，玻璃的比热随温度升高而增加，它还与化学成分有关，当含 Li_2O、SiO_2、B_2O_3 等氧化物时比热增大；含 PbO、BaO 时其值降低。

玻璃是热的不良导体，由于玻璃传热慢，所以在玻璃温度急变时，沿玻璃的厚度从表面到内部，有着不同的膨胀量，由此而产生内应力，当应力超过玻璃极限强度时就会造成碎裂破坏。它的导热系数随温度升高而降低，这与玻璃的化学组成有关，增加 SiO_2、Al_2O_3 时其值增大。石英玻璃的导热系数最大，为 $1.34\ W/(m\cdot K)$，普通玻璃的导热系数为 $0.75\sim0.92\ W/(m\cdot K)$。

4. 力学性能

玻璃的力学性能与其化学成分、制品结构和制造工艺有很大关系。

玻璃的抗压强度较高，一般为 $600\sim1\ 200$ MPa。其抗压强度值会随着化学组成的不同而变化。二氧化硅含量高的玻璃有较高的抗压强度，而钙、钠、钾等氧化物的含量高是降低其抗压强度的重要因素之一。

玻璃的弹性模量受温度的影响很大，玻璃在常温下具有弹性，普通玻璃的弹性模量为

$(6\sim7.5)\times10^4\,MPa$，为钢的 1/3，与铝接近。但随着温度升高，弹性模量下降，其出现塑性变形。一般玻璃的莫氏硬度为 $6\sim7$。

玻璃在冲击力的作用下极易破碎，是典型的脆性材料，其抗拉强度很小，一般为 $40\sim80\,MPa$。抗弯强度也取决于抗拉强度，通常为 $40\sim80\,MPa$。

荷载作用时间的长短对玻璃的强度影响很小，但承受荷载后，制品表面下会产生细微的裂纹，这些裂纹会降低其承载能力，随着荷载时间的延长和制品宽度的增大，裂纹对强度的影响加大，使抵抗应力减小，最终导致破坏。用氢氟酸适当处理表面，能够消除细微的裂纹，恢复其强度。

5. 化学性质

玻璃具有较高的化学稳定性，通常情况下对酸、碱、化学试剂或气体都具有较强的抵抗能力，能抵抗氢氟酸以外的各种酸类的侵蚀。但如果玻璃的组成成分中含有较多的易蚀物质，在长期受到侵蚀介质腐蚀的条件下，其化学稳定性会变差，将受到破坏。

第二节　平板玻璃

平板玻璃是指未经其他加工的平板状玻璃制品，也称白片玻璃或净片玻璃。平板玻璃是传统的玻璃产品，主要用于一般建筑的门窗，起采光、围护、保温和隔声作用，同时，也是经深加工成为具有特殊功能玻璃的基础材料。

一、平板玻璃的分类及规格

(1)平板玻璃按颜色属性可分为无色透明平板玻璃和本体着色平板玻璃。

(2)平板玻璃按外观质量分为合格品、一等品和优等品。

(3)平板玻璃按厚度分为 2 mm、3 mm、4 mm、5 mm、6 mm、8 mm、10 mm、12 mm、15 mm、19 mm、22 mm、25 mm。

二、平板玻璃的技术要求

平板玻璃的技术要求应符合《平板玻璃》(GB 11614—2009)的规定，具体要求如下。

1. 尺寸偏差

平板玻璃应裁切成矩形，尺寸偏差应不超过表 6-3 的规定。

表 6-3　平板玻璃的尺寸偏差　　　　　　　　　　　　　　　mm

公称厚度	尺寸偏差	
	尺寸≤3 000	尺寸>3 000
2~6	±2	±3
8~10	+2，−3	+3，−4
12~15	+3	±4
19~25	±5	±5

2. 厚度偏差和厚薄差

平板玻璃的厚度偏差和厚薄差应不超过表 6-4 的规定。

表 6-4　平板玻璃的厚度偏差和厚薄差　　　　　　　　　　　　　　mm

公称厚度	厚度偏差	厚薄差
2～6	±0.2	0.2
8～12	±0.3	0.3
15	±0.5	0.5
19	±0.7	0.7
22～25	±1.0	1.0

3. 外观质量

(1)平板玻璃合格品的外观质量应符合表 6-5 的规定。

表 6-5　平板玻璃合格品的外观质量

缺陷种类	质量要求	
点状缺陷①	尺寸 L/mm	允许个数限度
	$0.5 \leqslant L \leqslant 1.0$	$2 \times S$
	$1.0 < L \leqslant 2.0$	$1 \times S$
	$2.0 < L \leqslant 3.0$	$0.5 \times S$
	$L > 3.0$	0
点状缺陷密集度	尺寸 $\geqslant 0.5$ mm 的点状缺陷最小间距 $\geqslant 300$ mm；直径 100 mm 圆内尺寸 $\geqslant 0.3$ mm 的点状缺陷不超过 3 个	
线道	不允许	
裂纹	不允许	
划伤	允许范围	允许条数限度
	宽 $\leqslant 0.5$ mm，长 $\leqslant 60$ mm	$3 \times S$
光学变形	公称厚度	无色透明平板玻璃 / 本体着色平板玻璃
	2 mm	$\geqslant 40°$ / $\geqslant 40°$
	3 mm	$\geqslant 45°$ / $\geqslant 40°$
	$\geqslant 4$ mm	$\geqslant 50°$ / $\geqslant 45°$
断面缺陷	公称厚度不超过 8 mm 时，不超过玻璃板的厚度；8 mm 以上时，不超过 8 mm。	

注：S 是以平方米为单位的玻璃板面积数值。按《数值修约规则与极限数值的表示和判定》(GB/T 8170-2008)修约，保留小数点后两位。点状缺陷的允许个数限度及划伤的允许条数限度为各系数与 S 相乘所得的数值。按《数值修约规则与极限数值的表示和判定》(GB/T 8170-2008)修约至整数。

① 光畸变点视为 0.5～1.0 mm 的点状缺陷。

(2)平板玻璃一等品的外观质量应符合表 6-6 的规定。

表 6-6　平板玻璃一等品的外观质量

缺陷种类	质量要求	
点状缺陷[①]	尺寸 L/mm	$2\times S$
	$0.3\leqslant L\leqslant 0.5$	$0.5\times S$
	$0.5< L\leqslant 1.0$	$0.5\times S$
	$1.0< L\leqslant 1.5$	$0.2\times S$
	$L>1.5$	0
点状缺陷密集度	尺寸≥0.3 mm 的点状缺陷最小间距≥300 mm；直径 100 mm 圆内尺寸≥0.2 mm 的点状缺陷不超过 3 个	
线道	不允许	
裂纹	不允许	
划伤	允许范围	允许条数限度
	宽≤0.2 mm，长≤40 mm	$2\times S$
光学变形	公称厚度	无色透明平板玻璃	本体着色平板玻璃
	2 mm	≥50°	≥45°
	3 mm	≥55°	≥50°
	4~12 mm	≥60°	≥55°
	≥15 mm	≥55°	≥50°
断面缺陷	公称厚度不超过 8 mm 时，不超过玻璃板的厚度；8 mm 以上时，不超过 8 mm	

注：S 是以平方米为单位的玻璃板面积数值，按《数值修约规则与极限数值的表示和判定》(GB/T 8170—2008)修约，保留小数点后两位。点状缺陷的允许个数限度及划伤的允许条数限度为各系数与 S 相乘所得的数值。按《数值修约规则与极限数值的表示和判定》(GB/T 8170—2008)修约至整数。

①光畸变点视为 0.5~1.0 mm 的点状缺陷。

(3)平板玻璃优等品的外观质量应符合表 6-7 的规定。

表 6-7　平板玻璃优等品的外观质量

缺陷种类	质量要求	
点状缺陷[①]	尺寸 L/mm	允许个数限度
	$0.3\leqslant L\leqslant 0.5$	$1\times S$
	$0.5< L\leqslant 1.0$	$0.2\times S$
	$L>1.0$	0
点状缺陷密集度	尺寸≥0.3 mm 的点状缺陷最小间距≥300 mm；直径 100 mm 圆内尺寸≥0.1 mm 的点状缺陷不超过 3 个	
线道	不允许	
裂纹	不允许	
划伤	允许范围	允许条数限度
	宽≤0.1 mm，长≤30 mm	$2\times S$

缺陷种类	质量要求		
	公称厚度	无色透明平板玻璃	本体着色平板玻璃
光学变形	2 mm	≥50°	≥50°
	3 mm	≥55°	≥50°
	4～12 mm	≥60°	≥55°
	≥15 mm	≥55°	≥50°
断面缺陷	公称厚度不超过 8 mm 时，不超过玻璃板的厚度；8 mm 以上时，不超过 8 mm		

注：S 是以平方米为单位的玻璃板面积数值，按《数值修约规则与极限数值的表示和判定》(GB/T 8170—2008)修约，保留小数点后两位。点状缺陷的允许个数限度及划伤的允许条数限度为各系数与 S 相乘所得的数值。按《数值修约规则与极限数值的表示和判定》(GB/T 8170—2008)修约至整数。
①点状缺陷中不允许有光畸变点。

4. 光学特性

(1)无色透明平板玻璃的可见光透射比应不小于表 6-8 的规定。

表 6-8　无色透明平板玻璃可见光透射比的最小值

公称厚度 /mm	可见光透射比最小值 /%	公称厚度 /mm	可见光透射比最小值 /%
2	89	10	81
3	88	12	79
4	87	15	76
5	86	19	72
6	85	22	69
8	83	25	67

(2)本体着色平板玻璃的可见光透射比、太阳光直接透射比、太阳能总透射比的偏差应不超过表 6-9 的规定。

表 6-9　本体着色平板玻璃透射比偏差

种类	偏差/%
可见光(380～780 nm)透射比	2.0
太阳光(300～2 500 nm)直接透射比	3.0
太阳能(300～2 500 nm)总透射比	4.0

(3)对于本体着色平板玻璃的颜色均匀性，同一批产品的色差应符合 $\Delta E_{ab}^{*} \leqslant 2.5$。

5. 其他

特殊厚度或其他要求由供需双方协商。

三、平板玻璃的应用

平板玻璃属易碎品，玻璃成品一般用木箱包装。玻璃在运输或搬运时，应注意箱盖向上并垂直立放，不得平放或斜放，同时还应注意防潮。遇到两块玻璃之间有水汽而难以分开时，可在两块玻璃之间注入温热的肥皂水，这样可很容易地将玻璃分开。

平板玻璃的应用主要有两个方面：一是 3～5 mm 的平板玻璃一般直接用于门窗的采光，8～12 mm 的平板玻璃可用于隔断；二是作为钢化、夹层、镀膜、中空等玻璃的原片。

第三节　安全玻璃

安全玻璃是指与普通玻璃相比，力学强度高、抗冲击能力强的玻璃。安全玻璃被击碎时，其碎片不会伤人，并兼具防盗、防火的功能。根据生产时所用的玻璃原片不同，安全玻璃也具有一定的装饰效果。安全玻璃的主要品种有钢化玻璃、夹丝玻璃、夹层玻璃和防火玻璃。

一、钢化玻璃

钢化玻璃又称强化玻璃，是经热处理工艺之后的玻璃。钢化玻璃表面形成了压应力层，并且具有特殊的碎片状态。当玻璃受到外力作用时，这个压应力层可将部分拉应力抵消，以避免玻璃的碎裂，虽然钢化玻璃内部处于较大的拉应力状态，但玻璃的内部无缺陷存在，不会造成破坏，从而达到提高玻璃强度的目的。

(一)钢化玻璃的特点

钢化玻璃具有以下特点：

(1)机械强度高。玻璃经钢化处理产生了均匀的内应力，表面具有了一定的预压应力。它的机械强度比经过良好的退火处理的玻璃高 3～10 倍，抗冲击性能也有较大提高，其抗弯强度可达 125 MPa 以上。钢化玻璃的抗冲击强度也很高，用钢球法测定时，0.8 kg 的钢球从 1.2 m 高度落下，钢化玻璃可保持完整而不破碎。

(2)弹性好。钢化玻璃的弹性比普通玻璃大得多，例如，一块 1 200 mm×350 mm×6 mm 的钢化玻璃，受力后可发生 100 mm 的弯曲挠度，当外力撤除后，仍能恢复原状，而普通玻璃的弯曲变形只有几毫米，当外力撤除后，将发生折断破坏。

(3)热稳定性好。钢化玻璃在受急冷急热时，不易发生炸裂。这是因为钢化玻璃的压应力可抵消一部分因急冷急热产生的拉应力。钢化玻璃耐热冲击，最大安全工作温度为 288 ℃，较普通玻璃提高了 2～3 倍。

(二)钢化玻璃的分类

钢化玻璃的分类见表 6-10。

表 6-10　钢化玻璃的分类

序号	分类方法	种类
1	按生产工艺分类	(1)垂直法钢化玻璃：在钢化过程中采取夹钳吊挂的方式生产出来的钢化玻璃。 (2)水平法钢化玻璃：在钢化过程中采取水平辊支撑的方式生产出来的钢化玻璃
2	按形状分类	平面钢化玻璃、曲面钢化玻璃

(三)钢化玻璃的技术要求

钢化玻璃的技术要求应符合《建筑用安全玻璃 第2部分：钢化玻璃》(GB 15763.2—2005)的规定，具体要求如下。

1. 尺寸及外观

钢化玻璃的尺寸及外观要求应符合表6-11～表6-16的规定。

表6-11 钢化玻璃的尺寸及外观要求

序号	项目	内容
1	尺寸及其允许偏差	(1)长方形平面钢化玻璃边长的允许偏差应符合表6-12的规定。 (2)长方形平面钢化玻璃的对角线差应符合表6-13的规定。 (3)其他形状的钢化玻璃的尺寸及其允许偏差由供需双方商定。 (4)边部加工形状及质量由供需双方商定。 (5)圆孔(只适用于公称厚度不小于4 mm的钢化玻璃)。圆孔的边部加工质量由供需双方商定。 　1)孔径。孔径一般不小于玻璃的公称厚度，孔径的允许偏差应符合表6-14的规定，小于玻璃的公称厚度的孔的孔径允许偏差由供需双方商定。 　2)孔的位置。 　①孔的边部距玻璃边部的距离 a 不应小于玻璃公称厚度的2倍，如图6-1所示。 　②两孔孔边之间的距离 b 不应小于玻璃公称厚度的2倍，如图6-2所示。 　③孔的边部距玻璃角部的距离 c 不应小于玻璃公称厚度 d 的6倍，如图6-3所示。 　注：如果孔的边部距玻璃角部的距离小于35 mm，那么这个孔不应处在相对于角部对称的位置上。具体位置由供需双方商定。 　④圆心位置表示方法及其允许偏差。圆孔圆心的位置的表达方法可参照图6-4建立坐标系，用圆心的位置坐标(x, y)表达圆心的位置。圆孔圆心的位置 x、y 的允许偏差与玻璃的边长允许偏差相同(表6-12)
2	厚度及其允许偏差	钢化玻璃的厚度的允许偏差应符合表6-15的规定。对于表6-15未做规定的公称厚度的玻璃，其厚度允许偏差可采用表6-15中与其邻近的较薄厚度的玻璃的规定，或由供需双方商定
3	外观质量	钢化玻璃的外观质量应满足表6-16的要求
4	弯曲度	平面钢化玻璃的弯曲度，弓形时应不超过0.3%，波形时应不超过0.2%

表6-12 长方形平面钢化玻璃的边长允许偏差　　　　　　　　　　　　　　　mm

厚度	边长(L)允许偏差			
	$L \leqslant 1\ 000$	$1\ 000 < L \leqslant 2\ 000$	$2\ 000 < L \leqslant 3\ 000$	$L > 3\ 000$
3、4、5、6	+1 −2	±3	±4	±5
8、10、12	+2 −3			
15	±4	±4		
19	±5	±5	±6	±7
>19	供需双方商定			

表 6-13　长方形平面钢化玻璃的对角线差允许值　　　　　　　　　　　mm

公称厚度	对角线差允许值		
	边长≤2 000	2 000<边长≤3 000	边长>3 000
3、4、5、6	±3.0	±4.0	±5.0
8、10、12	±4.0	±5.0	±6.0
15、19	±5.0	±6.0	±7.0
>19	供需双方商定		

表 6-14　钢化玻璃的孔径及其允许偏差　　　　　　　　　　　mm

公称孔径 D	允许偏差	公称孔径 D	允许偏差
4≤D≤50	±1.0	D>100	供需双方商定
50<D≤100	±2.0		

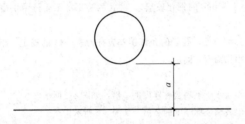

图 6-1　孔的边部距玻璃边部的距离示意图

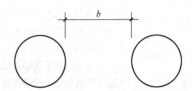

图 6-2　两孔孔边之间的距离示意图

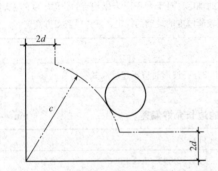

图 6-3　孔的边部距玻璃角部的距离示意图

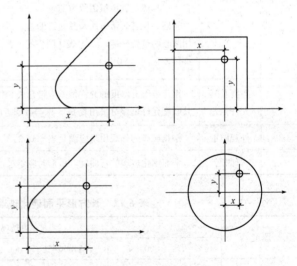

图 6-4　圆心位置表示方法

表 6-15　钢化玻璃的厚度及其允许偏差

公称厚度	厚度允许偏差	公称厚度	厚度允许偏差
3、4、5、6	±0.2	15	±0.6
8、10	±0.3	19	±1.0
12	±0.4	>19	供需双方商定

表 6-16　钢化玻璃的外观质量

缺陷名称	说明	允许缺陷数
爆 边	每片玻璃每米边长上允许有长度不超过 10 mm，自玻璃边部向玻璃板表面延伸深度不超过 2 mm，自板面向玻璃厚度延伸深度不超过厚度 1/3 的爆边个数	1 处
划 伤	宽度在 0.1 mm 以下的轻微划伤，每平方米面积内允许存在条数	长度≤100 mm 时，4 条
	宽度大于 0.1 mm 的划伤，每平方米面积内允许存在条数	宽度 0.1～1 mm，长度≤100 mm 时，4 条
夹钳印	夹钳印与玻璃边缘的距离≤20 mm，边部变形量≤2 mm	
裂纹、缺角	不允许存在	

2. 安全性能

钢化玻璃的安全性能要求应符合表 6-17 的规定。

表 6-17　钢化玻璃的安全性能要求

序号	项目	内容
1	抗冲击性	取 6 块钢化玻璃进行试验，试样破坏数不超过 1 块为合格，多于或等于 3 块为不合格。破坏数为 2 块时，再另取 6 块进行试验，试样必须全部不被破坏为合格
2	碎片状态	取 4 块玻璃试样进行试验，每块试样在任何 50 mm×50 mm 区域内的碎片数必须满足表 6-18 的要求，且允许有少量长条形碎片，其长度不超过 75 mm
3	霰弹袋冲击性能	取 4 块玻璃试样进行试验，应符合下列"(1)"或"(2)"中任意一条的规定： (1)玻璃破碎时，每块试样的最大 10 块碎片质量的总和不得超过相当于试样 65 cm² 面积的质量，保留在框内的任何无贯穿裂纹的玻璃碎片的长度不能超过 120 mm。 (2)弹袋下落高度为 1 200 mm 时，试样不破坏

表 6-18　钢化玻璃的最少允许碎片数

玻璃品种	公称厚度/mm	最少碎片数/片
平面钢化玻璃	3	30
	4～12	40
	≥15	30
曲面钢化玻璃	≥4	30

3. 一般性能

钢化玻璃的一般性能要求应符合表 6-19 的规定。

表 6-19　钢化玻璃的一般性能要求

序号	项目	内容
1	表面应力	钢化玻璃的表面应力不应小于 90 MPa。 以制品为试样，取 3 块试样进行试验，当全部符合规定为合格，2 块试样不符合则为不合格。当 2 块试样符合时，再追加 3 块试样，如果 3 块全部符合规定则为合格

序号	项目	内容
2	耐热冲击性能	钢化玻璃应耐200 ℃温差不破坏。 取4块试样进行试验,当4块试样全部符合规定时认为该项性能合格。当有2块以上不符合时,则认为不合格。当有1块不符合时,重新追加1块试样,如果它符合规定,则认为该项性能合格。当有2块不符合时,则重新追加4块试样,全部符合规定时则为合格

(四)钢化玻璃的选用

钢化玻璃主要用作建筑物的门窗、隔墙和幕墙,以及电话亭、车、船、设备等的门窗、观察孔、采光顶棚等。钢化玻璃可被做成无框玻璃门。钢化玻璃用作幕墙时,可大大提高抗风压能力,防止热炸裂,并可增大单块玻璃的面积,减少支承结构。使用时应注意的是,钢化玻璃不能切割、磨削,边角不能碰击挤压,需按现成的尺寸规格选用或提出具体设计图纸进行加工定制。用于大面积的玻璃幕墙的玻璃在钢化上要予以控制,选择半钢化玻璃,即其应力不能过大,以免风荷载引起振动而自爆。

二、夹丝玻璃

夹丝玻璃也称防碎玻璃或钢丝玻璃,是将普通平板玻璃加热到红热软化状态,再将通过热处理后的钢丝网或钢丝压入玻璃中间而制成。夹丝玻璃表面可以是压花的或磨光的,可以被制成无色透明或彩色的。

1. 夹丝玻璃的特点

夹丝玻璃具有安全性和防火性好的特点。夹丝玻璃由于钢丝网的骨架作用,不仅提高了强度,而且当受到冲击或温度骤变而破坏时,碎片也不会飞散,避免了碎片对人的伤害。在出现火情时,火焰燃烧,夹丝玻璃受热炸裂,由于金属丝网的作用,玻璃碎片仍能保持在原位,隔绝火焰。

2. 夹丝玻璃的分类

夹丝玻璃可分为夹丝压花玻璃和夹丝磨光玻璃两类。夹丝玻璃的常用厚度有6 mm、7 mm、10 mm,等级可分为优等品、一等品和合格品,长度和宽度的尺寸一般不小于600 mm×400 mm,不大于2 000 mm×1 200 mm。

3. 夹丝玻璃的技术要求

夹丝玻璃的技术要求应符合《夹丝玻璃》(JC 433)的规定,见表6-20～表6-22。

表6-20 夹丝玻璃的技术要求

序号	项目	内容
1	丝网要求	夹丝玻璃所用的金属丝网和金属丝线可分为普通钢丝和特殊钢丝两种,普通钢丝直径为0.4 mm以上,或特殊钢丝直径为0.3 mm以上。夹丝网玻璃应采用经过处理的点焊金属丝网
2	尺寸偏差	长度和宽度允许偏差为±4.0 mm
3	厚度偏差	厚度偏差应符合表6-21的规定

序号	项目	内容
4	弯曲度	夹丝压花玻璃应在1.0%以内,夹丝磨光玻璃应在0.5%以内
5	玻璃边部凸出、缺口缺角和偏斜	夹丝玻璃边部凸出、缺口的尺寸不得超过6 mm,偏斜的尺寸不得超过4 mm。一片玻璃只允许有一个缺角,缺角的深度不得超过6 mm
6	外观质量	夹丝玻璃外观质量应符合表6-22的规定
7	防火性能	夹丝玻璃用作防火门、窗等镶嵌材料时,其防火性能应达到《建筑设计防火规范(2018版)》(GB 50016—2014)规定的耐火极限要求

表6-21 夹丝玻璃的厚度偏差   mm

序号	厚度	允许偏差范围	
		优等品	一等品、合格品
1	6	±0.5	±0.6
2	7	±0.6	±0.7
3	10	±0.9	±1.0

表6-22 夹丝玻璃的外观质量要求

项目	说明	优等品	一等品	合格品
气泡	$\phi 3 \sim \phi 6$的圆泡,每平方米面积内允许个数	5	数量不限,但不允许密集	
	长泡,每平方米面积内允许个数	长6~8 mm 2	长6~8 mm 10	长6~10 mm 10 长10~20 mm 4
花纹变形	花纹变形程度	不许有明显的花纹变形		不规定
	破坏性的	不允许		
异物	$\phi 0.5 \sim \phi 2$非破坏性的,每平方米面积内允许个数	3	5	10
裂纹	/	目测不能识别		不影响使用
磨伤	/	轻微	不影响使用	
金属丝	金属丝夹入玻璃内状态	应完全夹入玻璃内,不得露出表面		
	脱焊	不允许	距边部30 mm内不限	距边部100 mm内不限
	断线	不允许		
	接线	不允许	目测看不见	

注:密集气泡是指直径100 mm圆面积内超过6个。

4. 夹丝玻璃的应用

夹丝玻璃作为防火材料,通常用于防火门窗;作为非防火材料,可用于易受冲击的地方或者玻璃飞溅可能导致危险的地方，如振动较大的厂房、顶棚、高层建筑、公共建筑的天窗、仓库门窗、地下采光窗等。

三、夹层玻璃

夹层玻璃是安全玻璃的一种，是在两片或多片玻璃之间嵌加透明塑料薄片，经加热、加压粘结合成平面或弯曲的复合玻璃制品。其生产方法可分为直接合片法和预聚法两种。夹层玻璃的品种有减薄夹层玻璃、遮阳夹层玻璃、电热夹层玻璃、隔声夹层玻璃、防紫外线夹层玻璃、防弹夹层玻璃、报警夹层玻璃、玻璃纤维增强玻璃等。

1. 夹层玻璃的特点

夹层玻璃具有透明性好，抗冲击性能比普通平板玻璃高出几倍的特点。当玻璃被击碎后，由于中间有塑料衬片的粘合作用，所以只产生辐射状的裂纹，而不落碎片，不致伤人。另外，夹层玻璃还具有耐热、耐湿、耐寒、耐久等特点，同时，具有节能、隔声、防紫外线等功能。

2. 夹层玻璃的分类

夹层玻璃的分类见表 6-23。

表 6-23　夹层玻璃的分类

序号	分类	种类
1	按形状分类	平面夹层玻璃、曲面夹层玻璃
2	按性能分类	Ⅰ类夹层玻璃，Ⅱ-1类夹层玻璃，Ⅱ-2类夹层玻璃，Ⅲ类夹层玻璃

3. 夹层玻璃的组成材料

夹层玻璃由玻璃、塑料以及中间层材料组合构成，见表 6-24。

表 6-24　夹层玻璃的组成材料

序号	名称	说明
1	玻璃	(1)可选用：浮法玻璃、普通平板玻璃、压花玻璃、抛光夹丝玻璃、夹丝压花玻璃等。 (2)可以是：无色的、本体着色或镀膜的；透明的、半透明的或不透明的；退火的、热增强的或钢化的；表面处理的，如喷砂或酸腐蚀的等
2	塑料	(1)可选用：聚碳酸酯、聚氨酯和聚丙烯酸酯等。 (2)可以是：无色的、着色的、镀膜的；透明的或半透明的
3	中间层	(1)可选用：材料种类和成分、力学和光学性能等不同的材料，如离子性中间层、PVB中间层、EVA中间层等。 (2)可以是：无色的或有色的；透明的、半透明的或不透明的

4. 夹层玻璃的技术要求

夹层玻璃的技术要求应符合《建筑用安全玻璃 第 3 部分：夹层玻璃》(GB 15763.3—2009)的规定，见表 6-25～表 6-30。

表 6-25　夹层玻璃的技术要求

序号	项目	内容
1	外观质量	(1)可视区缺陷。 1)可视区的点状缺陷数应满足表 6-26 的规定。 2)可视区的线状缺陷数应满足表 6-27 的规定。 (2)周边区缺陷。使用时装有边框的夹层玻璃周边区域，允许直径不超过 5 mm 的点状缺陷存在；如点状缺陷是气泡，气泡面积之和不应超过边缘区面积的 5%。使用时不带边框夹层玻璃的周边区缺陷，由供需双方商定。 (3)裂口。不允许存在。 (4)爆边。长度或宽度不得超过玻璃的厚度。 (5)脱胶。不允许存在。 (6)皱痕和条纹。不允许存在
2	尺寸允许偏差	(1)长度和宽度允许偏差。夹层玻璃最终产品的长度和宽度允许偏差应符合表 6-28 的规定。 (2)叠差。夹层玻璃的最大允许叠差见表 6-29。 (3)厚度。对于三层原片以上(含三层)制品、原片材料总厚度超过 24 mm 及使用钢化玻璃作为原片时，其厚度允许偏差由供需双方商定。 1)干法夹层玻璃厚度偏差。干法夹层玻璃厚度偏差，不能超过构成夹层玻璃的原片厚度允许偏差和中间层材料厚度允许偏差总和。中间层的总厚度小于 2 mm 时，不考虑中间层的厚度偏差；中间层总厚度不小于 2 mm，其厚度允许偏差为 ±0.2 mm。 2)湿法夹层玻璃厚度偏差。湿法夹层玻璃厚度偏差，不能超过构成夹层玻璃的原片厚度允许偏差和中间层材料厚度允许偏差总和。湿法夹层玻璃中间层厚度允许偏差应符合表 6-30 的规定。 (4)对角线差。矩形夹层玻璃制品，长边长度不大于 2 400 mm 时，对角线差不得大于 4 mm；长边长度大于 2 400 mm 时，对角线差由供需双方商定
3	弯曲度	平面夹层玻璃的弯曲度，弓形时应不超过 0.3%，波形时应不超过 0.2%。原片材料使用有非无机玻璃时，弯曲度由供需双方商定
4	可见光透射比	夹层玻璃的可见光透射比由供需双方商定
5	可见光反射比	夹层玻璃的可见光反射比由供需双方商定
6	抗风压性能	应由供需双方商定是否有必要进行本项试验，以便合理选择给定风载条件下适宜的夹层玻璃的材料、结构和规格尺寸等，或验证所选定夹层玻璃的材料、结构和规格尺寸等能否满足设计风压值的要求
7	耐热性	试验后允许试样存在裂口，超出边部或裂口 13 mm 部分不能产生气泡或其他缺陷
8	耐湿性	试验后试样超出原始边 15 mm、切割边 25 mm、裂口 10 mm 部分不能产生气泡或其他缺陷
9	耐辐照性	试验后试样不可产生显著变色、气泡及浑浊现象，且试验前后试样的可见光透射比相对变化率 ΔT 应不大于 3%
10	落球冲击剥离性能	试验后中间层不得断裂、不得因碎片剥离而暴露

序号	项目	内容
11	霰弹袋冲击性能	在每一冲击高度试验后试样均应未破坏和（或）安全破坏。破坏时试样同时符合下列要求为安全破坏： （1）破坏时允许出现裂缝或开口，但是不允许出现使直径为 76 mm 的球在 25 N 力作用下通过的裂缝或开口； （2）冲击后试样出现碎片剥离时，称量冲击后 3 min 内从试样上剥离下的碎片，碎片总质量不得超过相当于 100 cm² 试样的质量，最大剥离碎片质量应小于 44 cm² 面积试样的质量。 1）Ⅱ—1 类夹层玻璃：3 组试样在冲击高度分别为 300 mm、750 mm 和 1 200 mm 时冲击后，全部试样未破坏和（或）安全破坏。 2）Ⅱ—2 类夹层玻璃：2 组试样在冲击高度分别为 300 mm 和 750 mm 时冲击后，试样未破坏和（或）安全破坏；但另 1 组试样在冲击高度为 1 200 mm 时，任何试样非安全破坏。 3）Ⅲ类夹层玻璃：1 组试样在冲击高度为 300 mm 时冲击后，试样未破坏和（或）安全破坏，但另 1 组试样在冲击高度为 750 mm 时，任何试样非安全破坏。 4）Ⅰ类夹层玻璃：对霰弹袋冲击性能不做要求

表 6-26　夹层玻璃可视区的允许点状缺陷数

缺陷尺寸 λ/min			$0.5<\lambda\leqslant1.0$	$1.0<\lambda\leqslant3.0$			
玻璃面积 S/m²			S 不限	S≤1	1<S≤2	2<S≤8	8<S
允许缺陷数/个	玻璃层数	2	不得密集存在	1	2	1.0 m²	1.2 m²
		3		2	3	1.5 m²	1.8 m²
		4		3	4	2.0 m²	2.4 m²
		≥5		4	5	2.5 m²	3.0 m²

注：1. 不大于 0.5 mm 的缺陷不考虑，不允许出现大于 3 mm 的缺陷。

2. 当出现下列情况之一时，视为密集存在。

(1)两层玻璃时，出现 4 个或 4 个以上，且彼此相距小于 200 mm。

(2)三层玻璃时，出现 4 个或 4 个以上的缺陷，且彼此相距小于 180 mm。

(3)四层玻璃时，出现 4 个或 4 个以上的缺陷，且彼此相距小于 150 mm。

(4)五层以上玻璃时，出现 4 个或 4 个以上的缺陷，且彼此相距小于 100 mm。

3. 单层中间层单层厚度大于 2 mm 时，表中允许缺陷数总数增加 1。

表 6-27　夹层玻璃可视区允许的线状缺陷数

缺陷尺寸（长度 L，宽度 B）/mm	L≤30 且 B≤0.2	L>30 或 B>0.2		
玻璃面积 S/m²	S 不限	S≤5	5<S≤8	8<S
允许缺陷数/个	允许存在	不允许	1	2

表 6-28　夹层玻璃的长度和宽度允许偏差　　　　　　　　　　　　　　　mm

公称尺寸（边长 L）	公称厚度≤8	公称厚度>8	
		每块玻璃公称厚度<10	至少一块玻璃公称厚度≥10
L≤1 100	+2.0 −2.0	+2.5 −2.0	+3.5 −2.5

公称尺寸(边长 L)	公称厚度≤8	公称厚度>8	
		每块玻璃公称厚度<10	至少一块玻璃公称厚度≥10
1 100<L≤1 500	+3.0 −2.0	+3.5 −2.0	+4.5 −3.0
1 500<L≤2 000	+3.0 −2.0	+3.5 −2.0	+5.0 −3.5
2 000<L≤2 500	+4.5 −2.5	+5.0 −3.0	+6.0 −4.0
L>2 500	+5.0 −2.0	+5.5 −2.5	+6.5 −4.5

表 6-29　夹层玻璃的最大允许叠差　　　　mm

长度或宽度 L	最大允许叠差	长度或宽度 L	最大允许叠差
L≤1 000	2.0	2 000<L≤4 000	4.0
1 000<L≤2 000	3.0	L>4 000	6.0

表 6-30　湿法夹层玻璃的中间层厚度允许偏差　　　　mm

湿法中间层厚度 d	允许偏差	湿法中间层厚度 d	允许偏差
d<1	±0.4	2≤d<3	±0.6
1≤d<2	±0.5	d≥3	±0.7

5. 夹层玻璃的应用

夹层玻璃一般用于有特殊安全要求的建筑物门窗、隔墙，工业厂房的天窗，安全性要求比较高的窗户、商品陈列橱窗、大厦地下室、屋顶及天窗等有飞散物落下的场所。使用夹层玻璃时，尤其是在室外使用时，要特别注意嵌缝化合物对玻璃或塑料层的化学作用，以防引起老化现象。

四、防火玻璃

防火玻璃是指能够同时满足耐火完整性、耐火隔热性和热辐射强度的玻璃。耐火完整性是指在标准的耐火试验条件下，当建筑分隔构件一面受火时，能在一定时间内防止火焰穿透或防止火焰在背火面出现的能力；耐火隔热性是指当建筑分隔构件一面受火时，在一定时间内背火面温度不超过规定值的能力；热辐射强度指在玻璃背火面一定距离、一定时间内的热辐射照度值。

(一)分类及标记

1. 分类

防火玻璃的分类见表 6-31。

表 6-31　防火玻璃的分类

序号	分类方法	种类
1	按结构分类	(1)复合防火玻璃(以 FFB 表示)； (2)单片防火玻璃(以 DFB 表示)

序号	分类方法	种类
2	按耐火性能分类	(1)隔热型防火玻璃(A类); (2)非隔热型防火玻璃(C类)
3	按耐火极限分类	防火玻璃按耐火极限可分为五个等级,即0.50 h、1.00 h、1.50 h、2.00 h、3.00 h

2. 标记

(1)标记方式。防火玻璃的标记方式如图6-5所示。

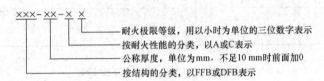

图6-5　防火玻璃的标记方式

(2)标记示例。

1)一块公称厚度为25 mm,耐火性能为隔热类(A类),耐火等级为1.50 h的复合防火玻璃标记为FFB—25—A1.50。

2)一块公称厚度为12 mm,耐火性能为非隔热类(C类),耐火等级为1.00 h的单片防火玻璃标记为DFB—12—C1.00。

(二)防火玻璃的技术要求

防火玻璃的技术要求应符合《建筑用安全玻璃 第1部分:防火玻璃》(GB 15763.1—2009)的规定,见表6-32～表6-38。

表6-32　防火玻璃的技术要求

序号	项目	内容
1	尺寸、厚度允许偏差	防火玻璃的尺寸、厚度允许偏差应符合表6-33和表6-34的规定
2	外观质量	防火玻璃的外观质量应符合表6-35和表6-36的规定
3	耐火性能	隔热型防火玻璃(A类)和非隔热型防火玻璃(C类)的耐火性能应满足表6-37的要求
4	弯曲度	防火玻璃的弓形弯曲度不应超过0.3%,波形弯曲度不应超过0.2%
5	可见光透射比	防火玻璃的可见光透射比应符合表6-38的要求
6	耐热性能	试验后复合防火玻璃试样的外观质量应符合本表第2项的规定
7	耐寒性能	试验后复合防火玻璃试样的外观质量应符合本表第2项的规定
8	耐紫外线辐照性	当复合防火玻璃使用在有建筑采光要求的场合时,应进行耐紫外线辐照性能测试。 复合防火玻璃试样试验后试样不应产生显著变色、气泡及浑浊现象,且试验前后可见光透射比相对变化率 ΔT 应不大于10%
9	抗冲击性能	单片防火玻璃不破坏是指试验后不破碎,复合防火玻璃不破坏是指试验后玻璃满足下述条件之一: (1)玻璃不破碎。 (2)玻璃破碎但钢球未穿透试样

序号	项目	内容
10	碎片状态	每块试验样品在 50 mm×50 mm 区域内的碎片数应不低于 40 块，允许有少量长条碎片存在，但其长度不得超过 75 mm，且端部不是刀刃状；延伸至玻璃边缘的长条形碎片与玻璃边缘形成的夹角不得大于 45°

表 6-33 复合防火玻璃的尺寸、厚度允许偏差   mm

公称厚度 d	长度或宽度 L 允许偏差		厚度允许偏差
	L≤1 200	1 200<L≤2 400	
5≤d<11	±2	±3	±1.0
11≤d<17	±3	±4	±1.0
17≤d<24	±4	±5	±1.3
24≤d<35	±5	±6	±1.5
d≥35	±5	±6	±2.0

注：当 L 大于 2 400 mm 时，尺寸允许偏差由供需双方商定。

表 6-34 单片防火玻璃的尺寸、厚度允许偏差   mm

公称厚度	长度或宽度 L 允许偏差			厚度允许偏差
	L≤1 000	1 000<L≤2 000	L>2 000	
5	+1			±0.2
6	−2	±3	±4	±0.2
8	+2			±0.3
10	−3			±0.3
12				±0.3
15	±4	±4		±0.5
19	±5	±5	±6	±0.7

表 6-35 复合防火玻璃的外观质量

缺陷名称	要求
气泡	直径 300 mm 圆内允许长 0.5～1.0 mm 的气泡 1 个
胶合层杂质	直径 500 mm 圆内允许长 2.0 mm 以下的杂质 2 个
划伤	宽度不大于 0.1 mm，长度不大于 50 mm 的轻微划伤，每平方米面积内不超过 4 条
	宽度为 0.1～0.5 mm，长度不大于 50 mm 的轻微划伤，每平方米面积内不超过 1 条
爆边	每米边长允许有长度不超过 20 mm、自边部向玻璃表面延伸深度不超过厚度一半的爆边 4 个
叠差、裂纹、脱胶	脱胶、裂纹不允许存在，总叠差不应大于 3 mm

注：复合防火玻璃周边 15 mm 范围内的气泡、胶合层杂质不做要求。

表 6-36　单片防火玻璃的外观质量

缺陷名称	要求
爆边	不允许存在
划伤	宽度≤0.1 mm，长度≤50 mm 的轻微划伤，每平方米面积内不超过 2 条
	0.1 mm＜宽度＜0.5 mm，长度≤50 mm 的轻微划伤，每平方米面积内不超过 1 条
结石、裂纹、缺角	不允许存在

表 6-37　防火玻璃的耐火性能

分类名称	耐火极限等级	耐火性能要求
隔热型防火玻璃 （A 类）	3.00 h	耐火隔热性时间≥3.00 h，且耐火完整性时间≥3.00 h
	2.00 h	耐火隔热性时间≥2.00 h，且耐火完整性时间≥2.00 h
	1.50 h	耐火隔热性时间≥1.50 h，且耐火完整性时间≥1.50 h
	1.00 h	耐火隔热性时间≥1.00 h，且耐火完整性时间≥1.00 h
	0.50 h	耐火隔热性时间≥0.50 h，且耐火完整性时间≥0.50 h
非隔热型防火玻璃 （C 类）	3.00 h	耐火完整性时间≥3.00 h，耐火隔热性无要求
	2.00 h	耐火完整性时间≥2.00 h，耐火隔热性无要求
	1.50 h	耐火完整性时间≥1.50 h，耐火隔热性无要求
	1.00 h	耐火完整性时间≥1.00 h，耐火隔热性无要求
	0.50 h	耐火完整性时间≥0.50 h，耐火隔热性无要求

表 6-38　防火玻璃的可见光透射比

项目	允许偏差最大值（明示标称值）	允许偏差最大值（未明示标称值）
可见光透射比	±3%	≤5%

（三）防火玻璃的应用

防火玻璃作为防火材料，主要用于建筑物的防火门窗，也适用于建筑复合防火玻璃及钢化工艺制造的单片防火玻璃。

第四节　装饰玻璃

一、彩色平板玻璃

彩色平板玻璃又称为有色玻璃，可分为透明和不透明两种。透明的彩色玻璃是在平板玻璃中加入一定量的着色金属氧化物，按一般的平板玻璃生产工艺生产而成。不透明的彩色玻璃又称为饰面玻璃，经过退火的饰面玻璃可以切割，但经过钢化处理的不能再进行切割加工。

彩色平板玻璃的颜色有茶色、海洋蓝色、宝石蓝色、翡翠绿色等。彩色玻璃可以拼成各种图案，并有耐腐蚀、抗冲刷、易清洗等特点，主要用于建筑物的内外墙、门窗装饰及对光线有特殊要求的部位。

二、花纹玻璃

花纹玻璃是将玻璃依设计图案加以雕刻、印刻或局部喷砂等无彩色处理，使表面有各式图案、花样及不同质感。花纹玻璃依照加工方法的不同分为压花玻璃、喷花玻璃、冰花玻璃和乳花玻璃。

1. 压花玻璃

压花玻璃又称花纹玻璃或滚花玻璃，是采用压延方法制造的一种平板玻璃。由于一般压花玻璃的一个或两个表面压有深浅不同的各种花纹图案，其表面凹凸不平，当光线通过玻璃时产生无规则的折射，因而压花玻璃具有透光不透视的特点，并且透光度低，从玻璃的一面看另一面的物体时，物像模糊不清。压花玻璃由于表面具有各种花纹，还可以具有一定的色彩，因此能创造出一定的艺术效果。

压花玻璃按外观质量可分为一等品、合格品。压花玻璃因厚度不同有 3 mm、4 mm、5 mm、6 mm 和 8 mm 等类型。

压花玻璃是各种公共设施室内装饰和分隔的理想材料，用于门窗、室内间隔、浴厕等处，也可用于居室的门窗装配，起着采光但又阻隔视线的作用。

2. 喷花玻璃

喷花玻璃又称为胶花玻璃，是在平板玻璃表面贴以图案，抹以保护层，经喷砂处理形成透明与不透明相间的图案而成。喷花玻璃的厚度一般为 6 mm，最大加工尺寸为 2 200 mm×1 000 mm。喷花玻璃给人以高雅、美观的感觉，适用于室内门窗、隔断和采光。

3. 冰花玻璃

冰花玻璃是一种具有冰花图案的平板玻璃，是在磨砂玻璃的毛面上均匀涂布一薄层骨胶水溶液，经自然或人工干燥后，使胶液因脱水收缩而龟裂，并从玻璃表面剥落而制成。冰花玻璃对通过的光线有漫射作用，犹如蒙上一层纱帘，使人看不清玻璃后面的景物，却有着良好的透光性能，因而具有良好的装饰效果。

冰花玻璃可用无色平板玻璃制造，也可用茶色、蓝色、绿色等彩色玻璃制造。其装饰效果优于压花玻璃，给人以清新之感，是一种新型的室内装饰玻璃。其可用于宾馆、酒楼等场所的门窗、隔断、屏风和家庭装饰。

4. 乳花玻璃

乳花玻璃的外观与喷花玻璃相近。乳花玻璃是在平板玻璃的一面贴上图案，抹以保护层，经化学处理蚀刻而成。它的花纹清新、美丽，富有装饰性。乳花玻璃一般厚度为 3～5 mm，最大加工尺寸为 2 000 mm×1 500 mm。其用途与喷花玻璃相同。

三、磨砂玻璃

磨砂玻璃又称为毛玻璃，是经研磨、喷砂加工和使表面均匀粗糙的平板玻璃。

磨砂玻璃易产生漫射，透光而不透视，作为门窗玻璃可使室内光线柔和，没有刺目之感。其一般用于浴室、办公室等需要隐秘和不受干扰的房间，也可用于室内隔断和作为灯箱透光片使用。磨砂玻璃还可用作黑板。

四、镜面玻璃

镜面玻璃即镜子，是指玻璃表面通过化学(银镜反应)或物理(真空铝)等方法形成反射率极大的镜面反射玻璃制品。常用的镜面玻璃有明镜、墨镜(也称黑镜)、彩绘镜和雕刻镜等多种。为提高装饰效果,在镀镜之前可对原片玻璃进行彩绘、磨刻、喷砂、化学蚀刻等加工,形成具有各种花纹图案或精美字画的镜面玻璃。

在装饰工程中,常利用镜子的反射和折射来增加空间感和距离感或改变光照效果。

五、镭射玻璃

镭射玻璃是以玻璃为基材的新一代建筑装饰材料,其特征是经特种工艺处理,玻璃背面出现全息或其他光栅,在阳光、月光、灯光等光源的照射下形成物理衍射分光,其经金属反射后会出现艳丽的七色光,且同一感光点或感光面将因光的入射角的不同而出现不同的色彩变化,使被装饰物显得华贵高雅、富丽堂皇、梦幻迷人。

镭射玻璃的颜色有银白色、蓝色、灰色、紫色、黑色、红色等。镭射玻璃适用于酒店、宾馆,各种商业、文化、娱乐设施的装饰,如内外墙面、商业门面、招牌、地砖、桌面、吧台、隔断、柱面和天顶、雕塑贴面、电梯门、艺术屏风与装饰画、高级喷泉、发廊、大中型灯饰及电子产品外装饰等。

第五节　其他装饰玻璃制品

一、中空玻璃

中空玻璃是将两片或多片平板玻璃用边框隔开,四周边用胶接、焊接或熔接的方法密封,中间充入干燥空气或其他气体的玻璃制品。中空玻璃的隔热性能好,能有效地降低噪声,避免冬季窗户结露,并且有良好的隔声性能、装饰效果等特点。

1. 中空玻璃的分类

中空玻璃的分类见表 6-39。

表 6-39　中空玻璃的分类

序号	分类方法	内容
1	按形状分类	(1)平面中空玻璃 (2)曲面中空玻璃
2	按中空腔内气体分类	(1)普通中空玻璃:中空腔内为空气的中空玻璃。 (2)充气中空玻璃:中空腔内充入氩气、氮气等气体的中空玻璃

2. 中空玻璃的应用

中空玻璃主要用于需要采暖、空调、防噪声、控制结露、调节光照等的建筑物上,或要求较高的建筑场所,如宾馆、住宅、医院、商场、写字楼等,也可用于需要空调的车、船的门窗等处。特殊中空玻璃一般根据设计环境要求而使用。

二、玻璃马赛克

玻璃马赛克是指由不同色彩的小块玻璃镶嵌而成的平面装饰。其是将长度不超过

45 mm的各种颜色和形状的玻璃质小块铺贴在纸上而制成的一种装饰材料。玻璃马赛克绚丽多彩，典雅美观，装饰效果非常好，并且质地坚硬、性能稳定，具有耐热、耐寒、耐酸碱等性能，另外，其还具有价格较低、施工方便等特点。

玻璃马赛克主要用作宾馆、医院、办公楼、礼堂、住宅等建筑物的内外墙装饰材料或大型壁画的镶嵌材料。使用时，要注意应一次订货订齐，后追加部分的色彩会有差异，特别是用废玻璃生产的玻璃马赛克，每批的颜色差别较大。粘贴时，浅颜色玻璃马赛克应用白水泥粘结，因为装饰后的色调由马赛克和粘结砂浆的颜色综合决定。

三、空心玻璃砖

空心玻璃砖是一种带有干燥空气层的空腔、周边密封的玻璃制品。其具有抗压、保温、隔热、不结霜、隔声、防水、耐磨、化学性能稳定、不燃烧和透光不透视的性能。

空心玻璃砖按外形可分为正方形、长方形和异形，按颜色可分为无色和本体着色两类。

空心玻璃砖可用于商场、宾馆、舞厅、展厅及办公楼等处的外墙、内墙、隔断、天棚等处的装饰。空心玻璃砖墙不能作为承重墙使用，不能切割。

本章小结

本章介绍了玻璃的组成、分类及性质，平板玻璃的分类、规格、技术要求及应用，安全玻璃的特点、分类、技术要求及应用，装饰玻璃、其他装饰玻璃制品的品种、性能及应用。

1. 平板玻璃是指未经其他加工的平板状玻璃制品，主要用于一般建筑的门窗，起采光、围护、保温和隔声作用，同时也是深加工成为具有特殊功能玻璃的基础材料。

2. 安全玻璃与普通玻璃相比，力学强度高、抗冲击能力强，也具有一定的装饰效果。安全玻璃的主要品种有钢化玻璃、夹丝玻璃、夹层玻璃和防火玻璃。

3. 装饰玻璃的主要品种有彩色平板玻璃、花纹玻璃、磨砂玻璃、镜面玻璃和镭射玻璃。

4. 其他装饰玻璃制品的品种有中空玻璃、玻璃马赛克、空心玻璃砖。

思考与练习

1. 什么是玻璃？其主要化学成分有哪些？

2. 平板玻璃主要应用在哪几个方面？

3. 钢化玻璃具有哪些特点？

4. 夹层玻璃可应用在哪些场合？

5. 什么是磨砂玻璃？其特点和应用是怎样的？

6. 中空玻璃具有哪些特点？其可应用在哪些场合？

第七章 建筑陶瓷

1. 了解陶瓷的特点、分类、组成材料及建筑陶瓷的生产。
2. 掌握他陶瓷砖的分类、技术要求，以及它们在建筑装饰工程中的应用。
3. 熟悉陶瓷马赛克的特点、种类、等级、技术要求及实际应用。
4. 熟悉建筑琉璃制品的特点、品种、规格、标记、技术要求及实际应用。

1. 能够根据建筑陶瓷的特点、技术要求及不同装饰需要合理选择建筑装饰陶瓷制品。
2. 能够进行建筑装饰陶瓷的质量鉴别。

建筑陶瓷是以黏土为主要原料，经配料、制坯、干燥和焙烧制得的制品。现代建筑装饰中的陶瓷制品主要包括陶瓷墙地砖、卫生陶瓷、园林陶瓷、琉璃陶瓷制品等，其中以陶瓷墙地砖的用量最大。这类材料具有强度高、美观、耐磨、耐腐蚀、防火、耐久性好以及施工方便等优点，因此受到了国内外生产商和用户的重视，成为建筑物外墙、内墙、地面装饰材料的重要组成部分并具有广阔的发展前景。

第一节 陶瓷的基本知识

一、陶瓷的分类

陶瓷是陶器和瓷器两大类产品的总称，是室内外装饰用较高级的烧成制品。凡以陶土、河砂等为主要原料，经低温烧制而成的制品称为陶器；以磨细的岩石粉（如瓷土、长石粉、石英粉等）为主要原料，经高温烧制而成的制品称为瓷器。陶瓷制品根据其结构特点的不同可分为陶器、瓷器和炻器三大类。

1. 陶器

陶质制品烧结程度低，为多孔结构，断面粗糙无光，敲击时声音暗哑，通常吸水率大，强度低。根据原料杂质含量的不同，陶器可分为粗陶和精陶两种。粗陶一般以含杂质较多的砂黏土为主要坯料，表面不施釉，建筑上常用的烧结普通砖、瓦、陶管等均属此类。精陶是以可塑性黏土、高岭土、长石、石英为原料，一般经素烧和釉烧两次烧成，坯体呈白色或象牙色，吸水率为 $9\%\sim12\%$，最高达 17%，建筑上所用的釉面内墙砖和卫生陶瓷等均属此类，精陶按其用途不同可分为建筑精陶（如釉面砖）、美术精陶和日用精陶。

2. 瓷器

瓷质制品烧结程度高，结构致密，呈半透明状，敲击时声音清脆，几乎不吸水，色洁白，耐酸、耐碱、耐热性能均好。其表面通常施有釉层。瓷质制品按其原料化学成分与制作工艺不同，又可分为粗瓷和细瓷两种。日用餐具、茶具、艺术陈设瓷及电瓷等多为瓷质制品。

3. 炻器

介于陶器和瓷器之间的一类产品，称为炻器，也称半瓷。炻器与陶器的区别在于陶器坯体是多孔的，而炻器坯体的气孔率很低。炻器与瓷器的区别主要是炻器坯体多数都带有颜色且无半透明性。

其结构的致密性略低于瓷质，一般吸水率较小，炻器按其坯体的密实程度不同，分为细炻器和粗炻器两种。细炻器较致密，吸水率一般小于 2%，多为日用器皿、陈设用品；粗炻器的吸水率较高，通常为 $4\%\sim8\%$，建筑装饰上用的外墙砖、地砖等均属于粗炻器，日用炻器及陈设品一般为细炻器。

二、陶瓷的组成材料

根据来源不同，陶瓷的组成原料可分为天然原料和化工原料两类。天然原料是指自然界中天然存在的无机矿物原料；化工原料是经化学方法处理而得到的原料，主要用作釉料的配制和高性能陶瓷的制备。使用天然矿物类原料制作的陶瓷较多，原料又可分为可塑性原料、瘠性原料、助熔剂和辅助原料。

1. 可塑性原料

可塑性原料主要是指可用于烧制陶瓷的各类黏土。黏土是一种或多种呈疏松或胶状密实的含水铝硅酸盐矿物的混合物。黏土主要是由富含长石等铝硅酸盐矿物的岩石，如长石、伟晶花岗石、斑岩、片麻岩等经过漫长地质年代的风化作用或热液蚀变作用而形成的。从外观上看，黏土有的呈土状，有的呈致密块状，其颜色有白色、黑色、黄色、灰色、红色等。有的黏土含砂较多，有的含砂很少或不含砂子，因此，各种黏土的情况千差万别，但在一定程度上它们或多或少都有可塑性。

2. 瘠性原料

瘠性原料是为防止坯体收缩所产生的缺陷，而掺入的本身无塑性，在焙烧过程中不与可塑性原料起化学作用，并在坯体和制品中起到骨架作用的原料。最常用的瘠性原料是石英和熟料（黏土在一定温度下焙烧至烧结或未完全烧结状态下经粉碎而成的材料）等。

3. 助熔剂

助熔剂也称助熔原料，在陶瓷坯体焙烧过程中可降低原料的烧结温度，增加密实度和强度，但同时可降低制品的耐火度、体积稳定性和高温抗变形能力。常用的助熔剂为长石、碳酸钙或碳酸镁等。

4. 辅助原料

辅助原料也称添加剂或外加剂。在陶瓷生产中，有时为达到某一工艺目的而使用一些有机或无机物质，虽然用量不大，但起到了不可或缺的重要作用。其主要有电解质、增强剂、絮凝剂、助磨剂、胶粘剂、悬浮剂等。

三、建筑陶瓷的生产

建筑陶瓷的生产要经过三个阶段，即坯料制备、成型和烧结。

1. 坯料制备

坯料用天然的岩石、矿物、黏土等作原料，其制备过程是粉碎→精选→磨细→配料→脱水→练坯、陈腐等。根据成型要求，原料经过坯料制备以后，可以是粉料、浆、料或可塑泥团。

2. 成型

按坯料的性能不同，建筑陶瓷的成型方法可分为可塑法、注浆法和压制法。

（1）可塑法。可塑法又称塑性料团成型法。在坯料中加入一定量的水分或塑化剂，使之成为具有良好塑性的料团，通过手工或机械成型。

（2）注浆法。注浆法又称浆料成型法，是把原料配制成浆料，注入模具中成型。其分为一般注浆成型和热压注浆成型。

（3）压制法。压制法又称为粉料成型法，是将含有一定水分和添加剂的粉料，在金属模具中用较高的压力压制成型，与粉末冶金成型方法完全一样。

3. 烧结

建筑陶瓷制品成型后还要烧结。未经烧结的陶瓷制品称为生坯，陶瓷生坯在加热过程中不断收缩，并在低于熔点温度下变成致密、坚硬的具有某种显微结构的多晶烧结体，这种现象称为烧结。烧结后，坯体体积减小，密度增加，强度和硬度增加。

釉是覆盖在陶瓷坯体表面的玻璃质薄层，它使制品变得平滑、光亮、不吸水，对提高制品的强度，改善制品的热稳定性和化学稳定性也是有利的。艺术釉可获得显著的装饰效果。

在不同的基础釉料中加入陶瓷着色剂，可制成具有各种花色的釉面砖。用两三种不同黏度的颜色釉，便可制成绚丽多彩的纹理砖和彩釉砖。

第二节　陶瓷砖

陶瓷砖是由黏土、长石和石英为主要原料制造的用于覆盖墙面和地面的板状或块状建筑陶瓷制品。

一、陶瓷砖的分类

陶瓷砖可按照成型方法和吸水率进行分类，见表7-1。

表 7-1　陶瓷砖分类及代号

		低吸水率(I 类)		中吸水率(II 类)		高吸水率(III 类)
按吸水率(E)分类		$E\leqslant0.5\%$（瓷质砖）	$0.5\%<E\leqslant3\%$（炻瓷砖）	$3\%<E\leqslant6\%$（细炻砖）	$6\%<E\leqslant10\%$（炻质砖）	$E>10\%$（陶质砖）
按成型方法分类	挤压砖(A)	AIa 类	AIb 类	AIIa 类	AIIb 类	AIII 类
	干压砖(B)	精细　　普通	精细　　普通	精细　　普通	精细　　普通	精细　　普通
		BIa 类	BIb 类	BIIa 类	BIIb 类	BIII 类*

* BIII 类仅包括有釉砖。

二、陶瓷砖的技术要求

(1)挤压陶瓷砖($E<0.5\%$，AIa 类)的技术要求应符合表 7-2 的规定。

表 7-2　挤压陶瓷砖($E<0.5\%$AIa 类)技术要求

项目		精细	普通
长度和宽度	每块砖(2 条或 4 条边)的平均尺寸相对于工作尺寸(W)的允许偏差/%	±1.0，最大±2 mm	±2.0，最大±4 mm
	每块砖(2 条或 4 条边)的平均尺寸相对于 10 块砖(20 条或 40 条边)平均尺寸的允许偏差/%	±1.0	±1.5
	制造商选择工作尺寸应满足以下要求：模数砖名义尺寸连接宽度允许在 3～11 mm 范围内；非模数砖工作尺寸与名义尺寸之间的偏差不大于±3 mm		
厚度厚度由制造商确定；每块砖厚度的平均值相对于工作尺寸厚度的允许偏差/%		±10	±10
边直度(正面)相对于工作尺寸的最大允许偏差/%		±0.5	±0.6
直角度相对于工作尺寸的最大允许偏差/%		±1.0	±1.0
表面平整度最大允许偏差/%	相对于由工作尺寸计算的对角线的中心弯曲度	±0.5	±1.5
	相对于工作尺寸的边弯曲度	±0.5	±1.5
	相对于由工作尺寸计算的对角线的翘曲度	±0.8	±1.5
背纹(有要求时)	深度(h)/mm	$h\geqslant0.7$	
	形状	背纹形状由制造商确定	
表面质量		至少砖的 95% 的主要区域无明显缺陷	
吸水率(质量分数)		平均值$\leqslant0.5\%$，单个值$\leqslant0.6\%$	
破坏强度/N	厚度(工作尺寸)$\geqslant7.5$ mm	$\geqslant1\ 300$	
	厚度(工作尺寸)<7.5 mm	$\geqslant600$	

项目		精细	普通
断裂模数/[N·mm^{-2}(MPa)] 不适用于破坏强度≥3 000 N 的砖		平均值≥28，单个值≥21	
耐磨性	无釉地砖耐磨损体积/mm³	≤275	
	有釉地砖表面耐磨性	报告陶瓷砖耐磨性级别和转数	
线性热膨胀系数	从环境温度到 100 ℃	参见《陶瓷砖》(GB/T 4100—2015) 附录 Q	
抗热震性		参见《陶瓷砖》(GB/T 4100—2015) 附录 Q	
有釉砖抗釉裂性		经试验应无釉裂	
抗冻性		经试验应无裂纹或剥落	
地砖摩擦系数		单个值≥0.50	
湿膨胀/(mm·m^{-1})		参见《陶瓷砖》(GB/T 4100—2015) 附录 Q	
小色差		纯色砖 有釉砖：$\Delta E < 0.75$ 无釉砖：$\Delta E < 1.0$	
抗冲击性		参见《陶瓷砖》(GB/T 4100—2015) 附录 Q	
耐污染性	有釉砖	最低 3 级	
	无釉砖	参见《陶瓷砖》(GB/T 4100—2015) 附录 Q	
抗化学腐蚀性	耐低浓度酸和碱	有釉砖	制造商应报告耐化学腐蚀性等级
		无釉砖	
	耐高浓度酸和碱	参见《陶瓷砖》(GB/T 4100—2015) 附录 Q	
	耐家庭化学试剂和游泳池盐类	有釉砖	不低于 GB 级
		无釉砖	不低于 UB 级
	铅和镉的溶出量	参见《陶瓷砖》(GB/T 4100—2015) 附录 Q	

(2)挤压陶瓷砖(0.5%<E≤3%，AIb 类)的技术要求应符合表 7-3 的规定。

表 7-3　挤压陶瓷砖(0.5%＜E≤3%，AIb 类)的技术要求

项目		精细	普通
长度和宽度	每块砖(2 条或 4 条边)的平均尺寸相对于工作尺寸(W)的允许偏差/%	±1.0，最大±2 mm	±2.0，最大±4 mm
	每块砖(2 条或 4 条边)的平均尺寸相对于 10 块砖(20 条或 40 条边)平均尺寸的允许偏差/%	±1.0	±1.5
	制造商选择工作尺寸应满足以下要求：模数砖名义尺寸连接宽度允许在 3～11 mm 范围内；非模数砖工作尺寸与名义尺寸之间的偏差不大于±3 mm		
厚度 厚度由制造商确定； 每块砖厚度的平均值相对于工作尺寸厚度的允许偏差/%		±10	±10
边直度(正面) 相对于工作尺寸的最大允许偏差/%		±0.5	±0.6
直角度 相对于工作尺寸的最大允许偏差/%		±1.0	±1.0
表面平整度 最大允许偏差/%	相对于由工作尺寸计算的对角线的中心弯曲度	±0.5	±1.5
	相对于工作尺寸的边弯曲度	±0.5	±1.5
	相对于由工作尺寸计算的对角线的翘曲度	±0.8	±1.5
背纹(有要求时)	深度(h)/mm	$h≥0.7$	
	形状	背纹形状由制造商确定	
表面质量		至少砖的 95%的主要区域无明显缺陷	
吸水率(质量分数)		平均值 0.5%＜E≤3%，单个值≤3.3%	
破坏强度/N	厚度(工作尺寸)≥7.5 mm	≥1 100	
	厚度(工作尺寸)＜7.5 mm	≥600	
断裂模数/[N·mm^{-2}(MPa)] 不适用于破坏强度≥3 000 N 的砖		平均值≥23，单个值≥18	
耐磨性	无釉地砖耐磨损体积/mm^3	≤275	
	有釉地砖表面耐磨性	报告陶瓷砖耐磨性级别和转数	
线性热膨胀系数	从环境温度到 100 ℃	参见《陶瓷砖》(GB/T 4100—2015)附录 Q	
抗热震性		参见《陶瓷砖》(GB/T 4100—2015)附录 Q	
有釉砖抗釉裂性		经试验应无釉裂	
抗冻性		经试验应无裂纹或剥落	
地砖摩擦系数		单个值≥0.50	

项目		精细	普通
湿膨胀/(mm·m⁻¹)		参见《陶瓷砖》(GB/T 4100—2015)附录Q	
小色差		纯色砖 有釉砖：$\Delta E < 0.75$ 无釉砖：$\Delta E < 1.0$	
抗冲击性		参见《陶瓷砖》(GB/T 4100—2015)附录Q	
耐污染性	有釉砖	最低3级	
	无釉砖	参见《陶瓷砖》(GB/T 4100—2015)附录Q	
抗化学腐蚀性	耐低浓度酸和碱 有釉砖	制造商应报告耐化学腐蚀性等级	
	耐低浓度酸和碱 无釉砖		
	耐高浓度酸和碱	参见《陶瓷砖》(GB/T 4100—2015)附录Q	
	耐家庭化学试剂和游泳池盐类 有釉砖	不低于GB级	
	耐家庭化学试剂和游泳池盐类 无釉砖	不低于UB级	
铅和镉的溶出量		参见《陶瓷砖》(GB/T 4100—2015)附录Q	

(3)其他陶瓷砖的技术要求请参见《陶瓷砖》(GB/T 4100—2015)附录。

三、陶瓷砖的应用

陶瓷砖色泽柔和、典雅、朴素大方、热稳定性好，降潮、防火、耐酸碱，用陶瓷砖装饰内墙，可使装饰面表面光滑、耐水、耐磨、耐腐蚀、易清洗和清新美观。

在图案陶瓷砖的制作过程中，在白底或色底陶瓷砖上装饰各种彩色花样图案，经高温烧制，产生浮雕、缎光绒毛彩漆的装饰效果，纹样清晰、色彩明快、柔和，主要用作厨房、卫生间、实验室、精密仪器车间及医院等室内墙面、台面等的饰面材料，既清洁卫生，又美观耐用。因为陶瓷砖为多孔的精陶质坯体，在长期与空气接触的过程中，特别是在潮湿环境中使用时，会吸收大量水分而产生吸湿膨胀现象，使陶瓷砖面产生开裂。如果用于室外，其经常受到大气温、湿度的影响及日晒雨淋、冻融的作用，更易出现剥落掉皮现象。

第三节　陶瓷马赛克

陶瓷马赛克是以优质黏土烧制而成的边长小于 40 mm 的陶瓷制品，其由各种颜色、多种几何形状的小块瓷片铺贴在牛皮纸上而成。

一、陶瓷马赛克的特点

陶瓷马赛克具有质地坚实、色泽图案多样、吸水率极小（无釉马赛克的吸水率不大于0.2%，有釉马赛克的吸水率不大于1.0%）、耐酸、耐碱、耐磨、耐水、耐压、耐冲击、易清洗、防滑的特点，并且色泽美观稳定，可拼出风景、动物、花草及各种图案，能获得不俗的视觉效果。

二、陶瓷马赛克的种类、等级

陶瓷马赛克的种类、等级见表7-4。

表7-4　陶瓷马赛克的种类、等级

序号	项目	内容
1	种类	陶瓷马赛克按表面性质可分为有釉、无釉两种；按颜色可分为单色、混色和拼花三种
2	等级	陶瓷马赛克按尺寸允许偏差和外观质量分为优等品和合格品两个等级

三、陶瓷马赛克的技术要求

陶瓷马赛克的技术要求应符合《陶瓷马赛克》(JC/T 456—2015)的规定，见表7-5～表7-8。

表7-5　陶瓷马赛克的技术要求

序号	项目	内容
1	尺寸允许偏差	(1)单块陶瓷马赛克尺寸偏差应符合表7-6的规定。 (2)每联陶瓷马赛克的线路、联长的尺寸允许偏差应符合表7-7的规定
2	外观质量	陶瓷马赛克外观质量的允许范围应符合表7-8的规定。
3	吸水率	陶瓷马赛克的吸水率不大于1.0%
4	耐磨性	(1)用于铺地的无釉陶瓷马赛克耐深度磨损体积不大于175 mm³； (2)用于铺地的有釉陶瓷马赛克表面耐磨性报告磨损等级和转数
5	抗热震性	经抗热震性试验后，应无裂纹、无破损
6	线性热膨胀系数	若陶瓷马赛克安装在有高热变性的情况下时，制造商应报告陶瓷马赛克的线性膨胀系数。
7	抗釉裂性	经抗釉裂性试验后，应无釉裂、无破损
8	耐污染性	经耐污染性试验后，有釉陶瓷马赛克耐污染性应不低于3级；无釉陶瓷马赛克应由制造商报告耐污染性级别
9	耐化学腐蚀性	制造商应报告陶瓷马赛克耐低浓度酸和碱的耐腐蚀性等级 制造商应报告陶瓷马赛克耐高浓度酸和碱的耐腐蚀性等级 经耐家庭化学试剂和游泳池盐类的腐蚀性试验后，有釉陶瓷马赛克的耐腐蚀性应不低于GB级，无釉陶瓷马赛克的耐腐蚀性应不低于UB级
10	成联陶瓷马赛克质量	(1)色差。单色陶瓷马赛克及联间同色砖色差目测基本一致 (2)铺贴衬材的粘结性。陶瓷马赛克与铺贴衬材经粘结性试验后，不允许有马赛克脱落。 (3)铺贴衬材的剥离性。表贴陶瓷马赛克的剥离时间不大于20 min。 (4)铺贴衬材的露出。表贴、背贴陶瓷马赛克铺贴后，不允许有铺贴衬材露出

表 7-6　单块陶瓷马赛克的尺寸偏差　　　　　　　　　　　　　　　　　　　mm

项目	允许偏差	
	优等品	合格品
边长/mm	±0.5	±1.0
厚度/%	±5	±5

表 7-7　每联陶瓷马赛克的线路、联长的尺寸允许偏差　　　　　　　　　　mm

项目	允许偏差	
	优等品	合格品
线路	±0.6	±1.0
联长	±1.0	±2.0
注：特殊要求由供需双方商定。		

表 7-8　最大边长不大于 25 mm 的陶瓷马赛克的外观质量要求

序号	缺陷名称	表示方法	缺陷允许范围				备注
			优等品		合格品		
			正面	背面	正面	背面	
1	夹层、釉裂、开裂	—	不允许				—
2	斑点、粘疤、起泡、坯粉、麻面、波纹、缺釉、桔釉、棕眼、落脏、溶洞	—	不明显		不严重		—
3	缺角	斜边长/mm	<1.0	<2.0	2.0~3.5	4.0~5.5	正背面缺角不允许在同一角部。正面只允许缺角1处
		深度/mm	不大于砖厚的 2/3				
4	缺边	长度/mm	<2.0	<4.0	3.0~5.0	6.0~8.0	正背面缺边不允许出现在同一侧面。同一侧面边不允许有2处缺边；正面只允许2处缺边
		宽度/mm	<1.0	<2.0	1.5~2.0	2.5~3.0	
		深度/mm	<1.5	<2.5	1.5~2.0	2.5~3.0	
5	变形	翘曲/mm	不明显				
		大小头/mm	0.6		0.8		

四、陶瓷马赛克的应用

陶瓷马赛克在室内装饰中，可用于浴厕、厨房、阳台、客厅、起居室等处的地面，也可用于墙面。在工业及公共建筑装饰工程中，陶瓷马赛克也被广泛用于内墙、地面，还可用于外墙。

第四节　建筑琉璃制品

一、建筑琉璃制品的概念及特点

建筑琉璃制品是指以黏土为主要原料，经成型、施釉、烧成而制得的用于建筑物的瓦类、脊类、饰件类陶瓷制品。其质地致密、表面光滑、不易玷污、坚实耐久、色彩绚丽、造型古朴，富有民族特点，是一种优良的高级建筑艺饰材料。

二、建筑琉璃制品的品种、规格及标记

1. 品种

建筑琉璃制品按品种可分为三类，即瓦类、脊类、饰件类。瓦类部分根据形状可分为板瓦、滴水瓦、筒瓦、沟头瓦、J形瓦、S形瓦、连锁瓦和其他形状的瓦。

2. 规格

建筑琉璃制品的规格及尺寸由供需双方商定，规格以长度和宽度的外形尺寸表示，如图 7-1～图 7-7 所示。

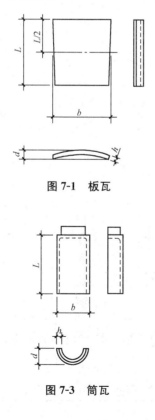

图 7-1　板瓦

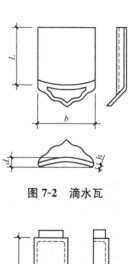

图 7-2　滴水瓦

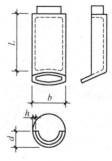

图 7-3　筒瓦　　　　　图 7-4　沟头瓦

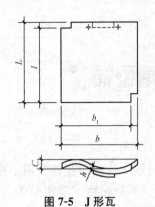

图 7-5　J 形瓦

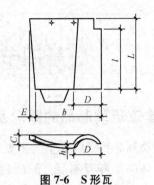

图 7-6　S 形瓦

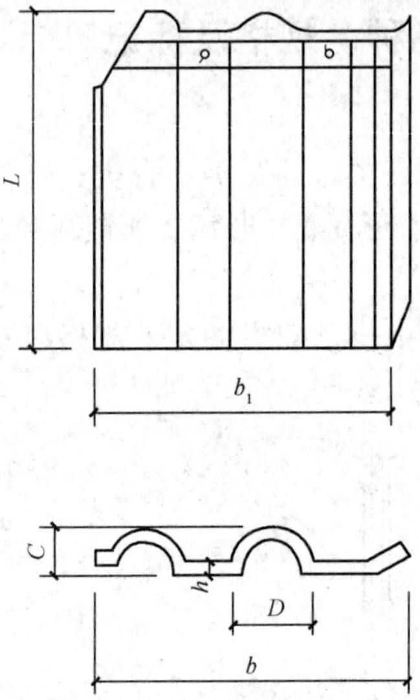

图 7-7　连锁瓦

在图 7-1～图 7-7 中，$L(l)$—（工作）长度；$b(b_1)$—（工作）宽度；h—厚度；d—曲度或弧度；C—谷深；D—峰宽；E—开度。

3. 标记

建筑琉璃制品的标记按产品品种、规格和标准顺序编写，如外形尺寸为 305 mm×205 mm 的板瓦标记为

板瓦　305×205　JC/T 765—2015。

三、建筑琉璃制品的技术要求

建筑琉璃制品的技术要求应符合《建筑琉璃制品》（JC/T 765—2015）的规定，见表 7-9～表 7-11。

表 7-9　建筑琉璃制品的质量技术要求

序号	项目	内容
1	尺寸	尺寸允许偏差应符合表 7-10 的规定

序号	项目	内容
2	外观质量	外观质量应符合表 7-11 的规定
3	吸水率	干压成型的建筑琉璃制品≤5.0%；挤压成型的建筑琉璃制品≤8.0%
4	破坏荷重	干压成型的建筑琉璃制品≥1 600 N；挤压成型的建筑琉璃制品≥1 300 N
5	抗冻性能	经 10 次冻融循环不出现裂纹或剥落
6	耐急冷急热性	经 10 次耐急冷急热性循环不出现炸裂、剥落及裂纹扩展现象

表 7-10　建筑琉璃制品的尺寸允许偏差　　　　　　　　　　mm

尺寸	允许偏差
$L(b) \geqslant 350$	±4
$250 \leqslant L(b) < 350$	±3
$L(b) < 250$	±2

表 7-11　建筑琉璃制品的外观质量要求

缺陷名称		外观质量要求	
		挤压成型制品	干压成型制品
表面缺陷	磕碰、粘釉、缺釉、斑点、落脏、棕眼、溶洞、图案缺陷、烟熏、釉缕、釉泡、釉裂、色差	不明显	不明显
变形	$L \geqslant 350$	≤8	≤6
	$250 \leqslant L < 350$	≤7	≤5
	$L < 250$	≤6	≤4
裂纹	贯穿裂纹	不允许	不允许
	非贯穿裂纹	≤15	≤15
分层		不允许	不允许

四、建筑琉璃制品的应用

建筑琉璃制品是一种具有中华民族文化特点与风格的传统建筑材料。其中琉璃瓦是我国用于古建筑的一种高级屋面材料，采用琉璃瓦屋盖的建筑，能格外体现东方民族文化，显得富丽堂皇、光彩夺目、雄伟壮观。因琉璃瓦价格较贵且自重大，故其主要用于具有民族色彩的宫殿式房屋以及少数纪念性建筑物上，还常用于建筑园林中的亭、台、楼、阁，以增加园林的特色。

本章小结

本章介绍了陶瓷的分类、组成材料及建筑陶瓷的生产，陶瓷砖的特点、种类、等级、技术要求及实际应用，陶瓷马赛克、建筑琉璃制品的特点、品种、规格、等级、技术要求及实际应用。

1. 陶瓷是陶器和瓷器两大类产品的总称，是室内外装饰用较高级的烧成制品。根据来源不同，陶瓷组成原料分为天然原料和化工原料两类。

2. 陶瓷砖是由黏土、长石和石英为主要原料制造的用于覆盖墙面和地面的板状或块状建筑陶瓷制品。

3. 陶瓷马赛克是以优质黏土烧制而成的陶瓷制品，由各种颜色、多种几何形状的小块瓷片铺贴在牛皮纸上而成。

4. 建筑琉璃制品是指以黏土为主要原料，经成型、施釉、烧成而制得的用于建筑物的瓦类、脊类、饰件类陶瓷制品。

思考与练习

1. 什么是陶瓷？其可分为哪几类？
2. 陶瓷砖有哪些特点？其可应用于哪些场合？
3. 陶瓷马赛克具有哪些特点？
4. 简述建筑琉璃制品的应用。

第八章 墙体与屋面材料

知识目标

1. 掌握烧结普通砖、烧结多孔砖和多孔砌块、烧结空心砖和空心砌块、普通混凝土小型砌块、蒸压加气混凝土砌块、轻骨料混凝土小型空心砌块的技术性质及应用。
2. 熟悉墙用板材的种类、性能特点及应用。
3. 熟悉屋面材料的品种、性能及应用。

能力目标

能够根据工程的实际需要合理选择砌墙砖、墙用砌块、墙用板材、屋面材料的种类。

墙体材料是指用来砌筑、拼装或用其他方法构成承重墙、非承重墙的材料。其是建筑材料的一个重要组成部分，在房屋建筑的房屋总质量、施工量及建筑造价中，均占有相当高的比例，同时，其又是一种量大面广的传统性地方材料。

根据墙体在房屋建筑中的作用不同，组成墙体的材料也应有所不同。建筑物的外墙，因其外表面要受外界气温变化的影响及风吹、雨淋、冰雪等的侵蚀，故对于外墙材料的选择，除应满足承重要求外，还要考虑保温、隔热、坚固、耐久、防水、抗冻等方面的要求；对于内墙，则应考虑选择防潮、隔声、质轻的材料。

长期以来黏土砖，特别是实心黏土砖一直是我国墙体材料中的主导材料，而实心黏土砖的生产消耗了大量的土地资源和煤炭资源，造成了严重的环境污染。目前，我国正努力培育和大力发展节能、节土、利废、保护环境和改善建筑功能的新型墙体材料。墙体材料按其形状和使用功能，可分为砌墙砖、墙用砌块和墙用板材三大类。

第一节 砌墙砖和砌块

砌墙砖是指由黏土、工业废料或其他地方资源为主要原料，以不同工艺制成的在建筑工程中用于砌筑墙体的砖的统称。砌墙砖是房屋建筑工程的主要墙体材料，具有一定的抗压强度，外形多为直角六面体。

砌块是一种比砌墙砖大的新型墙体材料，具有适应性强、原料来源广、不毁耕地、制作方便、可充分利用地方资源和工业废料、砌筑方便灵活等特点，同时可提高施工效率及施工的机械化程度，减轻房屋质量，改善建筑物的功能，降低工程造价。推广和使用砌块是墙体材料改革的一条有效途径。

一、烧结普通砖

烧结普通砖是指以黏土、页岩、煤矸石、粉煤灰、建筑渣土、淤泥（江河湖淤泥）、污泥等为主要原料，经焙烧而成的主要用于建筑物承重部位的普通砖。

烧结普通砖按所用原材料不同，可分为黏土砖（N）、页岩砖（Y）、煤矸石砖（M）、粉煤灰砖（F）、建筑渣土砖（Z）、淤泥砖（U）、污泥砖（W）、固体废弃物砖（G）等。

1. 烧结普通砖的生产

以黏土、页岩、煤矸石、粉煤灰等为原料烧制普通砖时，其生产工艺基本相同。生产工艺过程为"采土→调制→制坯→干燥→焙烧→成品"。

烧结普通砖

砖坯在干燥过程中体积收缩称为干缩，在焙烧过程中继续收缩称为烧缩。焙烧是生产烧结普通砖的重要环节。要特别控制砖的焙烧温度，以免出现欠火砖或过火砖。欠火砖是由于焙烧温度过低，砖的孔隙率很大，故强度低、耐久性差；过火砖是由于焙烧温度过高，产生软化变形，使砖的孔隙率变小，外形尺寸易变形、不规整。

当黏土中含有石灰质（$CaCO_3$）时，经焙烧制成的黏土砖易发生石灰爆裂现象。黏土中若含有可溶性盐类，还会使砖砌体发生盐析现象（也称泛霜）。

烧结普通砖可被烧成红色（红砖）或灰色（青砖）。它们的差别在于焙烧环境不同，当黏土砖处于氧化气氛的焙烧环境中时，则成红砖；当黏土砖处于还原气氛的环境中时，则成青砖。

近年来，我国采用了内燃砖法。其是将煤渣、粉煤灰等可燃工业废渣以适量比例掺入制坯黏土原料中作为内燃料。当砖焙烧到一定温度时，内燃料在坯体内也进行燃烧，这样烧成的砖叫内燃砖。这种方法可节省大量燃煤，节约黏土，提高强度，减小表观密度，使导热系数降低，变废为宝，而且减少环境污染。

2. 烧结普通砖的技术要求

根据《烧结普通砖》（GB/T 5101—2017）的规定，烧结普通砖的外形为直角六面体，公称尺寸为 240 mm×115 mm×53 mm。

（1）尺寸允许偏差。为保证砌筑质量，砖的尺寸允许偏差必须符合表 8-1 的规定。

表 8-1　烧结普通砖的尺寸允许偏差　　　　　　　　　　　　　　　　mm

公称尺寸	指标	
	样本平均偏差	样本极差≤
240	±2.0	6.0
115	±1.5	5.0
53	±1.5	4.0

（2）外观质量。烧结普通砖的外观质量应符合表 8-2 的规定。

表 8-2　烧结普通砖的外观质量　　　　　　　　　　　　　　mm

项目		指标
两条面高度差	≤	2
弯曲	≤	2
杂质凸出高度	≤	2
缺棱掉角的三个破坏尺寸	不得同时大于	5
裂纹长度 (1)大面上宽度方向及其延伸至条面的长度 (2)大面上长度方向及其延伸至顶面的长度或条顶面上水平裂纹的长度 完整面ᵃ	≤ 不得少于	 30 50 一条面和一顶面
注：为砌筑挂浆而施加的凹凸纹、槽、压花等不算作缺陷。		
a 凡有下列缺陷之一者，不得称为完整面： (1)缺损在条面或顶面上造成的破坏面尺寸同时大于 10 mm×10 mm； (2)条面或顶面上裂纹宽度大于 1 mm，其长度超过 30 mm； (3)压陷、粘底、焦花在条面或顶面上的凹陷或凸出超过 2 mm，区域尺寸同时大于 10 mm×10 mm。		

(3)强度等级。烧结普通砖按抗压强度分为 MU30、MU25、MU20、MU15、MU10 五个强度等级。若强度等级变异系数 $\delta \leqslant 0.21$，则采用平均值即标准值方法；若强度等级变异系数 $\delta > 0.21$，则采用平均值即单块最小值方法。各等级的强度标准应符合表 8-3 的规定。

表 8-3　烧结普通砖的强度等级　　　　　　　　　　　　　　MPa

强度等级	抗压强度平均值 $F \geqslant$	强度标准值 $f_k \geqslant$
MU30	30.0	22.0
MU25	25.0	18.0
MU20	20.0	14.0
MU15	15.0	10.0
MU10	10.0	6.5

(4)抗风化能力。抗风化能力是指在干湿变化、温度变化、冻融变化等物理因素的作用下，材料不被破坏并长期保持其原有性质的能力。

烧结普通砖的抗风化能力，通常以抗冻性、吸水率及饱和系数等指标来判别。按《烧结普通砖》(GB/T 5101—2017)的规定，对严重风化区中的黑龙江省、吉林省、辽宁省、内蒙古自治区、新疆维吾尔自治区的砖，必须进行冻融试验；其他省、市、自治区的砖的抗风化性能符合表 8-4 的规定时可不做冻融试验；否则，必须进行冻融试验。淤泥砖、污泥砖、固体废弃物砖应进行冻融试验。冻融试验后，每块砖样不允许出现分层、掉皮、缺棱、掉角等现象；冻后裂纹长度不得大于表 8-2 中裂纹长度的规定。

表 8-4　烧结普通砖的抗风化性能

项目种类	严重风化区				非严重风化区			
	5 h沸煮吸水率/%≤		饱和系数≤		5 h沸煮吸水率/%≤		饱和系数≤	
	平均值	单块最大值	平均值	单块最大值	平均值	单块最大值	平均值	单块最大值
黏土砖、建筑渣土砖	18	20	0.85	0.87	19	20	0.88	0.90
粉煤灰砖	21	23			23	25		
页岩砖	16	18	0.74	0.77	18	20	0.78	0.80
煤矸石砖	16	18			18	20		

(5)泛霜。泛霜也称起霜，是砖在使用过程中的盐析现象。砖内过量的可溶盐受潮吸水而溶解，随水分蒸发而沉积于砖的表面，形成白色粉状附着物，影响建筑美观。如果溶盐为硫酸盐，当水分蒸发呈晶体析出时，会产生膨胀，使砖面剥落。标准规定：每块砖不准许出现严重泛霜。

(6)石灰爆裂。石灰爆裂是指砖坯中夹杂有石灰石，焙烧后转变成生石灰，砖吸水后，由于石灰逐渐熟化而膨胀产生的爆裂现象。这种现象影响砖的质量，并降低砌体强度。

《烧结普通砖》(GB/T 5101—2017)规定，破坏尺寸大于 2 mm 且小于或等于 15 mm 的爆裂区域，每组砖不得多于 15 处。其中大于 10 mm 的不得多于 7 处。不准出现最大破坏尺寸大于 15 mm 的爆裂区域。试验后抗压强度损失不得大于 5 MPa。

(7)欠火砖、酥砖和螺旋纹砖。产品中不准许有欠火砖、酥砖和螺旋纹砖。

(8)放射性核素限量。放射性核素限量应符合《建筑材料放射性核素限量》(GB 6566—2010)的规定。

3. 烧结普通砖的应用

烧结普通砖具有一定的强度，其又因是多孔结构而具有良好的绝热性、透气性和热稳定性。通常，其表观密度为 1 600～1 800 kg/m³，导热系数为 0.78 W/(m·K)，约为混凝土的 1/2。

烧结普通砖在建筑工程中主要用作墙体材料，其中优等品适用于清水墙。在采用普通砖砌筑时，必须认识到砖砌体的强度不仅取决于砖的强度，而且受砂浆性质的影响很大。砖的吸水率大，一般为 15%～20%。在砌筑前，必须预先将砖进行吸水润湿，否则水泥砂浆不能正常水化和凝结硬化。

二、烧结多孔砖、烧结空心砖和空心砌块

在现代建筑中，由于高层建筑的发展，对烧结砖提出了减轻自重、改善绝热和吸声性能的要求，因此出现了烧结多孔砖、烧结空心砖和空心砌块。它们与烧结普通砖相比，具有一系列优点，可使墙体自重减轻 30%～35%，提高工效可达 40%，节省砂浆，并可改善墙体的绝热和吸声性能。另外，在生产上能节约黏土原料、燃料，提高质量和产量，降低成本。

(一)烧结多孔砖和多孔砌块

烧结多孔砖是以黏土、页岩、煤矸石、粉煤灰、淤泥(江河湖淤泥)及其他固体废弃物

等为主要原料，经焙烧制成主要用于建筑物承重部位的多孔砖和多孔砌块。烧结多孔砖和多孔砌块按主要原料分为黏土砖和黏土砌块(N)、页岩砖和页岩砌块(Y)、煤矸石砖和煤矸石砌块(M)、粉煤灰砖和粉煤灰砌块(F)、淤泥砖和淤泥砌块(U)、固体废弃物砖和固体废弃物砌块(G)。

1. 烧结多孔砖和多孔砌块的规格

烧结多孔砖和砌块的长度、宽度、高度尺寸应符合下列要求：

砖规格尺寸(mm)：290、240、190、180、140、115、90。

砌块规格尺寸(mm)：490、440、390、340、290、240、190、180、140、115、90。

其他规格尺寸由供需双方协商确定。

2. 烧结多孔砖和多孔砌块的等级

(1)强度等级。根据抗压强度分为 MU30、MU25、MU20、MU15、MU10 五个强度等级。

(2)密度等级。砖的密度等级分为 1 000、1 100、1 200、1 300 四个等级。砌块的密度等级分为 900、1 000、1 100、1 200 四个等级。

3. 烧结多孔砖和多孔砌块的产品标记

砖和砌块的产品标记按产品名称、品种、规格、强度等级、密度等级和标准编号顺序编写。如规格尺寸为 290 mm×140 mm×90 mm、强度等级 MU25、密度 1 200 级的黏土烧结多孔砖，标记示例为

　　　　烧结多孔砖　N　290×140×90　MU25　1 200　GB 13544—2011

4. 烧结多孔砖和多孔砌块的技术要求

烧结多孔砖和多孔砌块的技术要求应符合《烧结多孔砖和多孔砌块》(GB 13544—2011)的规定，具体要求如下：

(1)尺寸偏差。多孔砖和多孔砌块的尺寸允许偏差应符合表 8-5 的规定。

表 8-5　多孔砖和多孔砌块的尺寸允许偏差　　　　　　　　　　　　　　　　　mm

尺寸	样本平均偏差	样本极差≤	尺寸	样本平均偏差	样本极差≤
>400	±3.0	10.0	100～200	±2.0	7.0
300～400	±2.5	9.0	<100	±1.5	6.0
200～300	±2.5	8.0			

(2)外观质量。多孔砖和多孔砌块的外观质量应符合表 8-6 的规定。

表 8-6　多孔砖和多孔砌块的外观质量要求　　　　　　　　　　　　　　　　　mm

项目		指标
1. 完整面	不得少于	一条面和一顶面
2. 缺棱、掉角的三个破坏尺寸	不得同时大于	30
3. 裂纹长度 (1)大面(有孔面)上深入孔壁 15 mm 以上宽度方向及延伸到条面的长度	不大于	80
(2)大面(有孔面)上深入孔壁 15 mm 以上长度方向及延伸到顶面的长度	不大于	100
(3)条顶面上的水平裂纹	不大于	100

项目		指标
4. 杂质在砖或砌块面上造成的凸出高度	不大于	5

注：凡有下列缺陷之一者，不能称为完整面：

1. 缺损在条面或顶面上造成的破坏面尺寸同时大于 20 mm×30 mm；

2. 条面或顶面上裂纹宽度大于 1 mm，其长度超过 70 mm；

3. 压陷、焦花、粘底在条面或顶面上的凹陷或凸出超过 2 mm，区域最大投影尺寸同时大于 20 mm×30 mm。

（3）密度等级。烧结多孔砖和多孔砌块的密度等级应符合表 8-7 的规定。

表 8-7　烧结多孔砖和多孔砌块的密度等级　　　　　　　　　　　　　kg/m³

密度等级		3 块砖或砌块干燥表观密度平均值
砖	砌块	
—	900	≤900
1 000	1 000	900～1 000
1 100	1 100	1 000～1 100
1 200	1 200	1 100～1 200
1 300	—	1 200～1 300

（4）强度等级。烧结多孔砖和多孔砌块的强度等级，见表 8-8。

表 8-8　烧结多孔砖的强度等级　　　　　　　　　　　　　MPa

强度等级	抗压强度平均值 $\overline{f}$ ≥	强度标准值 f_k ≥	强度等级	抗压强度平均值 $\overline{f}$ ≥	强度标准值 f_k ≥
MU30	30.0	22.0	MU15	15.0	10.0
MU25	25.0	18.0	MU10	10.0	6.5
MU20	20.0	14.0			

（5）孔型孔结构及孔洞率。烧结多孔砖和多孔砌块的孔形孔结构及孔洞率应符合表 8-9 的规定。

表 8-9　烧结多孔砖的孔形孔结构及孔洞率

孔形	孔洞尺寸/mm		最小外壁厚 /mm	最小肋厚 /mm	孔洞率/%		孔洞排列
	孔宽度尺寸 b	孔长度尺寸 L			砖	砌块	
矩形条孔或矩形孔	≤13	≤40	≥12	≥5	≥28	≥33	1. 所有孔宽应相等。孔采用单向或双向交错排列。 2. 孔洞排列上下、左右应对称，分布均匀，手抓孔的长度方向尺寸必须平行于砖的条面

注：1. 矩形孔的孔长 L、孔宽 b 满足 $L≥3b$ 时，为矩形条孔。

2. 孔四个角应做成过渡圆角，不得做成直尖角。

3. 如设有砌筑砂浆槽，则砌筑砂浆槽不计算在孔洞率内。

4. 规格大的砖和砌块应设置手抓孔，手抓孔尺寸为（30～40）mm×（75～85）mm。

(6)泛霜。每块砖或砌块不允许出现严重泛霜。

(7)石灰爆裂。破坏尺寸大于 2 mm 且小于或等于 15 mm 的爆裂区域，每组砖不得多于 15 处。其中大于 10 mm 的不得多于 7 处。不允许出现破坏尺寸大于 15 mm 的爆裂区域。

(8)抗风化性能。对严重风化区中的黑龙江省、吉林省、辽宁省、内蒙古自治区、新疆等省、自治区维吾尔自治区的砖、砌块和其他地区以淤泥、固体废弃物为主要原料生产的砖必须进行冻融试验，其他地区以黏土、粉煤灰、页岩、煤矸石为主要原料生产的砖和砌块的抗风化性能符合表 8-10 的规定时可不做冻融试验，否则必须进行冻融试验。15 次冻融试验后，每块砖和砌块不允许出现裂纹、分层、掉皮、缺棱、掉角等冻坏现象。

表 8-10　烧结多孔砖的抗风化性能

种类	项目							
	严重风化区				非严重风化区			
	5 h 沸煮吸水率/%≤		饱和系数≤		5 h 沸煮吸水率/%≤		饱和系数≤	
	平均值	单块最大值	平均值	单块最大值	平均值	单块最大值	平均值	单块最大值
黏土砖和砌块	21	23	0.85	0.87	23	25	0.88	0.90
粉煤灰砖和砌块	23	25			30	32		
页岩砖和砌块	16	18	0.74	0.77	18	20	0.78	0.80
煤矸石砖和砌块	19	21			21	23		
注：粉煤灰掺入量(质量比)小于 30％时，抗风化性能按黏土砖和砌块的规定判定。								

5. 烧结多孔砖和多孔砌块的应用

烧结多孔砖和多孔砌块主要用于建筑物的承重墙。

(二)烧结空心砖和空心砌块

烧结空心砖和空心砌块是以黏土、页岩、粉煤灰、煤矸石、淤泥(江、河、湖等淤泥)、建筑渣土及其他固体废弃物为主要原料，经焙烧而成，主要用于建筑物非承重部位的空心砖和空心砌块。孔洞多为矩形孔或其他孔形，数量少而尺寸大，孔洞平行于受压面。

根据《烧结空心砖和空心砌块》(GB/T 13545—2014)，空心砖和空心砌块外形为直角六面体，混水墙用空心砖和空心砌块，应在大面和条面上设有均匀分布的粉刷槽或类似结构，深度不小于 2 mm，如图 8-1 所示。

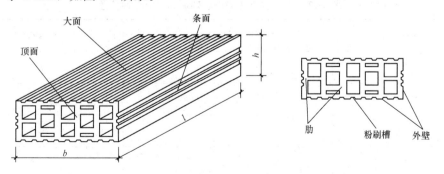

图 8-1　烧结空心砖

l—长度；b—宽度；h—高度

1. 烧结空心砖和空心砌块的分类

烧结空心砖和空心砌块的分类见表 8-11。

表 8-11　烧结空心砖和空心砌块的分类

项目	内容
类别	按主要原料分为黏土空心砖和空心砌块(N)、页岩空心砖和空心砌块(Y)、煤矸石空心砖和空心砌块(M)、粉煤灰空心砖和空心砌块(F)、淤泥空心砖和空心砌块(U)、建筑渣土空心砖和空心砌块(Z)、其他固体废弃物空心砖和空心砌块(G) 　按强度等级可分为 MU10,MU7.5,MU5.0,MU3.5; 　按体积密度可分为 800 级,900 级,1 000 级,1 100 级
规格	(1)空心砖和空心砌块的外形为直角六面体,如图 8-1 所示,混水墙用空心砖和空心砌块,应在大面和条面上设有均匀分布的粉刷槽或类似结构,深度不小于 2 mm。 　(2)空心砖和空心砌块的长度、宽度、高度尺寸应符合下列要求: 　1)长度规格尺寸(mm):390,290,240,190,180(175),140; 　2)宽度规格尺寸(mm):190,180(175),140,115; 　3)高度规格尺寸(mm):180(175),140,115,90

2. 烧结空心砖和空心砌块的标记

烧结空心砖和空心砌块的产品标记按产品名称、类别、规格(长度×宽度×高度)、密度等级、强度等级和标准编号顺序编写。如规格尺寸为 290 mm×190 mm×90 mm、密度等级 800、强度等级 MU7.5 的页岩空心砖,其标记示例为:

烧结空心砖　Y(290×190×90) 800　MU7.5　GB 13545—2014

3. 烧结空心砖和空心砌块的技术要求

烧结空心砖和空心砌块的技术要求应符合《烧结空心砖和空心砌块》(GB 13545—2014)的规定,具体要求如下:

(1)烧结空心砖和空心砌块的尺寸允许偏差应符合表 8-12 的规定。

表 8-12　烧结空心砖和空心砌块的尺寸允许偏差　　　　　　　　　　　　mm

尺寸	样本平均偏差	样本极差≤
>300	±3.0	7.0
>200~300	±2.5	6.0
100~200	±2.0	5.0
<100	±1.7	4.0

(2)烧结空心砖和空心砌块的外观质量应符合表 8-13 的规定。

表 8-13　烧结空心砖和空心砌块的外观质量　　　　　　　　　　　　　　　　　　　　　mm

项目		指标
(1)弯曲	不大于	4
(2)缺棱、掉角的三个破坏尺寸	不得同时大于	30
(3)垂直度差	不大于	4
(4)未贯穿裂纹长度		
1)大面上宽度方向及其延伸到条面的长度	不大于	100
2)大面上长度方向或条面上水平面方向的长度	不大于	120
(5)贯穿裂纹长度		
1)大面上宽度方向及其延伸到条面的长度	不大于	40
2)壁、肋沿长度方向、宽度方向及其水平方向的长度	不大于	40
(6)肋、壁内残缺长度	不大于	40
(7)完整面	不少于	一条面或一大面

注：凡有下列缺陷之一者，不能称为完整面：
　　1. 缺损在大面、条面上造成的破坏面尺寸同时大于 20 mm×30 mm。
　　2. 大面、条面上裂纹宽度大于 1 mm，其长度超过 70 mm。
　　3. 压陷、粘底、焦花在大面、条面上的凹陷或凸出超过 2 mm，区域尺寸同时大于 20 mm×30 mm。

(3)烧结空心砖和空心砌块的强度等级应符合表 8-14 的规定。

表 8-14　烧结空心砖和空心砌块的强度等级

强度等级	抗压强度/MPa		
	抗压强度平均值 $\overline{f}\geqslant$	变异系数 $\delta\leqslant0.21$ 强度标准值 $f_k\geqslant$	变异系数 $\delta>0.21$ 单块最小抗压强度值 $f_{min}\geqslant$
MU10.0	10.0	7.0	8.0
MU7.5	7.5	5.0	5.8
MU5.0	5.0	3.5	4.0
MU3.5	3.5	2.5	2.8

(4)烧结空心砖和空心砌块的密度等级应符合表 8-15 的规定。

表 8-15　烧结空心砖和空心砌块的密度等级　　　　　　　　　　　　　　　　　kg/m³

密度等级	5块砖体积密度平均值	密度等级	5块砖体积密度平均值
800	≤800	1 000	901~1 000
900	801~900	1 100	1 001~1 100

(5)烧结空心砖和空心砌块的孔洞率和孔洞排数应符合表 8-16 的规定。

表 8-16　烧结空心砖和空心砌块的孔洞率和孔洞排数

孔洞排列	孔洞排数/排		孔洞率/%	孔型
	宽度方向	高度方向		
有序或交错排列	$b\geqslant200$ mm ≥4 $b<200$ mm ≥3	≥2	≥40	矩形孔

在空心砖和空心砌块的外壁内侧宜设置有序排列的宽度或直径不大于 10 mm 的壁孔，壁孔的孔型可为圆孔或矩形孔。

（6）泛霜。每块空心砖和空心砌块不允许出现严重泛霜。

（7）石灰爆裂。最大破坏尺寸大于 2 mm 且小于等于 15 mm 的爆裂区域，每组空心砖和空心砌块不得多于 10 处，其中大于 10 mm 的不得多于 5 处。不允许出现最大破坏尺寸大于 15 mm 的爆裂区域。

（8）抗风化性能。对严重风化区中的黑龙江省、吉林省、辽宁省、内蒙古自治区、新疆等省、自治区维吾尔自治区的砖，必须进行冻融试验；其他省、市、自治区的砖和砌块必须进行冻融试验，其他地区砖和砌块的抗风化性能符合表 8-17 的规定时可不做冻融试验，否则必须进行冻融试验。冻融循环 15 次试验后，每块空心砖和空心砌块不允许出现分层、掉皮、缺棱掉角等冻坏现象；冻后裂纹长度不大于表 8-17 中的规定。

表 8-17　烧结空心砖和空心砌块的抗风化性能

产品类别	项目							
	严重风化区				非严重风化区			
	5 h 沸煮吸水率/% ≤		饱和系数≤		5 h 沸煮吸水率/% ≤		饱和系数≤	
	平均值	单块最大值	平均值	单块最大值	平均值	单块最大值	平均值	单块最大值
黏土砖和砌块	21	23	0.85	0.87	23	25	0.88	0.90
粉煤灰砖和砌块	23	25			30	32		
页岩砖和砌块	16	18	0.74	0.77	18	20	0.78	0.80
煤矸石砖和砌块	19	21			21	23		

（9）欠火砖（砌块）、酥砖（砌块）。产品中不允许有欠火砖（砌块）、酥砖（砌块）。

（10）放射性核素限量。放射性核素限量应符合《建筑材料放射性核素限量》（GB 6566—2010）的规定。

4. 烧结空心砖的应用

烧结空心砖和空心砌块主要用于非承重的填充墙和隔墙。烧结空心砖和空心砌块在运输、装卸过程中，应避免碰撞，严禁倾卸和抛掷。堆放时应按品种、规格、强度等级分别堆放整齐，不得混杂；砖的堆置高度不宜超过 2 m。

三、普通混凝土小型砌块

普通混凝土小型砌块是以水泥、矿物掺合料、砂、石、水等为原材料，经搅拌、振动成型、养护等工艺制成的小型砌块，包括空心砌块和实心砌块。

1. 普通混凝土小型砌块的种类

普通混凝土小型砌块按空心率分为空心砌块（空心率不小于 25%，代号：H）和实心砌块（空心率小于 25%，代号：S）。

普通混凝土小型砌块按使用时砌筑墙体的结构和受力情况，分为承重结构用砌块（代号：L）、非承重结构用砌块（代号：N）。

普通混凝土小型砌块按砌块的抗压强度分级，见表 8-18。

表 8-18　普通混凝土小型砌块的强度分级　　　　　　　　　　　　MPa

砌块种类	承重砌块 L	非承重砌块 N
空心砌块 H	7.5、10.0、15.0、20.0、25.0	5.0、7.5、10.0
实心砌块 S	15.0、20.0、25.0、30.0、35.0、40.0	10.0、15.0、20.0

2. 普通混凝土小型砌块的规格

普通混凝土小型砌块的外形宜为直角六面体，常用块型的规格尺寸为

长度规格尺寸(mm)：390；

宽度规格尺寸(mm)：90、120、140、190、240、290；

高度规格尺寸(mm)：90、140、190。

其他规格尺寸可由供需双方协商确定。

3. 普通混凝土小型砌块的标记

普通混凝土小型砌块按下列顺序标记：砌块种类、规格尺寸、强度等级(MU)、标准代号。如规格尺寸 395 mm×190 mm×194 mm、强度等级 MU5.0、非承重结构用空心砌块，标记示例为：

NH　395×190×194　MU5.0　GB/T 8239—2014

4. 普通混凝土小型砌块的技术要求

(1)尺寸允许偏差。普通混凝土小型砌块的尺寸允许偏差应符合表 8-19 的要求。对于薄灰缝砌块，其高度允许偏差应控制在+1 mm、−2 mm。

表 8-19　尺寸允许偏差　　　　　　　　　　　　mm

项目名称	技术指标
长度	±2
宽度	±2
高度	+3、−2

注：免浆砌块的尺寸允许偏差，应由企业根据块型特点自行给出。尺寸偏差不应影响垒砌和墙片性能。

(2)外观质量。普通混凝土小型砌块的外观质量应符合表 8-20 的要求。

表 8-20　普通混凝土小型砌块的外观质量

项目名称		技术指标	
弯曲		不大于	2 mm
缺棱、掉角	个数	不超过	1 个
	三个方向投影尺寸的最大值	不大于	20 mm
裂纹延伸的投影尺寸累计		不大于	30 mm

(3)空心率。空心砌块(H)空心率应不小于 25%；实心砌块(S)空心率应小于 25%。

(4)外壁和肋厚。承重空心砌块的最小外壁厚应不小于 30 mm，最小肋厚应不小于 25 mm。非承重空心砌块的最小外壁厚和最小肋厚应不小于 20 mm。

(5)强度等级。混凝土小型砌块的强度等级应符合表 8-21 的规定。

表 8-21 混凝土小型砌块的强度等级 MPa

强度等级	抗压强度	
	平均值≥	单块最小值≥
MU5.0	5.0	4.0
MU7.5	7.5	6.0
MU10	10.0	8.0
MU15	15.0	12.0
MU20	20.0	16.0
MU25	25.0	20.0
MU30	30.0	24.0
MU35	35.0	28.0
MU40	40.0	32.0

(6)吸水率。L 类砌块的吸水率应不大于 10％；N 类砌块的吸水率应不大于 14％。

(7)线性干燥收缩值。L 类砌块的线性干燥收缩值应不大于 0.45 mm/m；N 类砌块的线性干燥收缩值应不大于 0.65 mm/m。

(8)抗冻性。普通混凝土小型砌块的抗冻性应符合表 8-22 的规定。

表 8-22 普通混凝土小型砌块的抗冻性

使用条件	抗冻指标	质量损失率	强度损失率
夏热冬暖地区	D15	平均值≤5％ 单块最大值≤10％	平均值≤20％ 单块最大值≤30％
夏热冬冷地区	D25		
寒冷地区	D35		
严寒地区	D50		
注：使用条件应符合《民用建筑热工设计规范》(GB 50176—2016)的规定。			

(9)碳化系数。普通混凝土小型砌块的碳化系数应不小于 0.85。

(10)软化系数。普通混凝土小型砌块的软化系数应不小于 0.85。

(11)放射性核素限量。普通混凝土小型砌块的放射性核素限量应符合《建筑材料放射性核素限量》(GB 6566—2010)的规定。

5. 普通混凝土小型砌块的应用

普通混凝土小型砌块适用于各种高层建筑，也适用于花坛、围栏等市政设施。

四、蒸压加气混凝土砌块

蒸压加气混凝土砌块(简称加气混凝土砌块)是以水泥、石灰、砂、粉煤灰、矿渣等为原料，经过磨细，并以铝粉为发气剂，按一定比例配合，经过料浆浇筑，再经过发气成型、坯体切割、蒸压养护等工艺制成的一种轻质、多孔的建筑墙体材料。

蒸压加气混凝土砌块的规格尺寸见表 8-23。

表 8-23　蒸压加气混凝土砌块的规格尺寸

长度 L	宽度 B			高度 H			
600	100	120	125				
	150	180	200	200	240	250	300
	240	250	300				

注：如需要其他规格，可由供需双方协商解决。

加气混凝土砌块具有干密度小、保温及耐火性能好、抗震性能强、易于加工、施工方便等特点，适用于低层建筑的承重墙、多层建筑的隔墙和高层框架结构的填充墙，也可用于复合墙板和屋面结构中。在无可靠的防护措施时，不得将其用于高湿度和有侵蚀介质的环境中，也不得将其用于建筑物的基础和温度长期高于 80 ℃的建筑部位。

五、轻骨料混凝土小型空心砌块

轻骨料混凝土小型空心砌块是以陶粒、膨胀珍珠岩、浮石、火山渣、炉渣等各种轻骨料、粗骨料、细骨料和水泥按一定比例混合，经搅拌成型、养护而成的空心率大于 25%、体积密度不大于 1 400 kg/m³ 的轻质混凝土小砌块。

轻骨料混凝土小型空心砌块是一种轻质高强、能取代普通黏土砖的最有发展前途的墙体材料，又因其具有绝热性能好、抗震性能好等优点，在各种建筑的墙体中得到广泛应用，特别是在对绝热要求较高的围护结构上使用十分广泛。

第二节　墙用板材

墙用板材作为新型墙体材料，主要分为轻质板材类（平板和条板）与复合板材类（外墙板、内隔墙板、外墙内保温板和外墙外保温板）。常用的板材产品有纸面石膏板、玻璃纤维增强水泥轻质多孔隔墙条板、蒸压加气混凝土板、纤维增强低碱度水泥建筑平板等。

一、纸面石膏板

纸面石膏板具有质轻、强度较高、防火、隔声、保温和收缩率低等物理性能，而且还具有可锯、可刨、可钉、可用螺钉紧固等良好的加工使用性能。

纸面石膏板按其用途，可分为普通纸面石膏板、耐水纸面石膏板和耐火纸面石膏板。普通纸面石膏板是以建筑石膏为主要原料，掺入适量轻骨料、纤维增强材料和外加剂构成芯材，并与护面纸牢固地粘结在一起的建筑板材。若在板芯配料中加入防水、防潮外加剂，并采用耐水护面纸，即可制成耐水纸面石膏板。若在板芯配料中加入无机耐火纤维增强材料构成耐火芯材，即可制成耐火纸面石膏板。

二、玻璃纤维增强水泥轻质多孔隔墙条板

玻璃纤维增强水泥轻质多孔隔墙条板俗称 GRC 条板，其是以水泥为胶凝材料，以玻璃

纤维为增强材料，外加细骨料和水，采用不同生产工艺而制成的一种具有若干个圆孔的条形板，具有质轻、高强、隔热、可锯、可钉、施工方便等优点，主要用于工业和民用建筑的内隔墙。

GRC 轻质多孔隔墙条板的型号按板的厚度分为 60 型、90 型、120 型，按板型分为普通板、门框板、窗框板、过梁板。图 8-2 和图 8-3 所示为某种 GRC 轻质多孔隔墙条板的外形和断面示意图。

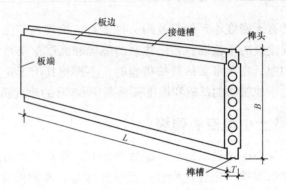

图 8-2　某种 GRC 轻质多孔隔墙条板的外形示意图

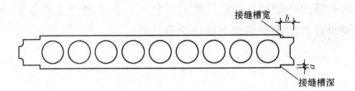

图 8-3　某种 GRC 轻质多孔隔墙条板的断面示意图

三、蒸压加气混凝土板

蒸压加气混凝土板是由石英砂或粉煤灰、石膏、铝粉、水和钢筋等制成的轻质板材。板中含有大量微小的、非连通的气孔，孔隙率为 70%～80%，因而其具有自重轻、绝热性好、隔声吸声等特性。该板材还具有较好的耐火性与一定的承载能力。石英砂或粉煤灰和水是生产蒸压加气混凝土板的主要原料，对制品的物理力学性能起关键作用；石膏作为掺合料可改善料浆的流动性与制品的物理性能。铝粉是发气剂，与 $Ca(OH)_2$ 反应起发泡作用；钢筋起增强作用，以提高板材的抗弯强度。蒸压加气混凝土板在工业和民用建筑中被广泛应用于屋面板和隔墙板。蒸压加气混凝土板有屋面板、外墙板、隔墙板等。

四、纤维增强低碱度水泥建筑平板

纤维增强低碱度水泥建筑平板是以温石棉、短切中碱玻璃纤维或抗碱玻璃纤维等为增强材料，以 I 型低碱度硫铝酸盐水泥为胶结材料制成的建筑平板，具有质轻、抗折及抗冲击性能好、防潮、防水、不易变形等优点，适用于多层框架结构体系及高层建筑的内隔墙。

第三节　屋面材料

一、屋面材料的品种、性能及适用范围

屋面材料的品种、性能及适用范围见表8-24。

表8-24　常用屋面材料的品种、性能及适用范围

名称		生产工艺	抗折强度	质量/(kg·块⁻¹)	规格尺寸/mm	适用范围
黏土平、脊瓦		以黏土为原料、经模压或挤出成型后焙烧而成	≥60 kg 吸水后 <55 kg	平：3.2 脊：3.0	平：（400×240）～（360×220） 脊：长≥300，宽≥180	用于较大坡度的屋面上
水泥平、脊瓦		以水泥和砂或煤渣混合，经压轧成型养护而成	≥80 kg	平：2.6～3.3 脊：3.5	平：（400×240）～（380×230） 脊：长469，宽175	用于较大坡度的屋面上
石棉水泥瓦	小	以水泥和石棉纤维为原料，经搅拌、制板、压制而成	横向抗折 ≥170 kg	13、15	1 800×720×(6.5)	具有防火、防腐、耐热、耐寒、绝缘等性能，大量用于工业性建筑屋面
	中		横向抗折 190～220 kg	10、15、22	（2 400×745×6.5）～（1 200×745×6)	
	大		横向抗折 >300 kg	20、48	2 800×994×8	
加气混凝土屋面板		将加气混凝土料浆浇筑在置有钢筋骨架的模具内，经切割、高压养护、铣磨而成	允许荷载为：100 kg/m²	160～470 kg/块	长：2 400～6 000 宽：600 厚：15、17、20	质轻，强度大，保温性能好，适用于工业与民用建筑屋面
钢丝网水泥大波瓦		用普通水泥、砂拌和，中间加低碳冷拔钢丝网一层加工而成	初裂荷载为：220 kg/m²	50±5 kg/块	1 700×830×14	适用于工厂散热车间、仓库或临时性建筑屋面及围护结构
聚氯乙烯波纹瓦（塑料瓦楞板）		以聚氯乙烯树脂为主体，加入其他配合剂，经塑化、压延、压波而成			2 100×(1 100～1 300)×(1.5～2)	质轻，防水，耐腐蚀，透光，有色泽。适用于凉棚、果棚、遮阳板及简易建筑屋面
玻璃钢波型瓦		用不饱和聚酯树脂和玻璃纤维手糊而成			长：1 800～3 000 宽：700～800 厚：0.5～1.5	质轻，强度大，透光，耐冲击，耐高温，有色泽。适用于建筑遮阳、车站月台、凉棚等

二、烧结瓦

烧结瓦由黏土或其他无机非金属原料，经成型、烧结等工艺处理，用于建筑物屋面覆盖及装饰的板状或块状烧结制品。烧结瓦的通常规格及主要结构尺寸应符合表 8-25 的规定。

表 8-25　烧结瓦的通常规格及主要结构尺寸　　　　　　　　　　　　　　mm

产品类别	规格	基本尺寸							
平瓦	400×240~ 360×220	厚度	瓦槽深度	边筋高度	搭接部分长度		瓦爪		
					头尾	内外槽	压制瓦	挤出瓦	后爪有效高度
		10~20	≥10	≥3	50~70	25~40	具有四个瓦爪	保证两个后爪	≥5
脊瓦	$L \geqslant 300$	h	l_1			d			h_1
	$b \geqslant 180$	10~20	25~35			$>b/4$			≥5
三曲瓦、双筒瓦、鱼鳞瓦、牛舌瓦	300×200~ 150×150	8~12	同一品种、规格瓦的曲度或弧度应保持基本一致						
板瓦、筒瓦、滴水瓦、沟头瓦	430×350~ 110×50	8~16							
J 形瓦、S 形瓦	320×320~ 250×250	12~20	谷深 $c \geqslant 35$，头尾搭接部分长度 50~70，左右搭接部分长度 30~50						
波形瓦	420×330	12~20	瓦脊高度≤35，头尾搭接部分长度 30~70，内外槽搭接部分长度 25~40						

三、石棉水泥瓦

石棉水泥瓦是利用石棉纤维与水泥为原料经制板加压而成的层顶防水材料。石棉水泥瓦的品种规格见表 8-26。

表 8-26　石棉水泥瓦的品种规格

名称	规格	长 /mm	宽 /mm	厚 /mm	波距 /mm	波高 /mm	边距/mm	
							C_1	C_2
中波瓦	尺寸	2 400 1 800	745	6.5 6.0	131	31	45	45
	允许公差	±10	±10	+0.5 -0.3	±3	+1 -2	±5	±5
小波瓦	尺寸	1 800	720	6.0 5.0	63.5	16	58	27
	允许公差	±10	±5	+5.0 -0.2	±2	±1	±3	±3
大波瓦	尺寸	2 800	994	8.0	167	50	43	116
	允许公差	±10	±10	+0.3 -0.5	±3	+1 -2	±5	±5

名称	规格	长度/mm		宽度/mm	厚度/mm	角度/(°)
		搭接水	瓦体水			
中波脊瓦 小波脊瓦	尺寸	70	780	230×2 180×2	6.0	125
	允许公差	±10	±10	±10	+0.5 −0.3	±5

本章小结

本章介绍了墙体材料中砌墙砖和砌块、墙用板材、屋面材料的种类、性能特点、技术要求与应用。

1. 砌墙砖是指由黏土、工业废料或其他地方资源为主要原料，以不同工艺制成的在建筑工程中用于砌筑墙体的砖的统称。砌块是一种比砌墙砖大的新型墙体材料，具有适应性强、原料来源广、不毁耕地、制作方便、可充分利用地方资源和工业废料、砌筑方便灵活等特点，同时可提高施工效率及施工的机械化程度，减轻房屋自重，改善建筑物的功能，降低工程造价。

2. 墙用板材是一种新型墙体材料。墙用板材主要分为轻质板材类（平板和条板）与复合板类（外墙板、内隔墙板、外墙内保温板和外墙外保温板）。

3. 烧结瓦由黏土或其他无机非金属原料，经成型、烧结等工艺处理，用于建筑物屋面覆盖及装饰的板状或块状烧结制品。

4. 石棉水泥瓦是利用石棉纤维与水泥为原料经制板加压而成的层顶防水材料。

思考与练习

1. 什么是砌墙砖和砌墙砌块？

2. 烧结普通砖按抗压强度可分为哪几个强度等级？

3. 什么是泛霜？

4. 对烧结多孔砖和砌块的规格尺寸有哪些要求？

5. 烧结空心砖和空心砌块如何进行分类？

6. 简述普通混凝土小型砌块的种类和规格。

7. 加气混凝土砌块具有哪些特点？其适用于什么场合？

8. 什么是轻骨料混凝土小型空心砌块？其有哪些特点？适用于什么场合？

9. 什么是蒸压加气混凝土板？其有何特点？

第九章 建筑金属材料

知识目标

1. 掌握轻钢龙骨、彩色涂层钢板、彩色压型钢板的特点、分类及应用。
2. 了解铝合金的组成、分类，掌握铝合金门窗的特点、分类及应用，掌握铝合金装饰板的特点、分类及应用。
3. 了解建筑装饰用铜及铜合金制品的特性、化学成分和产品形状及应用。

能力目标

1. 能够根据金属材料的特点、技术要求及不同装饰需要正确选择金属装饰材料。
2. 能够在装饰设计中应用金属装饰材料。

金属材料是指由一种或一种以上的金属元素组成，或由金属元素与其他金属或非金属元素组成的合金的总称。金属材料可分为黑色金属材料和有色金属材料两大类。黑色金属材料的主要成分是铁及其合金，即通常所称的钢铁，而有色金属材料是指除钢铁以外的其他金属材料，如铝、铜、锌及其合金。金属材料制品材质均匀、强度高、可加工性好，被广泛应用于建筑装饰工程中。

第一节　建筑装饰用钢材及其产品

一、轻钢龙骨

轻钢龙骨是以冷轧钢板（带）或彩色塑钢板（带）做原料，采用冷弯工艺生产的薄壁型钢，经多道轧辊连续轧制成型的一种金属骨架。它具有自重轻、强度高、防腐性好等优点，可作为各类吊顶的骨架材料，主要与纸面石膏板及其制品配套使用，也可以与其他板材，如GRC板、FT板、埃特板等材料配套使用，是目前使用最为广泛的吊顶材料。

1. 轻钢龙骨的分类规格

轻钢龙骨按使用场合分为墙体龙骨和吊顶龙骨两类，按断面形状分为 U 形、C 形、CH 形、T 形、H 形、V 形和 L 形。

轻钢龙骨的产品分类及规格见表 9-1。

表 9-1　龙骨产品的分类及规格　　　　　　　　　　mm

类别	品　种	断面形状	规　格	备　注
墙体龙骨 Q	CH 形龙骨	竖龙骨	$A \times B_1 \times B_2 \times t$ $75(73.5) \times B_1 \times B_2 \times 0.8$ $100(98.5) \times B_1 \times B_2 \times 0.8$ $150(148.5) \times B_1 \times B_2 \times 0.8$ $B_1 \geqslant 35$；$B_2 \geqslant 35$	当 $B_1 = B_2$ 时，规格为 $A \times B \times t$
	C 形龙骨	竖龙骨	$A \times B_1 \times B_2 \times t$ $50(48.5) \times B_1 \times B_2 \times 0.6$ $75(73.5) \times B_1 \times B_2 \times 0.6$ $100(98.5) \times B_1 \times B_2 \times 0.7$ $150(148.5) \times B_1 \times B_2 \times 0.7$ $B_1 \geqslant 45$；$B_2 \geqslant 45$	
	U 形龙骨	横龙骨	$A \times B \times t$ $52(50) \times B \times 0.6$ $77(75) \times B \times 0.6$ $102(100) \times B \times 0.7$ $152(150) \times B \times 0.7$ $B \geqslant 35$	
		通贯龙骨	$A \times B \times t$ $38 \times 12 \times 1.0$	
吊顶龙骨 D	U 形龙骨	承载龙骨	$A \times B \times t$ $38 \times 12 \times 1.0$ $50 \times 15 \times 1.2$ $60 \times B \times 1.2$	$B = 24 \sim 30$
	C 形龙骨	承载龙骨	$A \times B \times t$ $38 \times 12 \times 1.0$ $50 \times 15 \times 1.2$ $60 \times B \times 1.2$	
		覆面龙骨	$A \times B \times t$ $50 \times 19 \times 0.5$ $60 \times 27 \times 0.6$	

类别	品 种		断面形状	规 格	备 注
吊顶龙骨 D	T形龙骨	主龙骨		$A \times B \times t_1 \times t_2$ $24 \times 38 \times 0.27 \times 0.27$ $24 \times 32 \times 0.27 \times 0.27$ $14 \times 32 \times 0.27 \times 0.27$	1. 中型承载龙骨 $B \geqslant 38$，轻型承载龙骨 $B < 38$； 2. 龙骨由一整片钢板(带)成型时，规格为 $A \times B \times t$
		次龙骨		$A \times B \times t_1 \times t_2$ $24 \times 28 \times 0.27 \times 0.27$ $24 \times 25 \times 0.27 \times 0.27$ $14 \times 25 \times 0.27 \times 0.27$	
	H形龙骨			$A \times B \times t$ $20 \times 20 \times 0.3$	
	V形龙骨	承载龙骨		$A \times B \times t$ $20 \times 37 \times 0.8$	造型用龙骨规格为 $20 \times 20 \times 1.0$
		覆面龙骨		$A \times B \times t$ $49 \times 19 \times 0.5$	
	L形龙骨	承载龙骨		$A \times B \times t$ $20 \times 43 \times 0.8$	
		收边龙骨		$A \times B_1 \times B_2 \times t$ $A \times B_1 \times B_2 \times 0.4$ $A \geqslant 20$；$B_1 \geqslant 25$、$B_2 \geqslant 20$	
		边龙骨		$A \times B \times t$ $A \times B \times 0.4$ $A \geqslant 14$；$B \geqslant 20$	

2. 轻钢龙骨的应用

轻钢龙骨主要用于装配各种类型的石膏板、钙塑板、吸声板等，用作室内隔墙和吊顶的龙骨支架，与木龙骨相比具有强度高、防火、耐潮，便于施工安装等特点。与轻钢龙骨配套使用的还有各种配件，如吊挂件、连接件等，可在施工中选用。

二、彩色涂层钢板

彩色涂层钢板是用镀锌钢板或冷轧钢板为基体，经表面处理后涂以各种保护、装饰涂层的一种复合金属板材。彩色涂层钢板由内至外的结构层为冷轧板、镀锌层、化学转化层、初涂层(底漆)、精涂层(正、背面漆)。常用的涂层分为无机涂层、有机涂层和复合涂层三大类。

1. 彩色涂层钢板的特点

彩色涂层钢板的最大特点是发挥了金属材料与有机材料各自的特性，不但具有较高的强度、刚性、良好的可加工性(可剪、切、弯、卷、钻)，还具有耐腐蚀、耐湿热、耐低温、色彩丰富、美观耐用、涂层附着力强、经二次机械加工涂层也不破坏等特点。

2. 彩色涂层钢板的分类

彩色涂层钢板的原板通常为热轧钢板、冷轧钢板和镀锌钢板，最常用的有机涂层为聚氯乙烯、聚丙烯酸酯、环氧树脂、醇酸树脂等。涂层与钢板的结合采用薄膜层压法和涂料涂饰法两种。根据结构的不同，彩色涂层钢板可分为PVC钢板、隔热涂装板、涂层钢板三种。

彩色涂层钢板的分类和代号见表9-2。

表9-2 彩色涂层钢板的分类和代号

分类	项目	代号
用途	建筑外用	JW
	建筑内用	JN
	家电	JD
	其他	QT
基板类型	热镀锌基板	Z
	热镀锌铁合金基板	ZF
	热镀铝锌合金基板	AZ
	热镀锌铝合金基板	ZA
	热镀铝硅合金基板	AS
	热镀锌铝镁合金基板	ZM
	电镀锌基板	ZE
涂层表面状态	普通涂层板	TC
	压花板	YA
	印花板	YI
	网纹板	WA
	绒面板	RO
	珠光板	ZH
	磨砂板	MO

分类	项目	代号
面漆种类	聚酯	PE
	硅改性聚酯	SMP
	高耐久性聚酯	HDP
	聚偏氟乙烯	PVDF
涂层结构	正面二层、反面一层	2/1
	正面二层、反面二层	2/2
热镀锌基板表面结构	小锌花	MS
	无锌花	FS
耐中性盐雾性能	1级	S1
	2级	S2
	3级	S3
	4级	S4
紫外灯加速老化性能	1级	U1
	2级	U2
	3级	U3
	4级	U4

3. 彩色涂层钢板的应用

在建筑装饰工程中，彩色涂层钢板主要用作外墙护墙板，直接用它构成墙体则需做隔热层。另外，它还可以作屋面板、瓦楞板、防水防汽渗透板、耐腐蚀设备、构件等。由于它具有耐久性好、美观大方、施工方便等长处，所以可以用于工业厂房及公共建筑的墙面和屋面。

三、彩色压型钢板

彩色压型钢板的原板多为热轧钢板和镀锌钢板，在生产中敷以各种防腐耐蚀涂层与彩色烤漆，是一种轻质、高效的围护结构材料，加工简单，施工方便，色彩鲜艳，耐久性强。

1. 彩色压型钢板的特点

彩色压型钢板具有质量轻、保温性好、立面美观、施工速度快等优点。由于其所使用的压型钢板已敷有各种防腐耐蚀涂层，因而其还具有耐久、抗腐蚀性能。

2. 彩色压型钢板的种类及型号

钢板的尺寸，可根据压型板的长度、宽度以及保温设计要求和选用保温材料制作不同长度、宽度、厚度的复合板。

如图 9-1 所示，复合板的接缝构造基本有两种：一种是在墙板的垂直方向设置企口边。这种墙

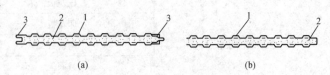

图 9-1　复合板的接缝构造

(a)带企口边板；(b)无企口边板

1—压型钢板；2—保温材料；3—企口边

板看不到接缝，整体性好；另一种是不设企口边。复合板的保温材料可选用聚苯乙烯泡沫板或者矿渣棉板、玻璃棉板、聚氨酯泡沫塑料。

彩色压型钢板的型号由四部分组成：压型钢板的代号（YX），波高 H，波距 S，有效覆盖宽度 B。例如，YX38-175-700 表示波高为 38 mm、波距为 175 mm、有效覆盖宽度为 700 mm 的压型钢板。

3. 彩色压型钢板的应用

彩色压型钢板不仅适用于工业建筑物的外墙挂板，而且在许多民用建筑和公共建筑中也已被广泛采用。

第二节 建筑装饰用铝合金及其制品

铝是近几十年内发展起来的一种轻金属材料。在地球表面，铝资源丰富，可与铁矿相匹敌。铝及其合金具有一系列优越的性能，是一种有发展前途的建筑材料。近年来，铝及其合金已在建筑中获得了十分广泛的应用。

一、铝合金的组成及分类

铝为银白色轻金属，其强度低，但塑性好，导热、电热性能强。铝的化学性质很活泼，在空气中易和空气反应，在金属表面生成一层致密的氧化铝薄膜，可阻止其继续被腐蚀。铝的缺点是弹性模量低、热膨胀系数大、不易焊接、价格较高。

在纯铝中加入铜、镁、锰、锌、硅、铬等合金元素可制成铝合金。铝合金有防锈铝合金（LF）、硬铝合金（LY）、超硬铝合金（LC）、锻铝合金（LD）、铸铝合金（LZ）。

对于防锈铝合金，常用阳极氧化法对铝材进行表面处理，增加氧化膜的厚度，以提高铝材的表面硬度、耐磨性和耐蚀性。

硬铝和超硬铝合金中的铜、镁、锰等合金元素含量较高，使铝合金的强度较高（σ_b = 350～500 MPa），延伸性和加工性能良好。

铝合金的应用范围可分为以下三类：

（1）一类结构，以强度为主要因素的受力构件，如屋架等。

（2）二类结构，是指不承力构件或承力不大的构件，如建筑工程的门、窗、卫生设备、管系、通风管、挡风板、支架、流线形罩壳、扶手等。

（3）三类结构，主要是各种装饰品和绝热材料。

铝合金由于延伸性好、硬度低、易加工，目前被较广泛地用于各类房屋建筑中。

二、建筑装饰用铝合金制品

铝合金的延伸性好，硬度低，可锯、可刨，可通过热轧、冷轧、冲压、挤压、弯曲、卷边等加工方法将其制成不同尺寸、不同形状和截面的型材。

对铝合金进行着色处理（氧化着色或电解着色），可获得不同的色彩，常见的有青铜、棕、金等色。尚有化学涂膜法，用特殊的树脂涂料，在铝材表面形成稳定、牢固的薄膜，作为着色层和保护层。

在现代建筑中，常用的铝合金制品有铝合金门窗，铝合金装饰板及吊顶，铝及铝合金波纹板、压型板、冲孔平板、铝箔等，其具有可承重、耐用、装饰、保温、隔热等优良性能。

目前，我国各地所产铝及铝合金材料已构成较完整的系列。使用时，可按需要和要求，参考有关手册和产品目录，对铝及铝合金的品种和规格做出合理的选择。

三、铝合金门窗

铝合金门窗是由经表面处理的铝合金型材，通过下料、打孔、铣槽、攻螺纹和组装等工艺，制成门窗框构件，再与玻璃、连接件、密封件和五金配件组装成门窗。

1. 铝合金门窗的特点

铝合金门窗具有以下特点。

(1)重量轻、强度高。铝合金的密度为钢的 1/3，且门窗框材所采用的是薄壁空腹型材，每 1 m^2 耗用的铝材平均只有 8~12 kg，仅相当于木门窗的 50% 左右，但强度却接近于普通低碳钢，是名副其实的轻质高强材料。

(2)密封性能好。铝合金门窗的密封性能好，其气密性、水密性、隔声性均比普通门窗好，故安装空调设备的建筑和对防尘、隔声、保温隔热有特殊要求的建筑，更适宜采用铝合金门窗。

(3)色泽美观。铝合金门窗框料表面光洁，有银白色、古铜色、暗灰色、黑色等多种颜色，造型新颖大方，线条明快，增加了建筑物立面和内部的美感。

(4)经久耐用。铝合金门窗具有优良的耐腐蚀性能，不锈、不腐、不褪色，可大大减少防腐维修的费用。铝合金门窗整体强度高、刚度大、不变形、开闭轻便灵活、坚固耐用，使用寿命可达 20 年以上。

(5)便于进行工业化生产。铝合金门窗的加工、制作、装配、试验都可在工厂进行大批量的工业化流程，有利于实现产品设计标准化、系列化、零配件通用化，以及产品的商业化。

2. 铝合金门窗的分类、规格及标记

(1)分类和代号。

1)用途。门、窗按外围护和内围护用，划分为两类：外墙用，代号为 W；内墙用，代号为 N。

2)类型。门、窗按使用功能划分的类型和代号及其相应性能项目分别见表 9-3、表 9-4。

表 9-3　门的功能类型和代号

序号	性能项目	种类	普通型		隔声型		保温型		遮阳型
		代号	PT		GS		BW		ZY
		用途	外门	内门	外门	内门	外门	内门	外门
1	抗风压性能 P_3		◎		◎		◎		◎
2	水密性能 ΔP		◎		◎		◎		◎

序号	性能项目	种类	普通型		隔声型		保温型		遮阳型
		代号	PT		GS		BW		ZY
		用途	外门	内门	外门	内门	外门	内门	外门
3	气密性能 q_1/q_2		◎	○	◎	○	◎	○	◎
4	空气声隔声性能				◎	◎			
5	保温性能 K						◎	◎	
6	遮阳性能 SC								◎
7	启闭力		◎	◎	◎	◎	◎	◎	◎
8	反复启闭性能		◎	◎	◎	◎	◎	◎	◎
9	耐撞击性能①		◎	◎	◎	◎	◎	◎	◎
10	抗垂直荷载性能①		◎	◎	◎	◎	◎	◎	◎
11	抗静扭曲性能①		◎	◎	◎	◎	◎	◎	◎

注：1. ◎为必需性能；○为选择性能。

2. 地弹簧门不要求气密、水密、抗风压、隔声、保温性能。

①耐撞击、抗垂直荷载和抗静扭曲性能为平开旋转类门必需性能。

表 9-4　窗的功能类型和代号

序号	性能项目	种类	普通型		隔声型		保温型		遮阳型
		代号	PT		GS		BW		ZY
		用途	外窗	内窗	外窗	内窗	外窗	内窗	外窗
1	抗风压性能 P_3		◎		◎		◎		◎
2	水密性能 ΔP		◎		◎		◎		◎
3	气密性能 q_1/q_2		◎		◎		◎		◎
4	空气声隔声性能				◎	◎			
5	保温性能 K						◎	◎	
6	遮阳性能 SC								◎
7	采光性能 T_r		○		○		○		○
8	启闭力		◎	◎	◎	◎	◎	◎	◎
9	反复启闭性能		◎	◎	◎	◎	◎	◎	◎

注：◎为必需性能；○为选择性能。

3)品种。按开启形式划分门、窗的品种与代号，并分别使其符合表9-5、表9-6的要求。

表9-5　门的开启形式、品种与代号

开启形式	平开旋转类			推拉平移类			折叠类	
	（合页）平开	地弹簧平开	平开下悬	（水平）推拉	提升推拉	推拉下悬	折叠平开	折叠推拉
代号	P	DHP	PX	T	ST	TX	ZP	ZT

表9-6　窗的开启形式、品种与代号

开启类别	平开旋转类							
开启形式	（合页）平开	滑轴平开	上悬	下悬	中悬	滑轴上悬	平开下悬	立转
代号	P	HZP	SX	XX	ZX	HSX	PX	LZ
开启类别	推拉平移类					折叠类		
开启形式	（水平）推拉	提升推拉	平开推拉	推拉下悬	提拉	折叠推拉		
代号	T	ST	PT	TX	TL	ZT		

4)产品系列。以门、窗框在洞口深度方向的设计尺寸，即以门、窗框的厚度构造尺寸（代号为 C_2，单位为 mm）划分。

①门、窗框的厚度构造尺寸符合 M/10（10 mm）的建筑分模数数列值的为基本系列；基本系列中按 5 mm 进级插入的数值为辅助系列。

②门、窗框的厚度构造尺寸小于某一基本系列或辅助系列值时，按小于该系列值的前一级标示其产品系列（如门、窗框厚度的构造尺寸为 72 mm 时，其产品系列为 70 系列；门、窗框厚度的构造尺寸为 69 mm 时，其产品系列为 65 系列）。

（2）规格。以门窗宽、高的设计尺寸，即以门、窗的宽度构造尺寸（B_2）和高度构造尺寸（A_2）的千、百、十位数字，前后顺序排列的六位数字表示。例如，门窗的 B_2、A_2 分别为 1 150 mm 和 1 450 mm 时，其尺寸规格型号为 115145。

（3）命名和标记。

1)命名方法。按门窗的用途（可省略）、功能、系列、品种、产品简称（铝合金门，代号 LM；铝合金窗，代号 LC）的顺序命名。

2)标记方法。按产品的简称、命名代号，即以尺寸规格型号、物理性能符号与等级或指标值（抗风压性能 P_3；水密性能 ΔP；气密性能 q_1/q_2；空气声隔声性能 R_w+C/R_w+C_{tr}；保温性能 K；遮阳性能 SC；采光性能 T_r）、标准代号的顺序进行标记。

3)命名与标记示例。

①命名：（外墙用）普通型 50 系列平开铝合金窗，该产品的规格型号为 115145，抗风压性能为 5 级，水密性能为 3 级，气密性能为 7 级，其标记为：

铝合金窗　WPT50PLC—115145（$P_3$5—ΔP3—$q_1$7）GB/T 8478—2008

②命名：（外墙用）保温型 65 系列平开铝合金门，该产品的规格型号为 085205，抗风压性能为 6 级，水密性能为 5 级，气密性能为 8 级，其标记为：

铝合金门　WBW65PLM—085205（$P_3$6—ΔP5—$q_1$8）GB/T 8478—2008

③命名：（内墙用）隔声型 80 系列提升推拉铝合金门，该产品的规格型号为 175205，隔

声性能为 4 级，其标记为：

铝合金门　NGS80STLM－175205(R_w＋C4)GB/T 8478—2008

④命名：(外墙内)遮阳型 50 系列滑轴平行铝合金窗，该产品的规格型号为 115145，抗风压性能为 6 级，水密性能为 4 级，气密性能为 7 级，遮阳性能 SC 值为 0.5，其标记为：

铝合金窗　WZY50HZPLC－115145($P_3$6－ΔP4－$q_1$7－SC0.5)GB/T 8478—2008

3. 铝合金门窗的应用

在现代建筑装饰工程中，尽管铝合金门窗比普通门窗的造价高 3～4 倍，但因其长期维修费用低、性能好、美观、节约能源等，故仍得到广泛应用。

四、铝合金装饰板

铝合金装饰板是选用纯铝或铝合金为原料，经辊压冷加工而形成的饰面板材，具有质量轻、不燃烧、耐久性好、施工方便、装饰效果好等优点，适用于公共建筑室内外墙面和柱面的装饰。颜色有本色、金黄色、古铜色、茶色等。在装饰工程中用得较多的铝合金板材有铝合金花纹板、铝合金波纹板、铝合金压型板、铝合金穿孔板等。

1. 铝合金花纹板

铝合金花纹板是采用防锈铝合金坯料，用具有一定的花纹轧辊轧制而成的一种铝合金装饰板，具有装饰性好、耐磨、防滑、防腐和易清洁等特点。铝合金花纹板板面平整、裁剪尺寸准确、便于安装，广泛用于现代建筑的内墙装饰和楼梯、踏板等处。

2. 铝合金波纹板

铝合金波纹板是用机械轧辊将板材轧成一定的波型而成的。它具有自重轻、外观美观、色彩丰富、防火、耐久、耐腐蚀，有较强的光线反射率等特点。铝合金波纹板十分耐用，在大气中可使用 20 年以上，主要用于饭店、旅馆、商场等建筑的墙面和屋面装饰。

3. 铝合金压型板

铝合金压型板是采用纯铝或铝合金平板经机械加工而成的异形断面板材，截面形式的变化，增加了其刚度，使其具有重量轻、外形美观、色彩丰富、耐腐蚀、利于排水、安装容易、施工进度快等特点。铝合金压型板经表面处理可得到各种优美的色彩，是现代应用广泛的一种新型建筑装饰材料，主要用于建筑物的屋内和墙体饰面。

4. 铝合金穿孔板

铝合金穿孔板是铝合金板经机械冲孔而成。其孔径、孔距可根据要求被设计成重复、渐变等排列方式，孔形可根据需要被冲成圆形、方形、长方形、三角形、星形、菱形等。

铝合金板穿孔后既突出了板材轻、耐高温、耐腐蚀、防火、防振、防潮等优点，又可以将孔形处理成一定图案，起到良好的吸声和装饰效果。其主要用于对音质效果要求较高的各类建筑中，如影剧院、播音室、会议室等，也可用于车间厂房作为降噪声措施。

五、铝合金龙骨

铝合金龙骨是室内吊顶装饰中常用的一种材料，可以起到支架、固定和美观的作用。与之配套的是硅钙板、矿棉板、硅酸钙板等。铝合金龙骨的断面为 T 形，按其位置和功能可分为 T 型主龙骨、次龙骨(横撑龙骨)、边龙骨、异形龙骨和配件。其断面及外形如图 9-2 所示。

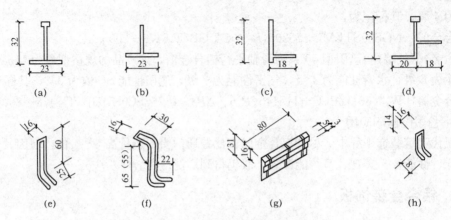

图 9-2　铝合金龙骨及配件示意图

(a)龙骨；(b)横撑龙骨；(c)边龙骨；(d)异形龙骨；(e)吊钩；(f)吊挂钩；(g)龙骨连接件；(h)横撑龙骨连接钩

铝合金龙骨具有强度高、质量较轻、个性化性能强、装饰性能好、易加工、安装便捷的特点。铝合金龙骨适用于对室内装饰要求较高的顶棚装饰，如走廊、厅堂、卫生间等顶棚的装饰。

第三节　建筑装饰用铜及铜合金制品

一、铜及铜合金的特性

铜属于有色重金属，密度为 $8.92 \ g/cm^3$。纯铜表面氧化生成的氧化铜薄膜呈紫红色，故常称为紫铜。纯铜具有较高的导电性、导热性、耐蚀性及良好的延展性、塑性，可被碾压成极薄的板(紫铜片)，被拉成很细的丝(铜丝材)。纯铜由于强度不高，不宜用于制作结构材料，且纯铜的价格高，工程中更广泛使用的是铜合金，即在铜中掺入锌、锡等元素而制成的铜合金。铜合金既保持了铜的良好塑性和高抗蚀性，又改善了纯铜的强度、硬度等机械性能。

二、铜及铜合金的化学成分和产品形状

铜及铜合金的化学成分和产品形状见表 9-7。

三、铜合金制品

铜合金经压制和挤压形成具有不同横断面形状的型材，有空心型材和实心型材。

由铜合金板材制成的铜合金压型板，主要用于建筑物板面、柱面饰面，制作花饰、铜字等装饰，使建筑物金碧辉煌、光亮耐久。

铜合金制品具有金色感，常替代稀有的价值昂贵的黄金在建筑装饰中作为点缀。铜粉，俗称金粉，是一种由铜合金制成的金色颜料，主要成分为铜及少量的锌、铝、锡等金属，常用于调制装饰涂料，代替"贴金"。

表 9-7　铜及铜合金的化学成分和产品形状

组别	序号	牌号 名称	牌号 代号	化学成分①/% Cu+Ag	P	Ag	Bi②	Sb②	As②	Fe	Ni	Pb	Sn	S	Zn	O	产品形状
纯铜	1	一号铜	T1	99.95	0.001	—	0.001	0.002	0.002	0.005	0.02	0.003	0.002	0.005	0.005	0.002	板、带、箔、管
纯铜	2	二号铜	T2②	99.90	—	—	0.001	0.002	0.002	0.005	—	0.005	—	0.005	—	—	板、带、箔、管、棒、线、型
纯铜	3	三号铜	T3	99.70	—	—	0.002	—	—	—	—	0.01	—	—	—	—	板、带、箔、管、棒、线
无氧铜	4	零号无氧铜	TU0[C10100]④	Cu 99.99	0.0003	0.0025	0.0001	0.0004	0.0005	0.0010	0.0010	0.0005	0.0002	0.0015	0.0001	0.0005	板、带、箔、管、棒、线
无氧铜	5	一号无氧铜	TU1				Se:0.0003　Te:0.0002　Mn:0.00005　Cd:0.0001										板、带、箔、管、棒、线
无氧铜	6	二号无氧铜	TU2	99.97	0.002	—	0.001	0.002	0.002	0.004	0.002	0.003	0.002	0.004	0.003	0.002	板、带、箔、管、棒、线
磷脱氧铜	7	一号脱氧铜	TP1[C12000]	99.95	0.002	—	0.001	0.002	0.002	0.004	0.002	0.004	0.002	0.004	0.003	0.003	板、带、管
磷脱氧铜	8	二号脱氧铜	TP2[C12200]	99.90	0.004~0.012	—	—	—	—	—	—	—	—	—	—	—	板、带、管
银铜	9	0.1银铜	TAg0.1	Cu99.5	—	0.06~0.12	0.002	0.005	0.01	0.05	0.2	0.01	0.05	0.01	—	0.1	板、管、线

①经双方协商，可限制本表中未规定的元素或要求更严格限制本表中规定的元素。
②As、Bi、Sb可不分析，但供方必须保证不大于界限值。
③经双方协商，可供应P小于或等于0.001%的导电用T2铜。
④TU0[C10100]铜量为差减法所得。

183

用于建筑装饰的金属材料，主要为金、银、铜、铝、铁及其合金。特别是钢和铝合金更以其优良的机械性能，较低的价格而被广泛应用，在建筑装饰工程中主要应用的是金属材料的板材、型材及其制品。

本章主要介绍了轻钢龙骨、彩色涂层钢板、彩色压型钢板，铝合金的组成、分类及特点，铝合金门窗、铝合金装饰板，建筑装饰用铜及铜合金制品。

思考与练习

1. 什么是轻钢龙骨？其有何特点？适用于什么地方？
2. 彩色涂层钢板和彩色压型钢板分别用于哪些场合？
3. 铝合金的应用范围分为哪几类？
4. 什么是铝合金装饰板？其有何特点？适用于什么地方？
5. 铜及铜合金有哪些特性？

第十章 木 材

知识目标

1. 了解木材的分类、构造、力学性能及物理性质。
2. 掌握刨花板、胶合板等木装饰制品的特点、分类、技术要求及应用。
3. 了解木材防腐，熟悉木材的防腐措施。

能力目标

1. 能够根据木材的特点、技术要求及不同的装饰需要正确选择木材制品。
2. 能够判断木材制品的材质与质量。

木材是人类最早使用的一种建筑材料，时至今日，其在建筑工程中仍占有一定的地位。桁架、屋架、梁柱、模板、门窗、地板、家具、装饰等都要用到木材。

木材具有很多优良的性能，如导电、导热性低，有较好的弹性和韧性，能承受冲击和振动，易于加工等。

目前，木材较少用于外部结构材料，但由于它有美观的天然纹理，装饰效果较好，所以仍被广泛用作装饰与装修材料。木材由于具有构造不均匀、各向异性、易吸湿变形、易腐易燃等缺点，及树木生长周期缓慢、成材不易等原因，在应用上受到了很多限制，所以对木材的节约使用和综合利用就显得十分重要。

第一节　木材的基本知识

一、木材的分类

建筑装饰工程中使用的木材是由树木加工而成的，树木的种类不同，木材的性质及应用就不一样。一般树木可分为针叶树和阔叶树。

针叶树树干通直高大，纹理顺直，材质均匀，木质较软且易于加工，故又称为软木材。针叶树树材强度较高，表观密度及胀缩变形较小，耐腐蚀性较强，为建筑工程中的主要用材，被广泛用作承重构件，常用树种有松树、杉树、柏树等。

阔叶树多数树种的树干通直部分较短，材质坚硬，较难加工，故又称为硬木材。阔叶树树材一般较重，强度高，胀缩和翘曲变形大，易开裂，在建筑中常用于尺寸较小的装饰构件。对于具有美丽天然纹理的树种，特别适合于做室内装修、家具及胶合板等。常用树种有水曲柳、榆木、柞木等。

二、木材的构造

树木由树根、树干、树冠(包括树枝和叶)三部分组成。木材主要取自树干。木材的性能取决于木材的构造。由于树种和生长环境不同，各种木材在构造上差别很大。木材的构造可分为宏观和微观两个方面。

1. 木材的宏观构造

木材的宏观构造是指用肉眼或放大镜所能看到的木材构造特征。图 10-1 显示了木材的三个切面，即横切面(垂直于树轴的面)、径切面(通过树轴的纵切面)和弦切面(平行于树轴的纵切面)。从横切面观察，木材由树皮、木质部和髓心三部分组成。

树皮起保护树木的作用，在建筑上用处不大，主要用于加工密度板材。

木质部是木材的主要部分，处于树皮和髓心之间。木质部靠近髓心的部分颜色较深，称为"心材"；靠近树皮的部分颜色较浅，称为"边材"。心材的含水量较小，不易翘曲变形；边材的含水量较大，易翘曲，抗腐蚀性较心材差。

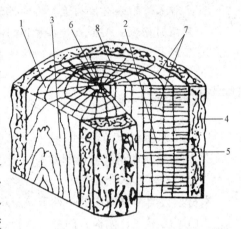

图 10-1 木材的宏观构造
1—横切面；2—径切面；3—弦切面；4—树皮；
5—木质部；6—髓心；7—髓线；8—年轮

髓心在树干中心。其材质松软，强度低，易腐朽，易开裂。对材质要求高的用材不得带有髓心。

在木材的横切面上深浅相同的同心环，称为"年轮"。同一年"年轮"内，有深浅两部分。春天生长的木质，颜色较浅，组织疏松，材质较软，称为春材(早材)；夏秋两季生长的木质，颜色较深，组织致密，材质较硬，称为夏材(晚材)。在相同的树种中，夏材所占比例越大，木材的强度越高，"年轮"密而均匀，材质好。

从髓心向外的辐射线称为"髓线"。髓线由联系很弱的薄壁细胞所组成，木材干燥时易沿此线开裂。

2. 木材的微观构造

在显微镜下所见到的木材组织称为微观构造。针叶树和阔叶树的微观构造不同，如图 10-2 和图 10-3 所示。

从显微镜下可以看到，木材是由无数具有细小空腔的圆柱形细胞紧密结合而成的，每个细胞都有细胞壁和细胞腔，细胞壁由若干层细胞纤维组成，其连接纵向较横向牢固，因而造成细胞壁纵向的强度高，而横向的强度低，在组成细胞壁的纤维之间存在着极小的空隙，能吸附和渗透水分。细胞本身的组织构造在很大程度上决定了木材的性质，如细胞壁越厚、腔越小，木材组织越均匀，则木材越密实，表观密度与强度越大，胀缩变形也越大。

木材细胞因功能不同，主要分为管胞、导管、木纤维、髓线等。针叶树的显微结构较简单且规则，由管胞、树脂道和髓线组成，管胞主要为纵向排列的厚壁细胞，约占木材总体积的90%。针叶树的髓线较细小且不明显。阔叶树的显微结构复杂，主要由导管、木纤维及髓线等组成，导管是壁薄而腔大的细胞，约占木材总体积的20%。木纤维是一种厚壁细长的细胞，它是阔叶树的主要成分之一，占木材总体积的50%以上。阔叶树的髓线发达而明显。导管和髓线是鉴别阔叶树的显著特征。

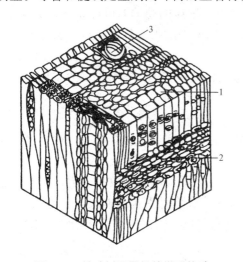

图10-2　针叶树马尾松的微观构造

1—管胞；2—髓线；3—树脂道

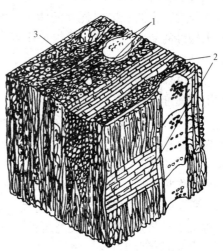

图10-3　阔叶树柞木的微观构造

1—导管；2—髓线；3—木纤维

三、木材的力学性能

木材的力学性能是指木材抵抗外力的能力。木构件在外力的作用下，在构件内部单位截面面积上所产生的内力，称为应力。木材抵抗外力破坏时的应力，称为木材的极限强度。根据外力在木构件上作用的方向、位置不同，木构件的受力状态分为受拉、受压、受弯、受剪等(图10-4)。

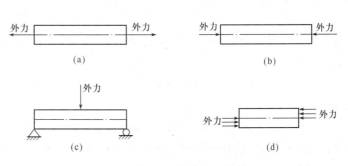

图10-4　木构件的受力状态

(a)受拉；(b)受压；(c)受弯；(d)受剪

1. 市材的抗拉强度

木材的抗拉强度有顺纹抗拉强度和横纹抗拉强度两种。

(1)顺纹抗拉强度即外力与木材纤维方向相平行的抗拉强度。由木材标准小试件测得的顺纹抗拉强度，是所有强度中最大的。但是，节子、斜纹、裂缝等木材缺陷对抗拉强度的影响很大。因此，在实际应用中，木材的顺纹抗拉强度反而比顺纹抗压强度低。木屋架中的下弦杆、竖杆均为顺纹受拉构件。在工程中，受拉构件应采用选材标准中的Ⅰ等材。

(2)横纹抗拉强度即外力与木材纤维方向相垂直的抗拉强度。木材的横纹抗拉强度远小于顺纹抗拉强度。对于一般木材，其横纹抗拉强度为顺纹抗拉强度的 1/4～1/10。所以，在承重结构中不允许木材横纹承受拉力。

2. 木材的抗压强度

木材的抗压强度有顺纹抗压强度和横纹抗压强度两种。

(1)顺纹抗压强度即外力与木材纤维方向相平行的抗压强度。由木材标准小试件测得的顺纹抗压强度，为顺纹抗拉强度的 40%～50%。由于木材的缺陷对顺纹抗压的影响很小，因此，木构件的受压工作要比受拉工作可靠得多。屋架中的斜腹杆、木柱、木桩等均为顺纹受压构件。

(2)横纹抗压强度即外力与木材纤维方向相垂直的抗压强度。木材的横纹抗压强度远小于顺纹抗压强度。

3. 木材的抗弯强度

木材的抗弯强度介于横纹抗压强度和顺纹抗压强度之间。木材受弯时，在木材的横截面上有受拉区和受压区。

梁在工作状态时，截面上部产生顺纹压应力，截面下部产生顺纹拉应力，且越靠近截面边缘，所受的压应力或拉应力也越大。由于木材的缺陷对受拉影响大，对受压影响小，因此，对大梁、搁栅、檩条等受弯构件，不允许在其受拉区内存在节子或斜纹等缺陷。

4. 木材的抗剪强度

外力作用于木材，使其一部分脱离邻近部分而滑动时，在滑动面上单位面积所能承受的外力，称为木材的抗剪强度。木材的抗剪强度有顺纹抗剪强度、横纹抗剪强度和剪断强度三种。材料的受剪形式如图 10-5 所示。

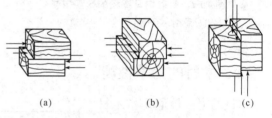

图 10-5　木材的受剪形式
(a)顺纹剪切；(b)横纹剪切；(c)剪断

(1)顺纹抗剪强度即剪力方向和剪切面均与木材纤维方向平行时的抗剪强度。木材顺纹受剪时，绝大部分是破坏在受剪面中纤维的联结部分，因此，木材的顺纹抗剪强度比较小。

(2)横纹抗剪强度即剪力方向与木材纤维方向相垂直，而剪切面与木材纤维方向平行时的抗剪强度。木材的横纹抗剪强度只有顺纹抗剪强度的 1/2 左右。

(3)剪断强度即剪力方向和剪切面都与木材纤维方向相垂直时的抗剪强度。木材的剪断强度约为顺纹抗剪强度的 3 倍。

木材的裂缝如果与受剪面重合，将会大大降低木材的抗剪承载能力，常为构件结合破坏的主要原因。在工程中必须避免这种情况。

为了增强木材的抗剪承载能力，可以增大剪切面的长度或在剪切面上施加足够的压紧力。

5. 影响木材力学性能的主要因素

木材强度除因树种、产地、生产条件与时间、部位的不同而变化外，还与含水率、负荷时间、温度及缺陷有很大的关系。

(1)含水率的影响。当木材的含水率低于纤维饱和点时，含水率越高，则木材强度越低；当木材的含水率高于纤维饱和点时，含水率的增减，只会使自由水变更，而细胞壁不受影响，因此，木材强度不变。试验表明，含水率的变化对受弯、受压的影响较大，受剪次之，而对受拉的影响较小。

（2）负荷时间的影响。木材对长期荷载与短期荷载的抵抗能力是不同的。木材在长期荷载的作用下，不致引起破坏的最大应力称为持久强度。木材的持久强度比木材标准小试件测得的瞬时强度小得多，一般为瞬时强度的 $50\%\sim60\%$。

在实际结构中，荷载总是全部或部分长期作用在结构上。因此，在计算木结构的承载能力时，应以木材的长期强度为依据。

（3）温度的影响。温度升高时，木材的强度将会降低。当温度由 25 ℃升高到 50 ℃时，针叶树的抗拉强度降低 $10\%\sim15\%$，抗压强度降低 $20\%\sim24\%$；当温度超过 140 ℃时，木材的颜色逐渐变黑，其强度显著降低。

（4）木材缺陷的影响。缺陷对木材各种受力性能的影响是不同的。木节对受拉的影响较大，对受压的影响较小，对受弯的影响则视木节位于受拉区还是受压区而不同，对受剪的影响很小。斜裂纹将严重降低木材的顺纹抗拉强度，抗弯次之，对顺纹抗压的影响较小。裂缝、腐朽、虫害会严重影响木材的力学性能，甚至使木材完全失去使用价值。

四、木材的物理性质

木材的物理性质对木材的选用和加工有很重要的现实意义。

1. 含水率

木材的含水率指木材中所含水的质量占干燥木材质量的百分比。木材内部所含水分，可以分为以下三种：

（1）自由水。自由水是指存在于细胞腔和细胞间隙中的水分。自由水影响木材的表观密度、保存性、燃烧性、干燥性和渗透性。

（2）吸附水。吸附水是指吸附在细胞壁内的水分。其含量的大小是影响木材强度和胀缩的主要因素。

（3）化合水。化合水是指木材化学成分中的结合水，其对木材的性能无太大影响。

当木材中细胞壁被吸附水充满，而细胞腔与细胞间隙中没有自由水时，该木材的含水率被称为纤维饱和点。纤维饱和点因树种而异，一般为 $25\%\sim35\%$，平均值约为 30%。纤维饱和点的重要意义在于它是木材的物理力学性质发生改变的转折点，是木材含水率是否影响其强度和干缩湿胀的临界值。

干燥的木材能从周围的空气中吸收水分，潮湿的木材也能在干燥的空气中失去水分。当木材的含水率与周围空气的相对湿度达到平衡状态时，此含水率称为平衡含水率。平衡含水率随周围环境的温度和相对湿度而改变。

新伐木材的含水率常在 35% 以上，风干木材的含水率为 $15\%\sim25\%$，室内干燥木材的含水率常为 $8\%\sim15\%$。

2. 湿胀干缩

木材具有显著的湿胀干缩特征。当木材的含水率在纤维饱和点以上时，含水率的变化并不改变木材的体积和尺寸，因为只是自由水在发生变化。当木材的含水率在纤维饱和点以下时，含水率的变化会因吸附水而发生变化。

当吸附水增加时，细胞壁纤维间的距离增大，细胞壁的厚度增加，则木材体积膨胀，尺寸增加，直到含水率达到纤维饱和点时为止。此后，木材的含水率继续提高，也不再膨胀。当吸附水蒸发时，细胞壁的厚度减小，则体积收缩，尺寸减小。也就是说，只有吸附水的变化才能引起木材的变形，即湿胀干缩。

木材的湿胀干缩因树种不同而有差异，一般来讲，表观密度大、夏材含量高者胀缩性较大。

由于木材构造的不均匀，各方向的胀缩也不一致，同一木材的弦向胀缩最大，径向其次，纤维方向最小。木材干燥时，弦向收缩为 $6\%\sim12\%$，径向收缩为 $3\%\sim6\%$，顺纤维纵向收缩仅为 $0.1\%\sim0.35\%$。弦向胀缩最大，主要是受髓线影响所致。

木材的湿胀干缩对其使用的影响较大，湿胀会造成木材凸起，干缩会导致木结构连接处松动。长期湿胀干缩的交替作用，会使木材产生翘曲开裂。为了避免这种情况，通常在加工使用前对木材进行干燥处理，使木材的含水率达到使用环境湿度下的平衡含水率。

第二节　木装饰制品及其应用

一、刨花板

刨花板是以木材加工中的刨花、碎片及木屑为原料，使用专用机械切断粉碎呈细丝状纤维，经烘干、施加胶料、拌合铺膜、预压成型，再通过高温、高压压制而成的一种人造板材。它具有质量轻、强度低、隔声、保温等特点。

1. 刨花板的分类

刨花板的分类见表 10-1。

表 10-1　刨花板的分类

分类方法	种类
按用途分类	P1 型干燥状态下使用的普通型刨花板
	P2 型干燥状态下使用的家具型刨花板
	P3 型干燥状态下使用的承载型刨花板
	P4 型干燥状态下使用的重载型刨花板
	P5 型潮湿状态下使用的普通型刨花板
	P6 型潮湿状态下使用的家居型刨花板
	P7 型潮湿状态下使用的承载型刨花板
	P8 型潮湿状态下使用的重载型刨花板
	P9 型高湿状态下使用的普通型刨花板
	P10 型高湿状态下使用的家具型刨花板
	P11 型高湿条件下使用的承载型刨花板
	P12 型高湿状态下使用的重载型刨花板
按功能分类	阻燃刨花板
	防虫害刨花板
	抗真菌刨花板

2. 刨花板的技术要求

(1)规格尺寸及其偏差。刨花板厚度由供需双方协商确定；幅面尺寸：宽度为 1 220 mm，长度为 2 440 mm。特殊幅面尺寸由供需双方协商确定。

刨花板尺寸偏差应符合表 10-2 的要求。

表 10-2　刨花板尺寸偏差要求

项目		基本厚度范围	
		≤12 mm	>12 mm
厚度偏差	未砂光板	$+1.5$ -0.3 mm	$+1.7$ -0.5 mm
	砂光板	±0.3 mm	
长度和宽度偏差		±2 mm/m，最大值±5 mm	
垂直度		<2 mm/m	
边缘直度		≤1 mm/m	
平整度		≤12 mm	

(2)外观质量。刨花板外观质量应符合表 10-3 的规定。

表 10-3　刨花板外观质量要求

缺陷名称	要求
断痕、透裂	不允许
压痕	肉眼不允许
单个面积大于 40 mm^2 胶斑、石蜡斑、油污斑等污染点	不允许
边角残损	在公称尺寸内不允许
注：其他缺陷及要求由供需双方协商确定。	

(3)板内密度偏差。刨花板板内密度偏差为±10%。

(4)含水率。刨花板含水率范围为 3%～13%。

(5)甲醛释放量。刨花板甲醛释放量应符合《室内装饰装修材料 人造板及其制品中甲醛释放限量》(GB 18580—2017)的规定。

(6)其他物理力学性能。

1)干燥状态下使用的普通型刨花板(P1 型)。P1 型的其他物理力学性能应符合表 10-4 的规定。

表 10-4　干燥状态下使用的普通型刨花板其他物理力学性能要求

项目	规格限(μ_L)					
	基本厚度范围/mm					
	≤6	>6～13	>13～20	>20～25	>25～34	>34
静曲强度(MOR)/MPa	11.5	10.5	10.0	9.5	8.5	6.0
内胶合强度/MPa	0.30	0.28	0.24	0.18	0.16	0.14

2）干燥状态下使用的家具型刨花板（P2 型）。P2 型的其他物理力学性能应符合表 10-5 的规定。

表 10-5　干燥状态下使用的家具型刨花板其他物理力学性能要求

项目	规格限（μ_U，μ_L）					
	基本厚度范围/mm					
	≤6	>6~13	>13~20	>20~25	>25~34	>34
静曲强度（MOR）/MPa	12.0	11.0	11.0	10.5	9.5	7.0
弹性模量（MOE）/MPa	1 900	1 800	1 600	1 500	1 350	1 050
内胶合强度/MPa	0.45	0.40	0.35	0.30	0.25	0.20
表面胶合强度/MPa	0.8	0.8	0.8	0.8	0.8	0.8
2 h 吸水厚度膨胀率/%	8.0					

3）干燥状态下使用的承载型刨花板（P3 型）。P3 型的其他物理力学性能应符合表 10-6 的规定。

表 10-6　干燥状态下使用的承载型刨花板其他物理力学性能要求

项目	规格限（μ_U，μ_L）					
	基本厚度范围/mm					
	≤6	>6~13	>13~20	>20~25	>25~34	>34
静曲强度（MOR）/MPa	15	15	15	13	11	8
弹性模量（MOE）/MPa	2 200	2 200	2 100	1 900	1 700	1 200
内胶合强度/MPa	0.45	0.40	0.35	0.30	0.25	0.20
24 h 吸水厚度膨胀率/%	22.0	19.0	16.0	16.0	16.0	15.0

4）干燥状态下使用的重载型刨花板（P4 型）。P4 型的其他物理力学性能应符合表 10-7 的规定。

表 10-7　干燥状态下使用的重载型刨花板其他物理力学性能要求

项目	规格限（μ_U，μ_L）				
	基本厚度范围/mm				
	>6~13	>13~20	>20~25	>25~34	>34
静曲强度（MOR）/MPa	20	18	16	15	13
弹性模量（MOE）/MPa	3 100	2 900	2 550	2 400	2 100
内胶合强度/MPa	0.60	0.50	0.40	0.35	0.25
24 h 吸水厚度膨胀率/%	16.0	15.0	15.0	15.0	14.0

5）潮湿状态下使用的普通型刨花板（P5 型）。P5 型的其他物理力学性能应符合表 10-8 的规定。

表 10-8　潮湿状态下使用的普通型刨花板其他物理力学性能要求

项目		规格限(μ_U，μ_L)					
		基本厚度范围/mm					
		≤6	>6～13	>13～20	>20～25	>25～34	>34
静曲强度(MOR)/MPa		13	13	12	11	10	7
内胶合强度/MPa		0.30	0.28	0.24	0.20	0.17	0.14
24 h吸水厚度膨胀率/%		23.0	18.0	15.0	13.0	13.0	12.0
防潮性能	选项1： 循环试验后内胶合强度/MPa 循环试验后吸水厚度膨胀率/%	0.14 23.0	0.13 21.0	0.11 20.0	0.08 18.0	0.07 17.0	0.06 15.0
	选项2： 沸水煮后内胶合强度/MPa	0.09	0.08	0.07	0.06	0.05	0.04
	选项3： 70 ℃水中浸渍处理后静曲强度/MPa	4.9	4.6	4.2	3.9	3.5	2.5
注：由供需双方协商确定选用方法，三种试验项目(选项1、选项2、选项3)只需任选一种。							

6)潮湿状态下使用的家具型刨花板(P6 型)。P6 型的其他物理力学性能应符合表 10-9 的规定。

表 10-9　潮湿状态下使用的家具型刨花板其他物理力学性能要求

项目		规格限(μ_U，μ_L)					
		基本厚度范围/mm					
		≤6	>6～13	>13～20	>20～25	>25～34	>34
静曲强度(MOR)/MPa		14	14	13	12	11	8
弹性模量(MOE)/MPa		1 900	1 900	1 900	1 700	1 400	1 200
内胶合强度/MPa		0.45	0.45	0.40	0.35	0.30	0.25
表面胶合强度/MPa		0.8	0.8	0.8	0.8	0.8	0.8
24 h吸水厚度膨胀率/%		20.0	16.0	14.0	13.0	13.0	12.0
防潮性能	选项1： 循环试验后内胶合强度/MPa 循环试验后吸水厚度膨胀率/%	0.18 20.0	0.15 18.0	0.13 16.0	0.12 14.0	0.10 13.0	0.09 11.0
	选项2： 沸水煮后内胶合强度/MPa	0.09	0.09	0.08	0.07	0.07	0.06
	选项3： 70 ℃水中浸渍处理后静曲强度/MPa	5.6	4.9	4.5	4.2	3.9	3.2
注：由供需双方协商确定选用方法，三种试验项目(选项1、选项2、选项3)只需任选一种。							

7)潮湿状态下使用的承载型刨花板(P7 型)。P7 型的其他物理力学性能应符合表 10-10 的规定。

表 10-10　潮湿状态下使用的承载型刨花板其他物理力学性能要求

表 10-10　潮湿状态下使用的承载型刨花板其他物理力学性能要求

项目		规格限(μ_U，μ_L)					
		基本厚度范围/mm					
		≤6	>6~13	>13~20	>20~25	>25~34	>34
静曲强度(MOR)/MPa		18	17	16	14	12	9
弹性模量(MOE)/MPa		2 450	2 450	2 400	2 100	1 900	1 550
内胶合强度/MPa		0.50	0.45	0.40	0.35	0.30	0.30
24 h吸水厚度膨胀率/%		16.0	13.0	11.0	11.0	11.0	10.0
防潮性能	选项1： 循环试验后内胶合强度/MPa 循环试验后吸水厚度膨胀率/%	0.23 16.0	0.20 15.0	0.20 13.0	0.18 12.0	0.16 11.0	0.14 10.0
	选项2： 沸水煮后内胶合强度/MPa	0.15	0.14	0.14	0.12	0.10	0.09
	选项3： 70 ℃水中浸渍处理后静曲强度/MPa	6.7	6.4	5.6	4.9	4.2	3.5
注：由供需双方协商确定选用方法，三种试验项目(选项1、选项2、选项3)只需任选一种。							

8)潮湿状态下使用的重载型刨花板(P8 型)。P8 型的其他物理力学性能应符合表 10-11 的规定。

表 10-11　潮湿状态下使用的承载型刨花板其他物理力学性能要求

项目		规格限(μ_U，μ_L)				
		基本厚度范围/mm				
		>6~13	>13~20	>20~25	>25~34	>34
静曲强度(MOR)/MPa		21	19	18	16	14
弹性模量(MOE)/MPa		3 000	2 900	2 700	2 400	2 200
内胶合强度/MPa		0.75	0.70	0.65	0.60	0.45
24 h吸水厚度膨胀率/%		10.0	10.0	10.0	10.0	9.0
防潮性能	选项1： 循环试验后内胶合强度/MPa 循环试验后吸水厚度膨胀率/%	0.34 11.0	0.32 10.0	0.29 10.0	0.27 10.0	0.20 8.0
	选项2： 沸水煮后内胶合强度/MPa	0.23	0.21	0.20	0.18	0.14
	选项3： 70 ℃水中浸渍处理后静曲强度/MPa	7.7	7.0	6.3	6.0	5.6
注：由供需双方协商确定选用方法，三种试验项目(选项1、选项2、选项3)只需任选一种。						

9)高湿状态下使用的普通型刨花板(P9 型)。P9 型的其他物理力学性能应符合表 10-12 的规定。

表 10-12　潮湿状态下使用的承载型刨花板其他物理力学性能要求

项目		规格限(μ_U, μ_L)					
		基本厚度范围/mm					
		≤6	>6～13	>13～20	>20～25	>25～34	>34
静曲强度(MOR)/MPa		14	13	12	11	10	7
内胶合强度/MPa		0.30	0.28	0.24	0.20	0.17	0.14
24 h吸水厚度膨胀率/%		14.0	12.0	12.0	10.0	10.0	10.0
防潮性能	选项1： 循环试验后内胶合强度/MPa 循环试验后吸水厚度膨胀率/%	0.18 15.0	0.17 13.0	0.14 12.0	0.11 11.0	0.10 10.0	0.08 9.0
	选项2： 沸水煮后内胶合强度/MPa	0.15	0.14	0.12	0.09	0.08	0.07
	选项3： 70 ℃水中浸渍处理后静曲强度/MPa	8.4	7.8	7.2	6.6	5.4	4.2
注：由供需双方协商确定选用方法，三种试验项目(选项1、选项2、选项3)只需任选一种。							

10)高湿状态下使用的家具型刨花板(P10 型)。P10 型的其他物理力学性能应符合表 10-13 的规定。

表 10-13　高湿状态下使用的家具型刨花板其他物理力学性能要求

项目		规格限(μ_U, μ_L)					
		基本厚度范围/mm					
		≤6	>6～13	>13～20	>20～25	>25～34	>34
静曲强度(MOR)/MPa		18	16	15	13	12	10
弹性模量(MOE)/MPa		2 200	2 000	1 900	1 700	1 600	1 400
内胶合强度/MPa		0.50	0.45	0.40	0.35	0.30	0.25
表面胶合强度/MPa		0.8	0.8	0.8	0.8	0.8	0.8
24 h吸水厚度膨胀率/%		14.0	12.0	12.0	10.0	10.0	10.0
防潮性能	选项1： 循环试验后内胶合强度/MPa 循环试验后吸水厚度膨胀率/%	0.28 13.0	0.22 12.0	0.18 11.0	0.16 10.0	0.14 9.0	0.12 8.0
	选项2： 沸水煮后内胶合强度/MPa	0.25	0.22	0.20	0.17	0.15	0.12
	选项3： 70 ℃水中浸渍处理后静曲强度/MPa	11.2	9.6	9.0	7.8	7.2	6.0
注：由供需双方协商确定选用方法，三种试验项目(选项1、选项2、选项3)只需任选一种。							

11)高湿状态下使用的承载型刨花板(P11 型)。P11 型的其他物理力学性能应符合表 10-14 的规定。

表 10-14　高湿状态下使用的承载型刨花板其他物理力学性能要求

项目		规格限(μ_U，μ_L)					
		基本厚度范围/mm					
		≤6	>6～13	>13～20	>20～25	>25～34	>34
静曲强度(MOR)/MPa		19	18	16	15	14	12
弹性模量(MOE)/MPa		2 600	2 600	2 400	2 100	1 900	1 700
内胶合强度/MPa		0.55	0.50	0.45	0.40	0.35	0.30
24 h 吸水厚度膨胀率/%		13.0	12.0	10.0	10.0	10.0	9.0
防潮性能	选项1： 循环试验后内胶合强度/MPa	0.30	0.25	0.22	0.20	0.17	0.15
	循环试验后吸水厚度膨胀率/%	10.0	10.0	9.0	9.0	8.0	8.0
	选项2： 沸水煮后内胶合强度/MPa	0.30	0.28	0.20	0.17	0.15	0.12
	选项3： 70 ℃水中浸渍处理后静曲强度/MPa	11.4	10.8	9.6	9.0	8.4	7.2
注：由供需双方协商确定选用方法，三种试验项目(选项1、选项2、选项3)只需任选一种。							

12)高湿状态下使用的重载型刨花板(P12 型)。P12 型的其他物理力学性能应符合表 10-15 的规定。

表 10-15　高湿状态下使用的重载型刨花板其他物理力学性能要求

项目		规格限(μ_U，μ_L)				
		基本厚度范围/mm				
		>6～13	>13～20	>20～25	>25～34	>34
静曲强度(MOR)/MPa		22	20	18	17	16
弹性模量(MOE)/MPa		3 350	3 100	2 900	2 800	2 600
内胶合强度/MPa		0.75	0.70	0.65	0.60	0.55
24 h 吸水厚度膨胀率/%		9.0	8.0	8.0	8.0	7.0
防潮性能	选项1： 循环试验后内胶合强度/MPa	0.45	0.42	0.39	0.36	0.33
	循环试验后吸水厚度膨胀率/%	10.0	9.0	9.0	8.0	7.0
	选项2： 沸水煮后内胶合强度/MPa	0.37	0.35	0.32	0.30	0.27
	选项3： 70 ℃水中浸渍处理后静曲强度/MPa	13.2	12.0	10.8	10.2	9.6
注：由供需双方协商确定选用方法，三种试验项目(选项1、选项2、选项3)只需任选一种。						

(7)除 P1 型刨花板外，其余所有型板的板面握螺钉力应不小于 900 N，板边握螺钉力应不小于 600 N。

(8)附加性能。尺寸稳定性和含砂量为刨花板的附加性能。在需方对尺寸稳定性和含砂量等性能有要求时，由供需双方协商确定其性能指标。

3. 刨花板的应用

刨花板适用于地板、隔墙、墙裙等处装饰用基层(实铺)板，还可采用单板复面、塑料或纸贴面将其加工成装饰贴面刨花板，用于家具、装饰饰面板材。

二、胶合板

胶合板是将原木旋切成薄片，经干燥处理后，再用胶粘剂按奇数层数，以各层纤维互相垂直的方向，将之粘合热压而成的人造板材，一般为 3～13 层。工程中常用的是三合板和五合板，针叶树和阔叶树均可用于制作胶合板。胶合板材质均匀，强度高，无明显纤维饱和点存在，吸湿性小，不翘曲开裂，无疵病，幅面大，使用方便，装饰性好。

1. 胶合板的分类

胶合板的分类见表 10-16。

表 10-16　胶合板的分类

分类方法	种类
按使用环境分类	干燥条件下使用 潮湿条件下使用 室外条件下使用
按表面加工状况分类	未砂光板 砂光板

2. 普通胶合板的规格

普通胶合板的幅面尺寸应符合表 10-17 的要求；厚度尺寸由供需双方协商确定。

表 10-17　普通胶合板的幅面尺寸　　　　　　　　　　　mm

宽度	长度				
915	915	1 220	1 830	2 135	—
1 220	—	1 220	1 830	2 135	2 440
注：特殊尺寸由供需双方协议。					

胶合板长度和宽度的允许偏差为 ±1.5 mm/m，最大为 ±3.5 mm；厚度偏差应符合表 10-18 的要求；垂直度偏差不大于 1 mm/m；边缘直度偏差不大于 1 mm/m；胶合板平整度偏差：当幅面为 1 220 mm×1 830 mm 及其以上时，平整度偏差不大于 30 mm，当幅面小于 1 220 mm×1 830 mm 时，平整度偏差不大于 20 mm。

表 10-18　普通胶合板厚度偏差要求　　　　　　　　　　　　　　　　　　mm

公称厚度范围(t)	未砂光板		砂光板(面板砂光)	
	板内厚度公差	公称厚度偏差	板内厚度公差	公称厚度偏差
$t \leqslant 3$	0.5	$+0.4$ -0.2	0.3	± 0.2
$3 < t \leqslant 7$	0.7	$+0.5$ -0.3	0.5	± 0.3
$7 < t \leqslant 12$	1.0	$+(0.8+0.03t)$ $-(0.4+0.03t)$	0.6	$+(0.2+0.03t)$ $-(0.4+0.03t)$
$12 < t \leqslant 25$	1.5		0.6	$+(0.2+0.03t)$ $-(0.3+0.03t)$
$t > 25$			0.8	

3. 普通胶合板的技术要求

(1)允许缺陷。

1)以针叶树材单板为表板的各等级普通胶合板的允许缺陷见表 10-19。

表 10-19　针叶树材胶合板外观分等的允许缺陷

缺陷种类	检量项目	面　板			背板
		胶　合　板　等　级			
		优等品	一等品	合格品	
针　节	—	允　　许			
活节、半活节、死节	每平方米板面上总个数	5	8	10	不限
活　节	最大单个直径/mm	20	30 (自 10 以下不计)	不　限	
半活节、死节	最大单个直径/mm	不允许	5	30 (自 10 以下不计)	不限
木材异常结构	—	允　　许			
夹皮、树脂囊	每平方米板面上总个数	3	4 (自 10 以下不计)	10 (自 15 以下不计)	不限
	单个最大长度/mm	15	30	不　限	
裂　缝	单个最大宽度/mm	不允许	1	2	6
	单个最大长度/mm		200	400	1 000
虫孔、排钉孔孔洞	最大单个直径/mm	不允许	2	10	15
	每平方米板面上个数		4	10 (自 3 mm 以下不计)	不允许呈筛孔状
变　色	不超过板面积/%	不允许	浅色 10	不　限	
腐　朽	—	不　允　许		允许有不影响强度的初腐现象，但面积不超过板面积的 1%	允许有初腐

缺陷种类	检量项目	面板			背板
		胶 合 板 等 级			
		优等品	一等品	合格品	
树脂漏(树脂条)	单个最大长度/mm	不允许	150	不 限	
	单个最大宽度/mm		10		
	每平方米板面上个数		4		
表板拼接离缝	单个最大宽度/mm	不允许	0.5	1	2
	单个最大长度为板长/%		10	30	50
	每米板宽内条数		1	2	不限
表板叠层	单个最大宽度/mm	不 允 许		2	10
	单个最大长度为板长/%			20	不限
芯板叠离	紧贴表板的芯板叠离 单个最大宽度/mm	不允许	2	4	8
	紧贴表板的芯板叠离 每米板宽内条数		2	不限	
	其他各层离缝的最大宽度/mm		8		—
长中板叠离	单个最大宽度/mm	不允许	8		—
鼓泡、分层	—	不 允 许			—
凹陷、压痕、鼓包	单个最大面积/mm²	不允许	50	400	不限
	每平方米板面上个数		2	6	
毛刺沟痕	不超过板面积/%	不允许	5	20	不限
	深度不得超过/mm		0.5	不允许穿透	
表板砂透	每平方米板面上/mm²	不允许		400	不限
透胶及其他人为污染	不超过板面积/%	不允许	1	不限	
补片、实条	允许制作适当且填补牢固的,每平方米板面上个数	不允许	6	不限	
	累计面积不超过板面积/%		1	5	不限
	缝隙不得超过/mm		0.5	1	2
内含铝质书钉	—	不允许			
板边缺损	自公称幅面内不得超过/mm	不允许	10		
其他缺陷	—	不允许	按最类似缺陷考虑		

2)以阔叶树材单板为表板的各等级普通胶合板的允许缺陷见表10-20。

表10-20　阔叶树材胶合板外观分等的允许缺陷

缺陷种类	检量项目	面板			背板
		胶 合 板 等 级			
		优等品	一等品	合格品	
针　节	—	允　许			
活　节	最大单个直径/mm	10	20	不限	
半活节、死节、夹皮	每平方米板面上总个数	不允许	4	6	不限

缺陷种类	检量项目	面板			背板
		胶合板等级			
		优等品	一等品	合格品	
半活节	最大单个直径/mm	不允许	15（自5以下不计）	不限	
死节	最大单个直径/mm	不允许	4（自2以下不计）	15	不限
夹皮	单个最大长度/mm	不允许	20（自5以下不计）	不限	
木材异常结构	—	允许			
裂缝	单个最大宽度/mm	不允许	1.5 椴木0.5	3 椴木1.5 南方材4	6
	单个最大长度/mm		200 南方材250	400 南方材450	800 南方材1000
虫孔、排钉孔、孔洞	最大单个直径/mm	不允许	4	8	15
	每平方米板面上个数		4	不允许呈筛状	
变色	不超过板面积/%	不允许	30	不限	

注：1. 浅色斑条按变色计。

2. 一等品板深色斑条宽度不得超过2 mm，长度不得超过20 mm。

3. 桦木除优等品板外，允许有伪心材，但一等品板的色泽应调和。

4. 桦木一等品板不允许有密集的褐色或黑色髓斑。

5. 优等品和一等品板的异色边心材按变色计

缺陷种类	检量项目	优等品	一等品	合格品	背板
腐朽	—	不允许		允许有不影响强度的初腐现象，但面积不超过板面的1%	允许有初腐
树胶道	单个最大长度/mm	不允许	150	不限	
	单个最大宽度/mm		10		
	每平方米板面上个数		4		
表板拼接离缝	单个最大宽度/mm	不允许	0.5	1	2
	单个最大长度为板长/%		10	30	50
	每米板宽内条数		1	2	不限
表板叠层	单个最大宽度/mm	不允许		8	10
	单个最大长度为板长/%			20	不限
芯板叠离	紧贴表板的芯板叠离 单个最大宽度/mm	不允许	2	6	8
	紧贴表板的芯板叠离 每米板宽内条数		2	不限	
	其他各层离缝的最大宽度/mm	8			—
长中板叠离	单个最大宽度/mm	不允许	8		—
鼓泡、分层	—	不允许			—

缺陷种类	检量项目	面板			背板
		胶 合 板 等 级			
		优等品	一等品	合格品	
凹陷、压痕、鼓包	单个最大面积/mm²	不允许	50	400	不限
	每平方米板面上个数		1	4	
毛刺沟痕	不超过板面积/%	不允许	1	20	不限
	深度不得超过/mm		0.2	不允许穿透	
表板砂透	每平方米板面上/mm²	不允许		400	不限
透胶及其他人为污染	不超过板面积/%	不允许	0.5	30	不限
补片、补条	允许制作适当且填补牢固的，每平方米板面上个数	不允许	3	不限	不限
	累计面积不超过板面积/%		0.5	3	
	缝隙不得超过/mm		0.5	1	2
内含铝质书钉	—		不允许		
板边缺损	自公称幅面内不得超过/mm	不允许		10	
其他缺陷	—	不允许	按最类似缺陷考虑		

3)以热带阔叶树材(指橡胶木、柳安、奥克榄、白梧桐、异翅香、海棠木、阿必东、克隆、山樟等)单板为表板的各等级普通胶合板的允许缺陷见表10-21。

表10-21　热带阔叶树材胶合板外观分等的允许缺陷

缺陷种类	检量项目	面板			背板
		胶 合 板 等 级			
		优等品	一等品	合格品	
针节	—		允 许		
活节	最大单个直径/mm	10	20	不限	
半活节、死节	每平方米板面上个数	不允许	3	5	不限
半活节	最大单个直径/mm		10（自5以下不计）	不 限	
死节	最大单个直径/mm		4（自2以下不计）	15	不限
木材异常结构	—		允 许		
裂缝	单个最大宽度/mm	不允许	1.5	2	6
	单个最大长度/mm		250	350	800
夹皮	每平方米板面上总个数	不允许	2	4	不限
	单个最大长度/mm		10（自5以下不计）	不 限	

缺陷种类		检量项目	面板			背板
			胶合板等级			
			优等品	一等品	合格品	
蛀虫造成的缺陷	虫孔	每平方米板面上个数	不允许	8（自1.5mm以下不计）	不允许呈筛孔状	
		单个最大直径/mm		2		
	虫道	每平方米板面上个数		2		
		单个最大长度/mm		10		
排钉孔、孔洞		单个最大直径/mm	不允许	2	8	15
		每平方米板面上个数		1	不限	
变色		不超过板面积/%	不允许	5	不限	
腐朽		—	不允许		允许有不影响强度的初腐现象，但面积不超过板面积的1%	允许有初腐
树胶道		单个最大长度/mm	不允许	150	不限	
		单个最大宽度/mm		10		
		每平方米板面上个数		4		
表板拼接离缝		单个最大宽度/mm	不允许		1	2
		单个最大长度，相对于板长的百分比/%			30	50
		每米板宽内条数			2	不限
表板叠层		单个最大宽度/mm	不允许		2	10
		单个最大长度，相对于板的百分比/%			10	不限
芯板叠离	紧贴表板的芯板叠离	单个最大宽度/mm	不允许	2	4	8
		每米板宽内条数		2	不限	
	其他各层离缝的最大宽度/mm		8			—
长中板叠离		单个最大宽度/mm	不允许	8		—
鼓泡、分层		—	不允许			—
凹陷、压痕、鼓包		单个最大面积/mm²	不允许	50	400	不限
		每平方米板面上个数		1	4	
毛刺沟痕		不超过板面积/%	不允许	1	25	不限
		最大深度/mm		0.4	不允许穿透	
表板砂透		每平方米板面上/mm²	不允许		400	不限
透胶及其他人为污染		不超过板面积/%	不允许	0.5	30	不限
补片、补条		允许制作适当且填补牢固的，每平方米板面上个数	不允许	3	不限	不限
		累计面积不超过板面积/%		0.5	3	
		最大缝隙宽度/mm		0.5	1	2

続表

缺陷种类	检量项目	面板			背板
		胶合板等级			
		优等品	一等品	合格品	
内含铝质书钉	—	不允许			—
板边缺损	自公称幅面内不得超过/mm	不允许		10	
其他缺陷	—	不允许	按最类似缺陷考虑，不影响使用		

注：1. 髓斑和斑条按变色计。
　　2. 优等品和一等品板的异色边心材按变色计。

（2）面板拼接要求。

1）优等品的面板板宽在1 220 mm以内的，其面板应为整张板或用两张单板在大致位于板的正中进行拼接，拼缝应严密。优等品的面板拼接时应适当配色且纹理相似。

2）一等品的面板拼接应密缝，木色相近且纹理相似，拼接单板的条数不限。

3）合格品的面板及各等级品的背板，其拼接单板条数不限。

4）各等级品的面板的拼缝均应大致平行于板边。

（3）修补要求。

1）对死节、孔洞和裂缝等缺陷，应用腻子填平后砂光进行修补。

2）补片和补条应采用与制造胶合板相近的胶粘剂进行胶粘。补片及补条的颜色和纹理以及填料的颜色应与四周木材适当相配。

（4）普通胶合板的理化性能，见表10-22。

表10-22　普通胶合板的物理力学性能

序号	项目	内容
1	含水率	胶合板的含水率值应符合表10-23的规定
2	胶合强度	（1）各类胶合板的胶合强度指标值应符合表10-24的规定。 （2）对用不同树种搭配制成的胶合板的胶合强度指标值，应取各树种中胶合强度指标值要求最小的指标值。 （3）如测定胶合强度试件的平均木材破坏率超过80%，则其胶合强度指标值可比表10-24所规定的指标值低0.20 MPa。 （4）其他国产阔叶树材或针叶树材制成的胶合板，其胶合强度指标值可根据其密度分别比照表10-24所规定的椴木、水曲柳或马尾松的指标值；其他热带阔叶树材制成的胶合板，其胶合强度指标值可根据树种的密度比照表10-24的规定，密度自0.60 g/cm³以下的采用柳安的指标值，超过的则采用阿必东的指标值。供需双方对树种的密度有争议时，按《木材密度测定方法》（GB/T 1933—2009）的规定测定。
3	浸渍剥离	当胶合板相邻层单板木纹方向相同时，应进行浸渍剥离试验。每个试件同一胶层每边剥离长度累计不超过25 mm
4	静曲强度和弹性模量	静曲强度和弹性模量指标值应大于或等于表10-25的规定
5	甲醛释放量	甲醛释放量按《室内装饰装修材料　人造板及其制品中甲醛释放限量》（GB 18580—2017）

表 10-23　胶合板的含水率值　%

胶合板材种	Ⅰ、Ⅱ类	Ⅲ类
阔叶树材(含热带阔叶树材)	5～14	5～16
针叶树材		

表 10-24　胶合强度的指标值　MPa

序号	树种名称或木材名称或国外商品材名称	类别	
		Ⅰ、Ⅱ类	Ⅲ类
1	椴木、杨木、拟赤杨、泡桐、橡胶木、柳安、奥克榄、白梧桐、异翅香、海棠木、桉木	≥0.70	≥0.70
2	水曲柳、荷木、枫香、槭木、榆木、柞木、阿必东、克隆、山樟	≥0.80	
3	桦木	≥1.00	
4	马尾松、云南松、落叶松、云杉、辐射松	≥0.80	

表 10-25　静曲强度和弹性模量要求　MPa

试验项目		公称厚度 t/mm				
		7≤t≤9	9<t≤12	12<t≤15	15<t≤21	t>21
静曲强度	顺纹	32.0	28.0	24.0	22.0	24.0
	横纹	12.0	16.0	20.0	20.0	18.0
弹性模量	顺纹	5 500	5 000	5 000	5 000	5 500
	横纹	2 000	2 500	3 500	4 000	3 500

(5)其他技术要求。

1)通常相邻两层单板的木纹应基本垂直。

2)中心层两侧对称层的单板应为同一厚度、同一树种或物理性能相似的树种，同一生产方法(即都是旋切或是刨切的)，而且木纹配置方向也应相同。

3)木纹方向平行的两层单板允许合为一层作中心层。测试胶合强度时，该两层单板看作一层。

4)面板或背板应为同一树种，表板应紧面朝外。

5)无孔胶纸带不得用于胶合板内部。如用其拼接优等品和一等品面板或修补一等品面板的裂缝，除不修饰外，事后应除去胶纸带且不留有明显胶纸痕。

6)在正常的干状条件下，阔叶树材胶合板表板厚度不得大于 3.5 mm，内层单板厚度不得大于 5 mm；针叶树材胶合板的内层和表层单板的厚度均不得大于 6.5 mm。

7)表板厚度均不得小于 0.55 mm。

8)胶合板的芯板不允许有任何方式的接长，长中板可以采取有孔胶带纸对接、斜面胶接和指形拼接的接长。

9)胶合板的内层单板可包括任意宽度的拼接或不拼接的单板。

4. 胶合板的应用

胶合板是较好的装饰板材之一，广泛适用于建筑室内的墙面装饰，在设计和施工时采取一定手法，可获得线条明朗、凹凸有致的效果。一等品适用于较高级的建筑装饰、高中档家具；二等品适用于家具、普通建筑装饰；三等品适用于低档建筑装饰等。

三、细木工板

细木工板是芯板用木板条拼接而成，两个表面为胶贴木质单板的实心板材。它是综合利用木材的一种制品。

(一)细木工板的分类

细木工板的分类见表10-26。

表 10-26　细木工板的分类

序号	分类方法	类别
1	按板芯拼接状况分	(1)胶拼细木工板； (2)不胶拼细木工板
2	按表面加工状况分	(1)单面砂光细木工板； (2)双面砂光细木工板； (3)不砂光细木工板
3	按层数分	(1)三层细木工板； (2)五层细木工板； (3)多层细木工板

(二)细木工板的技术要求

细木工板的技术要求应符合《细木工板》(GB/T 5849—2016)的规定，具体要求如下。

1. 外观质量

细木工板主要根据面板的材质缺陷和加工缺陷判定等级。

(1)以阔叶树材单板为表板的各等级细木工板的允许缺陷见表10-27。

表 10-27　阔叶树材细木工板外观分等的允许缺陷

检量缺陷名称	检量项目		面 板			背 板
			细 木 工 板 等 级			
			优等品	一等品	合格品	
针节	—			允　许		
活节	最大单个直径/mm		10	25	不限	
	每平方米板面上总个数			4	6	不限
半活节、死节、夹皮	半活节	最大单个直径/mm	不允许	20 (自5以下不计)	不限	
	死节	最大单个直径/mm		5 (自2以下不计)	15	不限
	夹皮	最大单个长度/mm		20 (自5以下不计)	不限	

检量缺陷名称	检量项目	面板			背板
		细木工板等级			
		优等品	一等品	合格品	
木材异常结构	—		允　许		
裂缝	每米板宽内条数	不允许	1	2	不限
	最大单个宽度/mm		1.5	3	6
	最大单个长度为板长/%		10	15	30
虫孔、排钉孔、孔洞	最大单个直径/mm	不允许	4	8	15
	每平方米板面上个数		4	不呈筛孔状不限	
变色①	不超过板面积的百分比/%	不允许	30	不限	
腐朽	—	不允许		允许初腐，但面积不超过板面积的1%	允许初腐
表板拼接离缝	最大单个宽度/mm	不允许	0.5	1	2
	最大单个长度为板长/%		10	30	50
	每米板宽内条数		1	2	不限
表板叠层	最大单个宽度/mm	不允许		8	10
	最大单个长度为板长/%			20	不限
芯板叠离	紧贴表板的芯板叠离 最大单个宽度/mm	不允许	2	8	10
	紧贴表板的芯板叠离 每米板长内条数		2	不限	
	其他各层离缝的最大宽度/mm		10		—
鼓泡、分层	—		不允许		
凹陷、压痕、鼓包	最大单个面积/mm²	不允许	50	400	不限
	每平方米板面上个数		1	4	
毛刺沟痕	不超过板面积/%	不允许	1	20	不限
	深度		不允许穿透		
表板砂透	每平方米板面上不超过/mm²	不允许		400	10 000
透胶及其他人为污染	不超过板面积/%	不允许	0.5	10	30
补片、补条	允许制作适当且填补牢固的，每平方米板面上的个数	不允许	3	不限	不限
	不超过板面积/%		0.5	3	
	缝隙不超过/mm		0.5	1	2
内含铝质书钉	—		不允许		
板边缺损	自基本幅面内不超过/mm	不允许		10	
其他缺陷	—	不允许	按最类似缺陷考虑		

①浅色斑条按变色计；一等品板深色斑条宽度不允许超过 2 mm；长度不允许超过 20 mm；桦木除优等品板外，允许有伪心材，但一等品板的色泽应调和；桦木一等品板不允许有密集的褐色或黑色髓斑；优等品和一等品板的异色边心材按变色计。

（2）以针叶树材单板为表板的各等级细木工板的允许缺陷见表 10-28。

表 10-28　针叶树材细木工板外观分等的允许缺陷

检量缺陷名称	检量项目		面板			背板
			细木工板等级			
			优等品	一等品	合格品	
针节	—		允许			
活节、半活节、死节	每平方米板面上总个数		5	8	10	不限
	活节	最大单个直径/mm	20	30（小于 10 不计）		不限
	半活节、死节	最大单个直径/mm	不允许	5	30（小于 10 不计）	不限
木材异常结构	—		允许			
夹皮、树脂道	每平方米板面上总个数		3	4（小于 10 mm 不计）	10（小于 15 mm 不计）	不限
	最大单个长度		15	30	不限	
裂缝	每米板宽内条数		不允许	1	2	不限
	最大单个宽度/mm			1.5	3	6
	最大单个长度为板长/%			10	15	30
虫孔、排钉孔、孔洞	最大单个直径/mm		不允许	2	6	15
	每平方米板面上个数			4	10（小于 3 mm 不计）	不呈筛孔状不限
变色	不超过板面积/%		不允许	浅色 10	不限	
腐朽	—		不允许		允许初腐，但面积不超过板面积的 1%	允许初腐
树脂漏（树脂条）	最大单个长度/mm		不允许	150	不限	
	最大单个宽度/mm			10		
	每平方米板面上的个数			4		
表板拼接离缝	最大单个宽度/mm		不允许	0.5	1	2
	最大单个长度为板长/%			10	30	50
	每米板宽内条数			1	2	不限
表板叠层	最大单个宽度/mm		不允许		2	10
	最大单个长度为板长/%				20	不限
芯板叠离	紧贴表板的芯板叠离	最大单个宽度/mm	不允许	2	4	10
		每米板长内条数		2	不限	
	其他各层离缝的最大宽度/mm		10			—

检量缺陷名称	检量项目	面 板			背 板
		细 木 工 板 等 级			
		优等品	一等品	合格品	
鼓泡、分层	—	不允许			
凹陷、压痕、鼓包	最大单个面积/mm²	不允许	50	400	不限
	每平方米板面上个数		2	6	
毛刺沟痕	不超过板面积/%	不允许	5	20	不限
	深度		不允许穿透		
表板砂透	每平方米板面上不超过/mm²	不允许		400	10 000
透胶及其他人为污染	不超过板面积/%	不允许	1	10	30
补片、补条	允许制作适当且填补牢固的,每平方米板面上个数	不允许	6	不限	
	不超过板面积/%		1	5	不限
	缝隙不超过/mm		0.5	1	2
内含铝质书钉	—	不允许			
板边缺损	自基本幅面内不超过/mm	不允许		10	
其他缺陷	—	不允许	按最类似缺陷考虑		

(3)以热带阔叶树材单板为表板的各等级细木工板的允许缺陷见表10-29。

表10-29　热带阔叶树材细木工板外观分等的允许缺陷

检量缺陷名称	检量项目		面 板			背 板
			细 木 工 板 等 级			
			优等品	一等品	合格品	
针 节	—		允许			
活 节	最大单个直径/mm		10	25	不限	
半活节、死节	每平方米板面上个数		3	5		不限
	半活节	最大单个直径/mm	不允许	15（小于 5 不计）	不限	
	死节	最大单个直径/mm		5（小于 2 不计）	15	不限
木材异常结构	—		允许			
裂 缝	每米板宽内条数		不允许	1	2	不限
	最大单个宽度/mm			1.5	2	6
	最大单个长度为板长/%			10	15	30
夹皮	每平方米板面上总个数		不允许	2	4	不限
	最大单个长度/mm			10（小于 5 不计）	不限	

检量缺陷名称		检量项目	面板			背板
			细 木 工 板 等 级			
			优等品	一等品	合格品	
蛀虫造成的缺陷	虫孔	每平方米板面上个数	不允许	8(小于 1.5 mm 不计)	不呈筛孔状不限	
		最大单个直径/mm		2		
	虫道	每平方米板面上个数	不允许	2	不呈筛孔状不限	
		最大单个长度/mm		10		
排钉孔、孔洞		最大单个直径/mm	不允许	2	8	15
		每平方米板面上个数		1	不限	
变色		不超过板面积/%	不允许	5	不限	
腐朽		—	不允许		允许初腐,但面积不超过板面积的1%	允许初腐
表板拼接离缝		最大单个宽度/mm	不允许		1	2
		最大单个长度为板长/%			30	50
		每米板宽内条数			2	不限
表板叠层		最大单个宽度/mm	不允许		2	10
		最大单个长度为板长/%			10	不限
芯板叠离	紧贴表板的芯板叠离	最大单个宽度/mm	不允许	2	4	10
		每米板长内条数		2	不限	
	其他各层离缝的最大宽度/mm		10			—
鼓泡、分层		—	不允许			
凹陷、压痕、鼓包		最大单个面积/mm²	不允许	50	400	不限
		每平方米板面上个数		1	4	
毛刺沟痕		不超过板面积/%	不允许	1	25	不限
		深度	不允许穿透			
表板砂透		每平方米板面上不超过/mm²	不允许		400	10 000
透胶及其他人为污染		不超过板面积/%	不允许	0.5	10	30
补片、补条		允许制作适当且填补牢固的,每平方米板面上个数	不允许	3	不限	不限
		不超过板面积/%		0.5	3	
		缝隙不超过/mm		0.5	1	2
内含铝质书钉		—	不允许			
板边缺损		自基本幅面内不超过/mm	不允许	10		
其他缺陷		—	不允许	按最类似缺陷考虑		

注: 1. 髓斑和斑条按变色计。

　　2. 优等品和一等品板的异色边心材按变色计。

(4)优等品背板外观质量的要求不低于合格品面板的要求。

(5)表10-27~表10-29中允许缺陷的面积,除明确指出外均指累计面积。

(6)检量缺陷的数量、累计尺寸或范围应按整张板面积的平均每平方米板上的数量进行计算,板宽度(或长度)上的缺陷应按最严重一端的平均每米内的数量进行计算,其结果应取最接近相邻整数中的大数。

(7)中板和板芯带有的缺陷反映到表板上,应按表板上的缺陷允许限度检量。

(8)节子或孔洞的直径是长径和短径的平均值。

(9)脱落节孔、严重腐朽节按孔洞计。

(10)基本幅面尺寸以外的各种缺陷均不计。

2. 规格尺寸和偏差

(1)宽度和长度。宽度和长度见表10-30。

表10-30 细木工板的宽度和长度   mm

宽度	长度				
915	915	—	1 830	2 135	—
1 220	—	1 220	1 830	2 135	2 440

(2)厚度偏差。厚度偏差应符合表10-31的规定。

表10-31 厚度偏差   mm

基本厚度	不砂光		砂光(单面或双面)	
	每张板内厚度公差	厚度偏差	每张板内厚度公差	厚度偏差
≤16	1.0	±0.6	0.6	±0.4
>16	1.2	±0.8	0.8	±0.6

(3)垂直度。相邻边的垂直度不超过1.0 mm/m。

(4)边缘直度。边缘直度不超过1.0 mm/m。

(5)平整度。幅面1 220 mm×1 830 mm及其以上时,平整度偏差不大于10 mm;幅面小于1 220 mm×1 830 mm时,平整度偏差不大于8 mm。

(6)波纹度。砂光表面波纹度不超过0.3 mm,不砂光表面波纹度不超过0.5 mm。

3. 理化性能

(1)物理力学性能。

1)含水率、横向静曲强度、浸渍剥离性能和表面胶合强度应符合表10-32的规定。

表10-32 含水率、横向静曲强度、浸渍剥离性能和表面胶合强度性能要求

检验项目	单位	指标值
含水率	%	6.0~14.0
横向静曲强度	MPa	≥15.0
浸渍剥离性能	mm	试件每个胶层上的每一边剥离和分层总长度均不超过25 mm
表面胶合强度	MPa	≥0.60
当表板厚度≥0.55 mm时,细木工板不做表面胶合强度。		

2）胶合强度应符合表 10-33 的规定。

表 10-33　胶合强度的要求　　　　　　　　　　　　　　MPa

树种/木材名称/商品材名称	指标值
椴木、杨木、拟赤杨、泡桐、橡胶木、柳安、杉木、奥克榄、白梧桐、异翅香、海棠木	≥0.70
水曲柳、荷木、枫香、槭木、榆木、柞木、阿必东、克隆、山樟	≥0.80
桦木	≥1.00
马尾松、云南松、落叶松、云杉、辐射松	≥0.80

3）其他阔叶树材或针叶树材制成的细木工板，其胶合强度指标值可根据其密度分别比照表 10-33 所规定的椴木、水曲柳或马尾松的指标值；由其他热带阔叶树材制成的细木工板，其胶合强度指标值可根据树种的密度比照表 10-33 的规定，密度自 0.60 g/cm³ 以下的采用柳安的指标值，超过的则采用阿必东的指标值。供需双方对树种的密度有争议时，按《木材密度测定方法》(GB/T 1933—2009)的规定测定。

4）细木工板的每个胶层都需检测。

5）当表板厚度小于 0.55 mm 时，细木工板不做胶合强度检验。检测其他胶层胶合强度时，试件若从表面胶层破坏且未达到标准要求，则应砂掉或刨掉表板后，再制作试件重新检测。

6）对不同树种搭配制成的细木工板的胶合强度指标值，应取各树种中要求最小的指标值。

7）如测定胶合强度试件的平均木材破坏率超过 80%，则其胶合强度指标值可比表 10-33 所规定的值低 0.20 MPa。

（2）甲醛释放量。甲醛释放量应符合《室内装饰装修材料　人造板及其制品中甲醛释放限量》(GB 18580—2017)的规定。

（三）细木工板的应用

细木工板具有质硬、吸声、隔热等特点，适用于隔墙、墙裙基层与造型层及家具制作。

四、纤维板

纤维板是以木材加工中的零料碎屑（树皮、刨花、树枝）或其他植物纤维（稻草、麦秆、玉米秆）为主要原料，经粉碎、水解、打浆、铺膜成型、热压、等温等湿处理而成的。

纤维板按体积密度，分为硬质纤维板（体积密度＞800 kg/m³）、半硬质纤维板（体积密度为 500~800 kg/m³）和软质纤维板（体积密度＜500 kg/m³）；按表面，分为一面光板和两面光板；按原料，分为木材纤维板和非木材纤维板。

湿法硬质纤维板是以木材或其他植物纤维为原料，板坯成型含水率高于 20%，且主要运用纤维间的黏性与其固有的粘结特性使其结合的纤维板，其密度大于 800 kg/m³。它具有强度高、耐磨、不易变形等特点。

1. 湿法硬质纤维板的分类

湿法硬质纤维板的分类见表 10-34。

表 10-34　湿法硬质纤维板的分类

序号	分类方法	种类
1	按原料分	木材湿法硬质纤维板；非木材湿法硬质纤维板
2	按表面加工状况分	未砂光板；砂光板；装饰板(直接用于装饰)
3	按用途分	(1)干燥条件下使用的普通用板； (2)潮湿条件下使用的普通用板； (3)高湿条件下使用的普通用板； (4)室外条件下使用的普通用板； (5)干燥条件下使用的承载用板； (6)潮湿条件下使用的承载用板

2. 湿法硬质纤维板的技术要求

湿法硬质纤维板的技术要求应符合《湿法硬质纤维板　第 2 部分：对所有板型的共同要求》(GB/T 12626.2—2009)的规定，见表 10-35。

表 10-35　湿法硬质纤维板的技术要求

项目		指标		
厚度偏差[①]	基本厚度范围/mm	≤3.5	3.5～5.5	>5.5
	未砂光板/mm	±0.4	±0.5	±0.7
	砂光板/mm	±0.3	±0.3	±0.3
	装饰板/mm	±0.6	±0.6	±0.6
长度和宽度偏差		±2 mm/m，最大±5 mm		
垂直度/(mm·m^{-1})		≤2		
板内密度偏差/%		±10		
含水率/%		3～13		
外观质量[②]		分层、鼓泡、裂痕、水湿、炭化、边角松软不允许		

①任意一点的厚度与基本厚度之差。
②外观质量中其他缺陷，如水渍、油污斑点、斑纹、粘痕、压痕等要求可根据供需双方合同商定。

3. 湿法硬质纤维板的应用

湿法硬质纤维板的强度高，通常在板表面施行仿木纹油渍处理可达到以假乱真的效果。它可代替木板使用，主要用于室内壁板、门板、地板、家具等。

第三节　木材的防腐

一、木材的腐朽

木材腐朽主要是受某些真菌的危害产生的。这些真菌习惯上称为木腐菌或腐朽菌。木腐菌是一类低等植物，通常分为两类，即白腐菌和褐腐菌。白腐菌侵蚀木材后，木材呈白色斑点，外观以小蜂窝或筛孔为特征，或者材质变得很松软，用手挤捏，很容易剥落，这种腐朽又称腐蚀性腐朽；褐腐菌侵蚀木材后，木材呈褐色，表面有纵横交错的细裂缝，用手搓捏，很容易将之捏成粉末状，这种腐朽又称为破坏性腐朽。白腐和褐腐都将严重破坏木材，尤其是褐腐的破坏更为严重。

木腐菌生存繁殖必须同时具备以下四个条件。

（1）水分。木材的含水率在 18％以上即能使木腐菌生存；含水率为 30％～60％时更为有利。

（2）温度。木腐菌在 2 ℃～35 ℃即能生存，最适宜的温度是 15 ℃～25 ℃，高出 60 ℃则无法生存。

（3）氧气。有 5％的空气即足够木腐菌存活使用。

（4）营养。木腐以木质素、储藏的淀粉、糖类及分解纤维素、葡萄糖为营养。

按在树干上分布的部位不同，腐朽分为以下两种。

（1）外部腐朽。外部腐朽（边材腐朽）分布在树干的外围，大多是由于树木被伐倒后因保管不善或堆积不良而引起的；枯立木受腐朽菌侵蚀也能形成外部腐朽。

（2）内部腐朽。内部腐朽（心材腐朽）分布在树干的内部，大多由腐朽菌通过树干的外伤、枯枝、断枝或腐朽节等侵入木材内部而形成。

初期腐朽对材质的影响较小，在腐朽后期，不但材色、外形有所改变，而且木材的强度、硬度等有很大的降低。因此，在承重结构中不允许采用带腐朽的木材。

表 10-36 是按树脂及特殊气味定出的木材的自然防腐等级。

表 10-36 木材的自然防腐等级

级别	树种举例	用途
第一级（最耐腐）	侧柏、梓、桑、红豆杉、杉……	可做室外用材
第二级（耐腐）	槐、青岗、小叶栎、栗、银杏、马尾松、樟、榉……	可做室外用材，最好做保护处理
第三级（尚可）	合欢、黄榆、白栎、三角枫、核桃木、枫杨、梧桐……	适于保护处理或防腐处理的室外、室内使用
第四级（最差）	柳、杨木、南京椴、毛泡桐、乌桕、榔榆、枫香……	非经防腐处理不适于室外使用

另外，木材还易受到白蚁、天牛、蠹虫等昆虫的蛀蚀，形成很多孔眼或沟道，甚至蛀穴，这些都会破坏木质结构的完整性而使其强度严重降低。

二、木材的防腐措施

木材防腐的基本原理在于破坏真菌及虫类生存和繁殖的条件，常用方法有以下两种：一是将木材干燥至含水率在 20％以下，保证木结构处于干燥状态，对木结构物采取通风、防潮、表面涂刷涂料等措施；二是将化学防腐剂施加于木材，使木材成为有毒物质，常用的方法有表面喷涂法、浸渍法、压力渗透法等。常用的防腐剂有水溶性的、油溶性的及浆膏类的等。

水溶性防腐剂多用于内部木构件的防腐，常用的有氯化锌、氟化钠、铜铬合剂、硼氟酚合剂、硫酸铜等。油溶性防腐剂药力持久、毒性大、不易被水冲走、不吸湿，但有臭味，多用于室外、地下、水下，常用的有蒽油、煤焦油等。浆膏类防腐剂有恶臭，木材被处理后呈黑褐色，不能油漆，如氟砷沥青等。

本章小结

本章介绍了木材的分类、构造、力学性能及物理性质，木装饰制品及其应用，木材的防腐。

建筑装饰工程中使用的木材是由树木加工而成的，木材不仅具有良好的物理和力学性能，而且还易于加工，具有天然的花纹，给人以淳朴、典雅的质感，所以木材制品广泛应用于建筑物室内地面、墙面、顶棚的装饰，也可做骨架材料。

思考与练习

1. 木材的抗压强度有哪几种？
2. 影响木材强度的因素有哪些？
3. 木材的纤维饱和点、平衡含水率各有什么现实意义？
4. 什么是胶合板？其有哪些特点？
5. 木材腐朽的原因有哪些？
6. 木材的防腐方法有哪些？

第十一章 地毯与墙面装饰织物

第一节 地 毯

一、地毯的分类与等级

1. 地毯的分类

（1）按材质分类。

1）纯毛地毯。纯毛地毯是以粗绵羊毛为主要原料制成。纯毛地毯具有质地厚实、弹性大、经久耐用、光泽好等特点，而且其装饰性也很好，但价格较贵，是一种高档铺地材料。

2）混纺地毯。混纺地毯是羊毛纤维和合成纤维混纺后编织而成，其性能介于纯毛地毯和化纤地毯之间。一般合成纤维的掺入，均可改善地毯的耐磨性和造价。例如，在羊毛中加入20％的聚酰胺纤维，地毯的耐磨性可提高5倍，装饰性好且价格远低于纯毛地毯。

3）化纤地毯。化纤地毯又称为合成纤维地毯，是以各种合成纤维为原料，采用簇绒法或机织法将合成纤维制成面层，再与麻布底层缝合而成。化纤地毯的外观和触感酷似纯毛地毯，耐磨且富有弹性，价格低于纯毛地毯，是目前用量最大的中、低档地毯品种。

4）塑料地毯。塑料地毯是以聚氯乙烯树脂为主要原料，加入填料和增塑剂等辅助材料，制成的一种轻质地毯。其具有质地轻柔、色泽美观、脚感好、自熄不燃、耐用、易于清洁等特点，用于公共建筑的出口或通道、住宅的卫生间和浴室等。

5)天然地毯。它是采用天然物料编织而成的地毯，如剑麻地毯、椰棕地毯和水草地毯等。剑麻地毯是采用剑麻纤维为主要原料制成的，其产品分为素色、染色两类，有斜纹、罗纹、鱼骨纹、帆布平纹、多米诺纹等多种纹理花色。剑麻地毯具有耐酸碱、耐磨、无静电、防虫蛀、阻燃防火等优点，较羊毛地毯经济、实用。天然地毯以独特的质感、绿色环保的时代潮流，受到市场的欢迎。

(2)按图案类型分类。现代地毯按图案类型不同，可分为仿古式地毯、"京式"地毯、美术式地毯、素凸式地毯、彩花式地毯等。

1)仿古式地毯。仿古式地毯以古代的古纹图案、风景、花鸟为题材，给人以古色古香、古朴典雅的感觉。

2)"京式"地毯。"京式"地毯为北京式传统地毯，其图案工整对称，色调典雅，庄重古朴，常取材于中国古老艺术，如古代绘画、宗教纹样等，且所有图案均具有独特的寓意和象征性。

3)美术式地毯。此类地毯图案色彩华丽，富有层次感，具有富丽堂皇的艺术风格。它借鉴了西欧装饰艺术的特点，常以盛开的玫瑰花、郁金香、苞蕾卷叶等组成花团锦簇，给人以繁花似锦之感。其特点是有主调颜色，其他颜色和图案都是衬托主调颜色的。

4)素凸式地毯。素凸式地毯色调较为清淡，图案为单色凸花织作，纹样剪片后清晰美观，犹如浮雕，富有幽静、雅致的情趣。

5)彩花式地毯。彩花式地毯图案突出清新活泼的艺术格调，以深黑色做主色，配以小花图案，如同工笔花鸟画，浮出百花争艳的情调，色彩绚丽，名贵大方。

(3)按地毯的编织工艺分类。

1)手工编织地毯。手工编织地毯是以人手和手工工具完成毯面加工的地毯。按照其编织方法的不同，又分为手工打结地毯、手工簇绒地毯、手工绳条编结地毯和手工绳条缝结地毯。

2)机制类地毯。机制类地毯是以机械设备完成毯面加工过程的地毯。按其具体编织方法的不同，可分为机织地毯、簇绒地毯、针织地毯、针刺地毯、粘合地毯、针缝地毯、静电植绒地毯和辫结地毯。

3)无纺地毯。无纺地毯是指无经纬编织的短毛地毯，将绒毛用特殊的钩针扎刺在以合成纤维构成的网布底衬上，之后在背面涂胶使之粘牢，故又称针刺地毯或地毯。这种地毯生产工艺简单、成本低廉，其弹性和耐久性较差，为地毯中的低档产品。

2. 地毯的等级

地毯按所用场所的不同分为六个等级，见表11-1。

表11-1　地毯的等级

等级	所用场所
轻度家用级	用于不常使用的房间或部位
中度家用级(或轻度专用使用级)	用于主卧室或家庭餐厅等
一般家用级(或中度专用使用级)	用于起居室及楼梯、走廊等行走频繁的部位
重度家用级(或一般专用使用级)	用于家中重度磨损场所
重度专用使用级	用于特殊要求场所
豪华级	地毯绒毛长，具有豪华气派，用于高级装饰场所

二、地毯的主要技术性质

(1)弹性。弹性是反映地毯受压后，其厚度产生压缩变形的程度，它是地毯脚感是否舒适的重要性能。地毯的弹性是指地毯经一定次数的碰撞(一定动荷载)后，厚度减少的百分率。

(2)耐磨性。地毯的耐磨性是衡量地毯使用耐久性的重要指标。地毯的耐磨性常用耐磨次数表示，即地毯在固定压力下磨至背衬露出所需要的次数。耐磨次数越多，表示地毯的耐磨性越好。

(3)绒毛粘合力。绒毛粘合力是指地毯绒毛在背衬上粘结的牢固程度。化纤簇绒地毯的粘合力以绒簇拔出力表示，要求圈绒地毯的绒簇拔出力大于 20 N，平绒地毯的绒簇拔出力大于 12 N。

(4)剥离强度。地毯的剥离强度反映了地毯面层与背衬间复合强度的大小，也反映地毯复合之后的耐水性能。其通常以背衬剥离强力表示，即采用一定的仪器设备，在规定速度下，将 50 mm 宽的地毯试样的面层与背衬剥离至 50 mm 长时所需的最大力。

(5)抗静电性。抗静电性表示地毯带电和放电的性能。静电大小与纤维的导电性有关。通常有机高分子材料受到摩擦会产生静电，而高分子材料具有绝缘性，静电不容易放出，这就使得化纤地毯比羊毛地毯所带静电多，易于吸尘，难清扫，严重时在上面行走的人有触电感。因此，在生产化纤地毯时常掺入适量抗静电剂，以提高其抗静电性。化纤地毯的抗静电性常以其表面电阻和静电压表示。

(6)抗老化性。抗老化性主要是针对化纤地毯而言。这是因为化学合成纤维在光照和空气等因素作用下会发生氧化，从而导致地毯性能变坏。通常，用经紫外线照射一定时间后，化纤地毯的耐磨次数、弹性以及色泽的变化情况来评定其抗老化性。

(7)耐燃性。耐燃性是指化纤地毯遇火时，在一定时间内燃烧的程度。化学纤维一般易燃，所以常在生产化学纤维时加入一定量的阻燃剂，以使织成的地毯具有自熄性或阻燃性。当化纤地毯试件在 12 min 的燃烧时间内，其燃烧面积的直径不大于 17.96 cm 时，则认为其耐燃性合格。

(8)抗菌性。作为地面材料，地毯在使用过程中较易被虫、菌等侵蚀而引起霉变。因此，地毯生产时常要做防菌、抗菌处理。通常规定，凡能经受八种常见霉菌和五种常见细菌的侵蚀而不长菌和霉变的地毯，认为抗菌性合格。

三、纯毛地毯、化纤地毯和挂毯

1. 纯毛地毯

纯毛地毯一般是指纯羊毛地毯，是传统的手工工艺品之一，分手工编织和机械编织两种。纯毛地毯具有历史悠久、图案优美、色彩鲜艳、质地厚实、经久耐用的特点。

纯毛地毯一般由手工编织而成，它是采用中国特产的优质绵羊毛纺纱，自下而上垒织栽绒打结制成，每垒织打结完成一层称为一道，通常以 1 英尺①高的毯面垒织的道数多少来表示栽绒密度，道数越多，栽绒密度越大，地毯质量越好，价格也就越贵。再用现代的科学染色技术染出牢固的颜色，用高超和精湛的技巧纺织成瑰丽的图案后，最后以专用机械

---

① 1 英尺＝0.304 8 米。

平整毯面或剪凹花周边，用化学方法洗出丝光。

手工纯毛地毯由于做工精细，产品名贵，故售价较高，一般用于国际性、国家级的大会堂、迎宾馆、高级饭店和高级住宅、会客厅、舞台以及其他重要的、装饰性要求较高的场所。

机织纯毛地毯具有毯面平整、光泽好、富有弹性、抗磨耐用、脚感柔软等特点，与化纤地毯相比，其回弹性、抗静电、抗老化、耐燃性都优于化纤地毯。与纯毛手工地毯相比，其性能相似，但价格低于手工地毯。

国产纯毛地毯的主要规格与性能见表 11-2。

表 11-2　国产纯毛地毯的主要规格与性能

品名	规格/mm	性能特点
羊毛满铺地毯 电针绣枪地毯 艺术壁挂(工美牌)	有各种规格	以优质羊毛加工而成。电针绣枪地毯可仿制传统手工地毯图案，古香古色，现代图案富有时代气息。艺术壁挂图案粗犷朴实，风格多样
90 道手工打结地毯 素式羊毛地毯 高道数艺术挂毯	(61×910)～(3 050×4 270)等各种规格	以优质羊毛加工而成，图案华丽、柔软舒适、牢固耐用
90 道手工栽绒地毯、提花地毯、艺术壁挂(风船牌)	有各种规格	以优质西宁羊毛加工而成。图案有北京式、美术式、彩色式、素凸式、东方式及古典式
90 道羊毛地毯 120 道羊毛艺术挂毯	厚度：6～15 宽度：按要求加工 长度：按要求加工	用上等纯羊毛手工编织而成。经化学处理，防潮、防蛀，吸声，图案美观，柔软耐用
手工栽绒地毯(飞天牌)	(2 140×610)～(3 660×910)等各种规格	以上等羊毛加工而成。产品有北京式、美术式、彩花式、素凸式、敦煌式、仿古式等

2. 化纤地毯

化纤地毯以化学纤维为主要原料制成，化学纤维原料有丙纶、腈纶、涤纶、锦纶等，经过机织法或簇绒法等加工成面层织物后，再与麻布背衬材料复合处理而成。按其织法不同，化纤地毯可分为簇绒地毯、针刺地毯、机织地毯、粘结地毯、编织地毯、静电植绒地毯等多种。其中，以簇绒地毯产销量最大。

(1)化纤地毯的组成。化纤地毯由面层、防松涂层、背衬三部分组成。

1)面层。化纤地毯的面层是以锦纶(尼龙纤维)、丙纶(聚丙烯纤维)、腈纶(聚丙烯腈纤维)、涤纶(聚酯纤维)等化学纤维为原料，经机织法、簇绒法等加工成的织物。面层织物大多以棉纱或丙纶扁丝作为初级背衬进行编织。为适应对地毯不同功能和价格方面的要求，也可用两种纤维混纺制作面层，在性能和造价上可以互相补充。

化纤地毯面层的绒毛可以是长绒、中长绒、短绒、起圈绒、卷曲线、高低圈绒等，也可以是中空异形等不同形式。一般多采用中长绒制作面层，因为基绒毛不易脱落和起球，使用寿命长。另外，纤维的粗细也会直接影响地毯的弹性和脚感。

2)防松涂层。防松涂层是指涂刷于面层织物背面初级背衬上的涂层。这种涂层是以化合乳液、增塑剂、增稠剂及填料等配制而成的一种水溶性涂料，将其涂于面层织物背面，可以增加地毯绒面纤维在初级背衬上的固着牢度，使之不易脱落。同时，经热风烘到干燥成膜后，当再粘贴次级背衬时，还能起防止胶粘剂渗透到绒面层而使面层发硬的作用，并可增加粘结强度，减少和控制胶粘剂的用量。

3)背衬。化纤地毯的背衬材料一般为麻布，采用胶结力很强的丁苯胶乳、天然乳胶等水溶性橡胶作胶粘剂，将麻布与已经在防松涂层处理过的初级背衬相粘结，形成次级背衬；然后，再经过加热、加压、烘干等工序，即成卷材成品。次级背衬不仅保护了面层织物背面的针码，增强了地毯背面的耐磨性，同时也加强了地毯的厚实程度。

（2）化纤地毯的特点。化纤地毯与传统的手工羊毛地毯相比，具有质轻、耐磨、不霉、不蛀、耐腐蚀、易于清洗、富有弹性、铺设简便和价格较低等优点。但也有易变形、易产生静电及吸附性强易产生粘附性污染、遇水局部会融化等缺点。

各种化纤的特性有很大的差异，因此在选用、使用时应注意区别。如在着色性能方面，涤纶纤维的着色性很差，颜料在其上的附着力很小，故在地毯洗涤时如果频繁清洁，可能会引起地毯的褪色。在耐磨性方面，锦纶是所有化学纤维中最好的（是羊毛的20倍），腈纶纤维最差。在耐暴晒方面，腈纶纤维最好，涤纶纤维次之，锦纶和丙纶较差。在弹性方面，丙纶和腈纶纤维的弹性恢复能力较好，其低延伸范围内接近羊毛，锦纶和涤纶纤维则较差。在静电特性方面，锦纶纤维在干热环境条件下比较容易造成静电的积累，而涤纶纤维、丙纶纤维和腈纶纤维的静电积累则不严重。

（3）化纤地毯的应用。化纤地毯可以摊铺，也可以粘铺在木地板、马赛克地面、水磨石地面及水泥混凝土地面上。其适用于宾馆、饭店、招待所、接待室、船舶、车辆、飞机等地面的装饰。对于高绒头、高密度、格调新颖、图案美丽的化纤地毯，可用于三星级以上的宾馆。机织提花工艺地毯属于高档产品，其外观可与纯毛地毯相媲美。

3. 挂毯

挂在墙上供人观赏的毛毯称为挂毯，又叫作壁毯，是一种高雅、美观的艺术品，所以又称艺术壁挂。它有吸声、吸热等实际作用，又能以特有的质感与纹理给人以亲切感。

挂毯要求图案花色精美，常采用纯羊毛、蚕丝、麻布等上等材料，按生产高级纯毛地毯的制作方法进行编织。挂毯的规格各异，大的可达上百平方米，小的则不足一平方米。挂毯的图案题材十分广泛，从油画、国画、水彩画到一些成功的摄影作品，都可以作为表现的题材。

用艺术挂毯装饰室内，可以增加安逸、平和的气氛，还能反映主人的性格特征和审美情趣。挂毯可以改善室内空间感，使用艺术挂毯装饰室内可以收到良好的艺术效果，给人以美的享受，深受人们的青睐。

第二节　墙面装饰织物

一、墙面装饰织物的基础知识

墙面装饰织物是指以纺织物和编织物为面料制成的壁纸，其原料可以是丝、羊毛、棉、麻、化纤等，也可以是草、树叶等天然材料。由于其质地柔软、图案多样、色泽多样的外观效果和耐用、耐洗、施工方便等特点，深受人们的喜爱。尤其是其柔软的质地，可把温暖祥和的感觉带到室内环境气氛中，是其他材料无法替代的。墙纸和贴墙布是很有发展前途的新型装饰材料，其规格尺寸见表11-3。

表 11-3　墙纸、墙布规格尺寸

产品名称	规格尺寸	产品名称	规格尺寸
PVC 塑料墙纸	宽：530 mm　长：10 m/卷	织物复合墙纸	宽：530 mm　长：10 m/卷
金属墙纸	宽：530 mm　长：10 m/卷	复合纸质墙纸	宽：530 mm　长：10 m/卷
玻璃纤维墙布	宽：530 mm　长：7 m/卷或 33.5 m/卷	锦缎墙布	宽：720～900 mm　长：20 m/卷
装饰墙布	宽：820～840 mm　长：50 m/卷		

二、墙面装饰织物的分类

1. 织物壁纸

织物壁纸，即由棉、麻、丝和羊毛等天然纤维和化学纤维制成各种色泽、花式的粗细纱或织物，用不同的纺纱工艺和花色捻线加工方式，将纱线粘到基层纸上，从而制成花样繁多的纺织纤维壁纸。还有的用扁草、竹丝或麻皮条等天然材料，经过漂白或染色再与棉线交织后同基纸粘贴，制成植物纤维壁纸。织物壁纸主要有纸基织物壁纸和麻草壁纸两种。

(1)纸基织物壁纸。纸基织物壁纸是由棉、毛、麻、丝等天然纤维及化纤制成的各种色泽、花色的粗细纱或织物，再与纸基层粘合而成。这种壁纸用各色纺线排列出图案，或在纺线中编有金、银丝，使壁面呈现金光点点，达到艺术装饰效果。其还可以压制成浮雕图案，别具一格。

纸基织物壁纸的特点是：色彩柔和、幽雅，墙面立体感强，吸声效果好；耐日晒，不褪色，无毒、无害、无静电，具有透气性和调湿性。其适用于宾馆、饭店、办公大楼、会议室、接待室、计算机房、广播室及家庭卧室等室内墙面装饰。

(2)麻草壁纸。麻草壁纸是以纸为基底，以编织的麻草为面层，经复合加工而制成的墙面装饰材料。麻草壁纸具有吸声、阻燃、散潮气、不吸尘、不变形等特点，适用于会议室、接待室、影剧院、酒吧、舞厅以及饭店、宾馆的客房等的墙壁贴面装饰，也可用于商店的橱窗设计。

(3)金属面墙纸。金属面墙纸以铝箔为面层，纸为底层。面层也可以印花、压花。它不仅具有不锈钢、黄铜等金属的质感与光泽，还具有寿命长、不老化、耐擦洗、耐污染等特点。

2. 墙布类材料

(1)棉纺装饰墙布。棉纺装饰墙布是以纯棉平布为基材，经过处理、印花、涂布耐磨树脂等工序制作而成。这种墙布的特点是强度大、静电小、蠕变性小、无光、吸声、无毒、无味，对施工人员和用户均无害，花形、色泽美观大方。

棉纺装饰墙布还常用作窗帘，夏季采用这种薄型的浅色窗帘，能给室内营造出清新舒适的氛围。其适合于水泥砂浆墙面、混凝土墙面、白灰墙面、石膏板、胶合条、纤维板、石棉水泥板等墙面基层的粘结或浮挂。

(2)无纺贴墙布。无纺贴墙布是采用棉、麻等天然或涤纶、腈纶等合成纤维，经无纺成型、上树脂、印花等工序而制成。其特点是挺括、富有弹性、耐久、无毒、可擦洗不褪色，还具有一定的透气性和防潮性，是一种高级的墙面装饰材料。其适用于各种建筑物的室内墙面装饰。

（3）化纤装饰贴墙布。化纤装饰贴墙布是以化学纤维织成的布（单纶或多纶）为基材，经一定处理后印花而成。其具有无毒、无味、透气、防潮、耐磨、不分层等特点。它适用于宾馆、饭店、办公室、会议室及民用住宅的内墙面装饰。

（4）玻璃纤维墙布。玻璃纤维墙布以石英为原料，经拉丝，织成网格状、人字状的玻璃纤维墙布。将这种墙布贴在墙上后，再涂刷各种色彩的乳胶漆，可形成多种色彩和纹理的装饰效果。其具有无毒、无味、耐擦洗、抗裂性好、寿命长等特点。

3. 高级墙面装饰织物

高级墙面装饰织物是指锦缎、丝绒、呢料等织物，这些织物由于纤维材料不同、制造方法不同以及处理工艺不同，所产生的质感和装饰效果也就不同。

锦缎也称织锦缎，常用于高档室内墙面的浮挂装饰，也可用于室内高级墙面的裱糊。丝绒色彩华丽，主要用于高级建筑室内窗帘、软隔断或浮挂，适用于高级宾馆等公共厅堂柱面的裱糊装饰。呢料具有温暖感，吸声性能好，适用于高级宾馆等公共厅堂柱面的裱糊装饰。

4. 皮革和人造革

皮革和人造革是一种高级墙面装饰材料。这类材料中最高档的皮革是真羊皮，但其价格昂贵，通常采用的是仿羊皮等纹理的人造革。人造革色彩花纹多样，仿真性很强，价格较低且装饰效果甚佳。

皮革和人造革墙面具有柔软、消声、温暖和耐磨等优良性能，显示出高雅、华贵的装饰效果，适用于健身房、幼儿园等要求防止碰撞的房间墙面，也可用于录音室、电话间等声学要求较高的房间。在室内装饰工程中，还常用仿羊皮人造革制作软包和吸声门等，可起到既装饰又实用的效果。

第三节　窗帘装饰材料

1. 窗帘的分类

（1）按组成分类。窗帘按其组成，分为外窗帘、中间窗帘和里层窗帘。

1）外窗帘。外窗帘一般指靠近玻璃的一层窗帘。其作用是防止阳光暴晒并起到一定的遮挡室外视线的作用。要求窗帘轻薄透明，面料一般为薄型和半透明织物。

2）中间窗帘。中间窗帘一般采用半透明织物，常选用花色纱线织物、提花织物、提花印花织物、仿麻及麻混纺织物等。

3）里层窗帘。里层窗层在美化室内环境方面起着重要作用。其对窗帘的质地、图案色彩要求较高，在窗帘深加工方面也比较讲究。里层窗帘要求不透明，有隔热、遮光和吸声等功能，一般选择粗犷的中厚织物，如棉、麻及各种混纺织物。

（2）按材质分类。窗帘帷幔按材质，一般分为以下四大类。

1）粗料。粗料包括毛料、仿毛化纤织品和麻料编织物等，属厚重型织物。其保温、隔声和遮光性好，风格朴实大方或古典、厚重。

2）绒料。绒料含平绒、条绒、丝绒和毛巾布等，属柔软细腻织物。其纹理细密，质地柔和，自然下垂，具有保温、遮光、隔声等特点，可用于单层窗帘或用于双层窗帘中的厚层。

3）薄料。薄料含花布、府绸、丝绸、的确良、乔其纱和尼龙纱等，属轻薄型织物。其质地薄而轻，打褶后悬挂效果好且便于清洗，但遮光、保温和隔声等性能差。它可单独用于制作窗帘，也可与厚窗帘配合使用。

4）网扣和拉丝。

2. 窗帘的悬挂方式

窗帘的悬挂方式很多，从层次上分为单层和双层；从开启方式上，分为单幅平拉、双幅平拉、整幅竖拉和上下两段竖拉等；从配件上，分为设置窗帘盒、暴露窗帘杆和不暴露窗帘杆；从拉开后的形状上，分为自然下垂和半弧形等。

3. 窗帘的选择

合理选择窗帘的颜色及图案是达到室内装饰目的的重要环节。窗帘的颜色应根据室内的整体性及不同气候、环境和光线而定。如随着季节的变化，夏季选择淡色薄质的窗帘为宜，冬天选用深色和质地厚实的窗帘为佳。另外，窗帘颜色的选择还应同室内墙面、家具和灯光的颜色相配合，并与其相协调。

图案是在选择窗帘时要考虑的另一个重要问题。竖向的图案或条纹会使窗户显得窄长，水平方向的图案或条纹则使窗户显得短宽；大图案窗帘使窗户显得小；碎花图案使窗户显得大。所以，一般应根据窗户的大小及房间的高低、色调来选择合适的图案织物做窗帘。另外，窗帘的悬挂长度也影响图案大小的选择。

本章小结

本章主要介绍了地毯的分类、等级、主要技术性质，纯毛地毯、化纤地毯和挂毯，墙面装饰织物的分类，窗帘的分类、悬挂方式和选择。

1. 地毯可分别按材质、图案类型、编织工艺进行分类。

2. 纯毛地毯一般是指纯羊毛地毯，是传统的手工工艺品之一，分为手工编织和机械编织两种。纯毛地毯具有历史悠久、图案优美、色彩鲜艳、质地厚实、经久耐用的特点。

3. 化纤地毯以化学纤维为主要原料制成，化学纤维原料有丙纶、腈纶、涤纶、锦纶等，经过机织法或簇绒法等加工成面层织物后，再与麻布背衬材料复合处理而成。

4. 挂在墙上供人观赏的毛毯称为挂毯，又叫作壁毯，是一种高雅、美观的艺术品，所以又称艺术壁挂。

5. 墙面装饰织物是指以纺织物和编织物为面料制成的壁纸，其原料可以是丝、羊毛、棉、麻、化纤等，也可以是草、树叶等天然材料。

6. 窗帘的悬挂方式很多，从层次上分为单层和双层；从开启方式上，分为单幅平拉、双幅平拉、整幅竖拉和上下两段竖拉等；从配件上，分为设置窗帘盒、暴露窗帘杆和不暴露窗帘杆；从拉开后的形状上，分为自然下垂和半弧形等。

1. 什么是仿古式地毯？什么是"京式"地毯？
2. 地毯包括哪些主要技术性质？
3. 什么是化纤地毯？其由哪几部分组成？
4. 简单介绍挂毯。
5. 什么是纸基织物壁纸？其有何特点？其适用在什么场合？
6. 简述窗帘的分类。

第十二章　合成高分子建筑装饰材料

知识目标

1. 掌握建筑装饰塑料的组成及特性；掌握塑料地板、塑料壁纸、塑料装饰板材的品种、性能及应用；了解塑料门窗的特点、品种、规格及应用。

2. 掌握建筑装饰涂料的功能及基本组成、分类、命名及代号；掌握内墙涂料、外墙涂料、地面涂料的分类、性能、技术要求及应用。

3. 了解建筑胶粘剂的组成及分类、胶结机理及影响粘结强度的因素；掌握常用建筑胶粘剂的种类、性能及应用。

能力目标

1. 能够根据各种合成高分子材料的性能特点、技术要求，结合工程实际情况选择建筑塑料、涂料与胶粘剂的品种。

2. 能够进行合成高分子材料常规性能的试验。

　　按来源的不同，有机高分子材料分为天然高分子材料和合成高分子材料两大类。木材、天然橡胶、棉织品、沥青等都是天然高分子材料。而现代生活中广泛使用的塑料、合成橡胶、化学纤维以及某些涂料、胶粘剂等，都是以高分子化合物为基础材料制成的。这些高分子化合物大多数又是人工合成的，故称为合成高分子材料。

　　合成高分子材料大都由一种或几种低分子化合物(单体)聚合而成，也称高分子化合物或高聚物。

　　合成高分子材料是现代工程材料中不可缺少的一类材料。由于合成高分子材料的原料(石油、煤等)来源广泛，化学结合效率高，产品具有多种建筑功能且具有质轻、强韧、耐化学腐蚀、多功能、易加工成型等优点，因此其在建筑装饰工程中的应用极为广泛，不仅可用作保温、装饰、吸声材料，还可用作结构材料以代替钢材、木材。

第一节　建筑装饰塑料

　　作为一种建筑装饰材料，塑料具有一系列特性。在建筑装饰中适当采用塑料代替其他传统建筑材料，不仅能获得良好的装饰及艺术效果，还可以减轻建筑物的自重，提高工效，减少施工安装费用。近年来，随着我国社会主义现代化建设事业的发展，塑料产量迅速增长，成本逐年下降，塑料在建筑装饰中的应用范围也不断扩大。

一、塑料的组成及特性

(一)塑料的组成

塑料根据组成材料种类的多少，可分为单组分塑料和多组分塑料。单组分塑料基本上由一种树脂组成或加少量着色剂制成。多数塑料则是多组分的，其组成除树脂外，还含有各种添加剂。改变添加剂的品种和数量，塑料性质也会随之改变。

1. 合成树脂

合成树脂是塑料的主要组成材料，在塑料中起胶粘剂的作用，它不仅能自身胶结，还能将塑料中的其他组分牢固地胶结在一起，成为一个整体，使其具有加工成型的性能。合成树脂在塑料中的含量为 30%～60%。塑料的主要性质取决于所用合成树脂的性质。

2. 添加剂

为了改善塑料的某些性能，常在塑料中加入一些添加剂。常用的添加剂有以下几种。

(1)填料(填充料)。使用填料的目的是调节塑料的物理力学性能，如提高强度、硬度和耐热性，降低成本，扩大使用范围，加入不同的填料可以得到不同性质的塑料。常用的填料有云母、滑石粉、各类纤维材料、木粉、纸屑等。塑料中的填料掺量一般为 40%～70%。

(2)增塑剂。使用增塑剂可以提高塑料成型时的流动性和可塑性，降低塑料的脆性和硬度，提高韧性和弹性。常用的增塑剂有樟脑、磷酸酯类、二苯甲酮等。

(3)固化剂(硬化剂)。固化剂的主要作用是使聚合物中的线型分子交联成体型分子，从而使树脂具有热固性。常用的有胺类、酸酐类和高分子类。

另外，还可加入稳定剂，以提高塑料在光、热等作用下的稳定性；加入着色剂，以使塑料制品具有鲜艳的色彩和光泽；加入阻燃剂，以提高聚合物的耐燃性等。

(二)塑料的特性

塑料是具有可塑性的高分子材料，具有质轻、绝缘、耐腐、耐磨、绝热、隔声等优良性能，在建筑上可作为装饰材料、绝热材料、吸声材料、防火材料、墙体材料、管道及卫生洁具等。它与传统材料相比，具有以下优异性能。

(1)质轻、比强度高。塑料的密度为 $0.9～2.2\ g/cm^3$，平均为 $1.45\ g/cm^3$，约为铝的 1/2，钢的 1/5，混凝土的 1/3。而其比强度却远远超过水泥、混凝土，接近或超过钢材，是一种优良的轻质，高强材料。

(2)导热性低。密实塑料的热导率一般为 $0.12～0.80\ W/(m·K)$。泡沫塑料是良好的绝热材料，热导率很小。

(3)比强度高。塑料及其制品的比强度高。玻璃钢的比强度超过钢材和木材。

(4)耐腐蚀性好。塑料对酸、碱、盐类的侵蚀具有较高的抵抗性。

(5)电绝缘性好。塑料的导电性低，是良好的电绝缘材料。

(6)装饰性好。塑料具有良好的装饰性能，能制成线条清晰、色彩鲜艳、光泽动人的装饰制品。

塑料的主要缺点是：耐热性低，耐火性差，易老化，弹性模量小(刚度差)。在建筑装饰中使用时应扬长避短，充分发挥其优越性。

二、塑料地板

1. 聚氯乙烯塑料地板

聚氯乙烯塑料由氯乙烯单体聚合而成，是建筑上常用的一种塑料。聚氯乙烯的化学稳定性高，抗老化性好，但耐热性差，在 100 ℃以上时会分解、变质而破坏，通常使用温度应在 60 ℃～80 ℃。根据增塑剂掺量的不同，人们可制得硬质或软质聚氯乙烯塑料。

聚氯乙烯塑料地板可分为硬质 PVC 塑料地板、软质 PVC 塑料地板、印花发泡 PVC 塑料地板、覆膜彩印塑料卷材地板等。常用 PVC 塑料地板的性能见表 12-1。

表 12-1　常用 PVC 塑料地板的性能

项目	半硬质地砖	贴膜印花地砖	软质单色卷材	不发泡印花卷材	印花发泡卷材
规格	300 mm×300 mm 333 mm×333 mm	300 mm×300 mm	300 mm×300 mm	宽 1.5～1.8 m 长 20～25 m	宽 1.6～2.0 m 长 20～25 m
表面质感	紫色、拉花、压花	平面、橘皮压纹	平面、拉花、压纹	平面、压纹	平面、化学压花
弹性	硬	软—硬	软	软—硬	软，有弹性
耐凹陷性	好	好	中	中	差
耐刻划性	差	好	中	好	好
耐烟头性	好	差	中	差	最差
耐玷污性	好	中	中	中	中
耐机械损伤性	好	中	中	中	较好
脚感	硬	中	中	中	好
施工性	粘贴	粘贴，可能翘曲	平伏，可不粘	可不粘，可能翘边	平伏，可不粘
装饰性	一般	较好	一般	较好	好

2. 氯化聚乙烯卷材地板

氯化聚乙烯塑料由乙烯单体聚合而成。所谓单体，是能发生聚合反应而生成高分子化合物的简单化合物。单体聚合方法可分为高压法、中压法和低压法三种。聚合方法不同，产品的结晶度和密度也不同。高压聚乙烯的结晶度低，密度小；低压聚乙烯的结晶度高，密度大。随着结晶度和密度的增加，聚乙烯的硬度、软化点、强度等随之增加，而冲击韧性和伸长率则下降。

聚乙烯塑料具有较高的化学稳定性和耐水性，强度虽不高，但低温柔韧性大。掺加适量炭黑，可提高聚乙烯的抗老化性能。

氯化聚乙烯卷材地板具有以下特点。

(1)优良的耐候性、耐老化性、耐臭氧性。

(2)耐油、耐化学药品性能好，耐磨性好，耐污染。

(3)弹性伸长率优于聚氯乙烯地板，脚感好。

(4)颜色丰富，仿真性强。

三、塑料壁纸

(一)塑料壁纸的品种及特点

胶面的壁纸，一般统称为塑料壁纸，以纸为基层，以聚氯乙烯塑料薄膜为面层，经复合、印花、压花等工艺制成。塑料壁纸大致可分为三大类，即普通壁纸(也称纸基塑料壁纸)、发泡壁纸、特种壁纸。每一类壁纸有3~4个品种，每一品种又有若干种花色。

1. 普通壁纸

普通壁纸是以 80 g/m^2 的纸作基材，涂塑 100 g/m^2 左右的聚氯乙烯糊状树脂，经印花、压花而成。这种壁纸的花色品种多，适用面广，价格低，生产量大，使用最为普遍。

普通壁纸有单色压花壁纸、印花压花壁纸、有光印花和平光印花壁纸等品种。

2. 发泡壁纸

发泡壁纸是以 100 g/m^2 的纸作基材，涂塑 $300~400 \text{ g/m}^2$ 的掺有发泡剂的 PVC 糊状剂，印花后再加热发泡而成。

发泡壁纸有高发泡印花壁纸、低发泡印花壁纸、低发泡印花压花壁纸等品种。

(1)高发泡印花壁纸。高发泡印花壁纸的发泡倍率大，表面呈现富有弹性的凹凸花纹，是一种集装饰、吸声于一体的多功能壁纸，常用于顶棚饰面。

(2)低发泡印花壁纸。低发泡印花壁纸是在发泡平面上印有图案的、装饰效果非常好的一种壁纸。其图案形式多种多样。

(3)低发泡印花压花壁纸。低发泡印花压花壁纸(化学压花)是用有不同抑制发泡作用的油墨印花后再发泡，使表面形成具有不同色彩的凹凸花纹图案，也称为化学浮雕。该品种还有仿木纹、拼花、仿瓷砖等花色图案。其图样逼真，立体感强，装饰效果好，并富有弹性。

3. 特种壁纸

特种壁纸是指具有一种或几种特殊功能的壁纸。国内的特种壁纸有耐水壁纸、防火壁纸、植绒壁纸、自粘型壁纸、金属壁纸、风景画壁纸、彩色砂粒壁纸等。

(1)耐水壁纸。耐水壁纸不怕水冲、水洗，适合于裱糊有防水要求的部位，如卫生间、盥洗室墙面等。

(2)防火壁纸。有防火特殊要求的房间，要求所使用的壁纸具有一定的防火功能，所以常选用 $100~200 \text{ g/m}^2$ 的石棉纸作基材，并在 PVC 涂塑材料中掺有阻燃剂，使壁纸具有一定的阻燃防火功能。也有的在普通塑料壁纸的生产中，于 PVC 糯糊中掺加一定量的阻燃剂，使壁纸具有一定的阻燃能力，使其虽然可以碳化，但不发生明火。

防火壁纸有两种防火处理形式：其一，对基材表面层均做防火处理；其二，在 PVC 糯糊中掺加一定量的阻燃剂。

(3)植绒壁纸。植绒壁纸是用静电植绒的方法将合成纤维短绒粘在纸基上。植绒壁纸有丝绒布的质感和手感，不反光，有一定的吸声性，无气味，不褪色。其缺点是不耐湿、不耐脏、不能擦洗，一般不在大面积的装饰面上使用，常用于点缀性的装饰面上。

植绒壁纸的常用规格为：幅宽为 $900~1\,200 \text{ mm}$，30 m 为一卷。

(4)自粘型壁纸。为了便于粘贴，可选用自粘型壁纸，使用时只需将壁纸背面的保护层撕掉，即可将其粘于基层。

（5）金属壁纸。金属壁纸是一种类似金属板镜面的壁纸。常用的有金色、银白色、古铜色等，并印有多种图案可供选择。金属壁纸常用于酒店的墙面及顶棚、柱面等部位，用在墙面上有时是局部的。

（6）风景画壁纸。风景画壁纸是指塑料壁纸面层印有风景画或将名人的作品印在表面，用几幅拼装而成。风景画壁纸往往将一幅作品分成若干小幅，按拼贴顺序排上号码，裱糊时只要按顺序裱贴即可。此种艺术壁纸多用在厅、堂的墙面，看上去好似一幅完整的艺术作品。

（7）彩色砂粒壁纸。彩色砂粒壁纸是在基材表面撒布彩色砂粒，再喷涂胶粘剂，使表面具有砂粒毛面。

塑料壁纸有一定的伸缩性和耐压强度，裱糊时允许基层结构有一定程度的裂缝；花色图案丰富，有凹凸花纹，富有质感及艺术感，装饰效果好；强度高，可以承受一定的拉拽，施工简单，易于粘贴，易于更换；表面不吸水，可用抹布擦洗。

塑料壁纸适用于各种建筑物的内墙、梁柱的贴面装饰。

（二）塑料壁纸的规格

对于塑料壁纸的包装，一般用收缩性的塑料薄膜将成卷的壁纸包住，其规格主要是根据壁纸幅宽的大小及一卷的长度划分，通常分为小卷、中卷和大卷三个档次。

（1）小卷塑料壁纸。小卷壁纸幅宽 530～600 mm，长 10～12 m，每卷 5～6 m²，质量为 1.0～1.5 kg。小卷壁纸在施工方面，大卷壁纸适用于家庭自己装饰，操作灵活，比较适合民居使用。

（2）中卷塑料壁纸。中卷壁纸幅宽 760～900 mm，长 25～50 m，每卷 20～45 m²。中卷壁纸的裱贴效率高，拼缝少，适合于专业装饰队伍从事大面积的裱糊作业。

（3）大卷塑料壁纸。大卷壁纸幅宽 920～1 200 mm，长 50 m，每卷 46～90 m²。适合于大面积裱糊，拼缝少，效率高，适合于装饰公司和具有一定实力的队伍裱糊施工。

四、塑料装饰板材

塑料装饰板材是指以树脂为浸渍材料或以树脂为基材，采用一定的生产工艺制成的具有装饰功能的板材。塑料装饰板材以其质轻、装饰性强、生产工艺简单、施工简便、易于保养、适于与其他材料复合等特点，在装饰工程中得到越来越广泛的应用。

塑料装饰板根据其特点和功能的不同，可分为多个类别，见表 12-2。

表 12-2　塑料装饰板材的类别

序号	名称	特点及用途
1	塑料贴面装饰板	（1）特点：它是一种用于贴面的硬质薄板，具有耐磨、耐热、耐寒、耐溶剂、耐污染、耐腐蚀、抗静电等特点；板面光滑、洁净。印有仿真的各种花纹图案，色调丰富多彩；有高光和亚光之分；质地牢固，表面硬度大，易清洁，使用寿命长，装饰效果好。该类装饰板是一种较好的防火装饰贴面材料。 （2）用途：该板可用白胶、立时得等胶粘剂贴于木材面、木墙裙、木格栅、木造型体等木质基层表面，各种橱柜、家具表面、柱子、吊顶等部位的饰面，可以粘贴在各种人造木质板材表面，均能获得较好的装饰效果，为中、高档饰面材料

序号	名称	特点及用途
2	聚氯乙烯装饰板（即 PVC 板）	其以 PVC 树脂为基料，加入稳定剂、填料、着色剂、润滑剂等，经捏合、混炼、拉片、切料、挤压或压铸而成。根据增塑剂配量的不同，聚氯乙烯装饰板分为软、硬两种产品。 （1）硬质 PVC 板表面光滑、色泽鲜艳，防水耐腐，化学稳定性好，介电性良好，强度较高，耐用性、抗老化性能好，易熔接粘合，使用温度较低（不超过 60 ℃），线膨胀系数大，加工成形性好，易于施工。透明 PVC 平板和波形板还具有透光率高的特点，如 3 mm 透明 U-PVC 板透光率为 86%。 硬质 PVC 板用于卫生间、浴室、厨房吊顶、内墙罩面板、护墙板。波形板用于外墙装饰。透明平板波形板可用作采光顶棚、采光屋面、高速公路隔声墙、室内隔断、防振玻璃、广告牌、灯箱、橱窗等。 （2）软质 PVC 板适用于建筑物内墙面、吊顶、家具台面的装饰和铺设
3	波音装饰软片	它是用云母珍珠粉及 PVC 为主要原料，经特殊精制加工而成的装饰材料。 （1）特点。 1）色泽艳丽、色彩丰富、华丽美观、经久耐用且不褪色。 2）具有较好的弯曲性能，可承受各种弯曲。 3）耐冲击性好，为木材的 40 倍，耐磨性优越。 4）耐温性好，在 20 ℃～70 ℃温度范围内，尺寸稳定性极佳。 5）抗酸碱，耐腐蚀性能好，具有耐一般稀释剂、化学药品腐蚀的能力。 6）耐污性好，对于咖啡、油、酱油、醋、墨迹等污染易清洁，不留痕。 7）具有良好的阻燃性能。 （2）用途：适用于各种壁材、石膏板、人造板、金属板等基材上的粘贴装饰
4	聚乙烯塑料装饰板（PE 塑料装饰板）	以聚乙烯树脂为基料加入其他材料及助剂，经捏合、混炼、造粒、挤压定形而成的装饰板材。 （1）特点：表面光洁、高雅华丽、绝缘、隔声、防水、阻燃、耐腐蚀。 （2）用途：适用于家庭、宾馆、会议室及商店等建筑物的墙面装饰
5	有机玻璃板	有机玻璃板简称有机玻璃。它是一种具有极好透光性的热塑性塑料，有各种颜色。 （1）特点：透光率较好，机械强度较高，耐热性、耐寒性及耐候性较好，耐腐蚀及绝缘性能良好，在一定条件下尺寸稳定，并容易加工成形。其缺点是质地较脆，易溶于有机溶剂中。 （2）用途：有机玻璃板是室内高级装饰材料。用于门窗、玻璃指示灯罩及装饰灯罩、隔板、隔断、吸顶灯具、采光罩、淋浴房等
6	玻璃卡普隆板	玻璃卡普隆板分为中空板（蜂窝板）、实心板和波纹板三大系列。 （1）特点：质量小，透光性好，透光率达到 88%，属良好采光材料，安全性、耐候性、弯曲性能好，可热弯、冷弯，抗紫外线，安装方便，阻燃性良好，不产生有毒气体。中空板有保温、绝热、消声的效果。 （2）用途：玻璃卡普隆板用于办公楼、商场、娱乐中心及大型公共设施的采光顶，车站、停车站、凉亭等雨篷，也可作为飞机场、工厂的安全采光材料，室内游泳池、农业养殖业的天幕、隔断、淋浴房、广告牌等

序号	名称	特点及用途
7	千思板	千思板是环保绿色建材，由热固性树脂与植物纤维混合而成，面层由特殊树脂经 EBC 双电子束曲线加工而成。 （1）特点：抗冲击性极高，易清洁，防潮湿，稳定性和耐用性可与硬木相媲美。抗紫外线，阻燃，耐化学腐蚀性强，装饰效果好，加工安装容易，使用寿命长，符合环保要求。另外，千思板还具有防静电特点。 （2）用途：适用于计算机房内墙装修，各种化学、物理及生物试验室墙面板、台板等要求很高的场所

五、塑料门窗

塑料门窗是以聚氯乙烯、改性聚氯乙烯或其他树脂为主要原料，以轻质碳酸钙为填料，添加适量助剂和改性剂，经双螺杆挤压机挤出成型，形成各种截面的空腹门窗异形材，再根据不同的品种规格选用不同截面异形材组装而成。因塑料的变形大、刚度差，一般在空腔内加入木条或型钢，以增加抗弯曲能力。

我国早期采用的大都是氯化聚乙烯（CPE）原料，所以称为钙塑门窗。钙塑门窗的强度较高，成本较低，但其缺点是无法解决老化问题。近些年，全国各地先后从国外引进了一些先进的生产技术和设备，从而加速了塑料门窗的发展。目前，我国塑料门窗的制造技术已基本成熟，主要性能指标已能达到国际标准。

1. 塑料门窗的特点

塑料门窗线条清晰、挺拔，造型美观，表面光洁细腻，不但具有良好的装饰性，而且有良好的隔热性和密封性。其气密性为木窗的 3 倍，铝的 1.5 倍；热损耗为金属门的 0.1%，可节约暖气费 20% 左右；其隔声效果也比铝窗高 30 dB 以上。另外，塑料可不用油漆，节省施工时间及费用。塑料本身又具有耐腐蚀和耐潮湿等性能，尤其适合化工建筑、地下工程、纺织工业、卫生间及浴室内部使用。

2. 塑料门窗的种类

塑料门窗分为全塑门窗、塑料包覆门窗（以木料或金属为主体外包塑料）、复合门窗（一面为塑料另一面为金属或木料）等。其中，以优质 PVC 片材经真空吸塑机成型，浮雕图案再与木或金属真空贴合而成的塑钢雕花门、塑钢雕花木门、塑钢线条装饰系列镭射门、塑贴装饰门等，均具有防潮、耐腐蚀、不变形、阻燃及优异的装饰性能，因此被广泛应用。另外，还有全塑折叠门、塑料（及铝塑）百叶窗等。

具体来说，塑料门窗主要有以下几种类型：

（1）钙塑门窗。钙塑门窗是我国早期开发并被普遍采用的一种塑料门窗，它有多种类型和规格，包括室门、壁橱门、单元门、商店门等，以及不同规格的窗。有的可根据建筑设计图纸的要求进行加工。

（2）改性全塑整体门。全塑整体门是以聚氯乙烯树脂为主要原料，配以一定量的抗老化剂、阻燃剂、增塑剂、稳定剂和内润滑剂等多种优良助剂，经机械加工而成的。全塑整体门的门扇是一个整体，在生产中采用一次成型工艺，摆脱了传统组装体的形式。其外观清雅华丽，装饰性强，可制成各种单一颜色，也可同时集三种颜色在一个门扇之上。改性全塑整体门质量坚固，耐冲击性强，结构严密，隔声、隔热性能均优于传统木门，且安装简便，省工省料，使用寿命长，是理想的以塑代木产品。其适用于作为宾馆、饭店、医院、办公楼及民用建筑的内门，也适用于作为化工建筑的内门。改性全塑整体门的使用温度为$-20\ ℃\sim50\ ℃$。

（3）改性聚氯乙烯塑料夹层门。改性聚氯乙烯塑料夹层门采用聚氯乙烯塑料中空型材为骨架，内衬芯材，表面用聚氯乙烯装饰板复合而成，其门框由抗冲击聚氯乙烯中空异形材经热熔焊接加工拼装而成。改性聚氯乙烯塑料夹层门具有材质轻、刚度好、防霉、防蛀、耐腐蚀、不易燃、外形美观大方等优点，适用于作为住宅、学校、办公楼、宾馆的内门及地下工程和化工厂房的内门。

（4）改性聚氯乙烯内门。改性聚氯乙烯内门是以聚氯乙烯为主要原料，添加适量的助剂和改性剂，经挤出机挤出成各种截面的异形材，再根据不同的品种、规格选用不同截面的异形材组装而成。其具有质轻、阻燃、隔热、隔声好、防湿、耐腐、色泽鲜艳、不需油漆、采光性好、装潢别致等优点，可取代木制门，常用于公共建筑、宾馆及民用住宅的内部。

（5）折叠式塑料异形组合屏风。折叠式塑料异形组合屏风是一种无增塑硬聚氯乙烯异形挤出制品，具有良好的耐腐蚀、耐候性、自熄性及轻质、高强等特点。其表面可装饰花纹，既美观大方又节省油漆，易清洗，安装方便，使用灵活，适用于宾馆会客厅及房间的间隔装饰，也可用作一般公用建筑和民用住宅的室内隔断、浴帘及内门等。

（6）全塑折叠门。和全塑整体门一样，全塑折叠门是以聚氯乙烯为主要原料配以一定量的防老化剂、阻燃剂、增塑剂、稳定剂等，经机械加工制成。全塑折叠门具有质量小，安装与使用方便，装饰效果豪华、高雅，推拉轨迹顺直，自身体积小而遮蔽面积大，以及可适用于多种环境和场合等优点。其特别适用于更衣间屏幕、浴室内门和用作大中型厅堂的临时隔断等。

全塑折叠门的颜色可根据设计要求定制，如棕色仿木纹及各种印花图案。其附件主要是铝合金导轨及滑轮等。

（7）塑料百叶窗。塑料百叶窗采用硬质改性聚氯乙烯、玻璃纤维增强聚丙烯及尼龙等热塑性塑料加工而成。其品种有活动百叶窗和垂直百叶窗帘等，如垂直百叶窗帘片，即是采用有各种颜色和花纹的聚酯薄片。传动系统采用丝杠及蜗轮副机构，可以自动启闭及进行$180°$转角，实现灵活调节光照的目的，使室内有光影交错的效果。

塑料百叶窗适用于工厂车间通风采光，用于人防工事、地下室坑道等湿度大的建筑工程；同时也适用于宾馆、饭店、影剧院、图书馆、科研计算中心、民用住宅等各种窗的遮阳和通风。

（8）玻璃钢门窗。玻璃钢门窗是以合成树脂为基体材料，以玻璃纤维及其制品为增强材料，经一定成型加工工艺制作而成。其结构形式一般有实心窗、空腹窗及隔断门和走廊门扇等。

空腹薄壁玻璃钢窗由于刚度较好，不易变形，使用效果也较好，因此被广泛采用。它是以无碱无捻方格玻璃布为增强材料，以不饱和聚酯树脂为胶粘剂制成空腹薄壁玻璃钢型材，然后再加工拼装成窗。SMC压制窗由于具有成本低、使用方便、生产效率高和制品表面光洁等优点，实现了较快发展。

玻璃钢门窗与传统的钢门窗、木门窗相比，具有轻质、高强、耐久、耐热、绝缘、抗冻、成型简单等特点，其耐腐蚀性能更为突出。此类门窗除用于一般建筑外，特别适用于湿度大、有腐蚀性介质的化工生产车间、火车车厢，以及做各种冷库的保温门窗。

第二节　建筑装饰涂料

涂料是指涂敷于物体表面，能与基体材料很好地粘结，干燥后形成完整且坚韧的保护膜的物质。其是一类可借助于刷涂、辊涂、喷涂、抹涂、弹涂等多种作业方法涂覆于物体表面，经干燥、固化后可形成连续状涂膜，并与被涂覆物表面牢固粘结的材料。它具有色彩丰富、质感逼真、施工方便、便于维护更新等优点。因此，人们常采用涂料来装饰和保护建筑。现在，涂料已成为应用十分广泛的装饰材料。

一、涂料的基本知识

(一)涂料的组成

涂料中各组分的作用不同，但其基本组分有主要成膜物质、次要成膜物质和辅助成膜物质。

1. 主要成膜物质

主要成膜物质也称胶粘剂或固化剂。其作用是将涂料中的其他组分粘结成一体，并使涂料附着在被涂基层的表面形成坚韧的保护膜。主要成膜物质一般为高分子化合物或成膜后能形成高分子化合物的有机物质，如合成树脂或天然树脂以及动植物油等。

2. 次要成膜物质

次要成膜物质是指涂料中所用的颜料和填料，它们是构成涂膜的组成部分，并以微细粉状均匀地分散于涂料介质中，赋予涂膜色彩、质感，使涂膜具有一定的遮盖力，减少收缩，还能增加膜层的机械强度，防止紫外线的穿透作用，提高涂膜的抗老化性、耐候性。

(1)颜料的品种很多，按其化学组成成分不同，可分为有机颜料和无机颜料；按其来源不同，分为天然颜料与人造颜料；按照不同种类的颜料在涂料中所起的作用不同，可将颜料划分为着色颜料、体质颜料和防锈颜料。

(2)填料的主要作用在于改善涂料的涂膜性能，降低成本。填料主要是一些碱土金属盐，硅酸盐和镁、铝的金属盐和重晶石粉($BaSO_4$)、轻质碳酸钙($CaCO_3$)、硅灰石粉、膨润土、瓷土或砂等。

3. 辅助成膜物质

辅助成膜物质是指涂料中的溶剂和各种助剂，它们一般不构成涂膜的成分，但对于涂料的生产、涂饰施工以及涂膜的形成过程有重要影响，或者可以改善涂膜的某些性质。涂料中的辅助成膜物质主要包括分散介质和助剂两大类。

(1)分散介质。涂料在施工时一般是具有一定稠度流动性的液体。所以，涂料中必须含有较大数量的分散介质。这些分散介质也称为稀释剂，在涂料的生产过程中，往往是溶解、分散、乳化主要成膜物质或主要成膜物质的原料；涂饰施工中，分散介质使涂料具有一定的稠度和流动性，还可以增强成膜物质向基层渗透的能力。在涂膜的形成过程中，分散介质中少部分将被基层吸收，大部分将逸入大气之中，不存留在涂膜之内。涂料中所用的分散介质主要有有机溶剂和水两大类。

（2）助剂。助剂是为改善涂料的性能、提高涂膜的质量而加入的辅助材料。它们的加入量很少，但种类很多，对改善涂料性能的作用显著。涂料中常用的助剂主要有催干剂、固化剂、催化剂、引发剂、增塑剂、紫外光吸收剂、抗氧剂、防老剂等。某些功能性涂料还需采用具有特殊功能的助剂，如防火涂料用的难燃助剂、膨胀型防火涂料用的发泡剂等。

（二）建筑装饰涂料的分类、命名及代号

1. 建筑装饰涂料的分类

建筑装饰涂料按其组成物质，可分为有机、无机及复合三大类（表 12-3）；根据涂膜厚度及形状，可分为薄质涂料、厚质涂料、砂粒状涂料和凹凸花纹状涂料等四类；按使用部位，分为内墙涂料、外墙涂料、地面涂料及木器用涂料等。

表 12-3　建筑涂料按组成物质的分类

项目		类别
有机涂料	水溶性	聚乙烯醇类建筑涂料 耐擦洗仿瓷涂料
	乳液型	聚醋酸乙烯乳液涂料 丙烯酸酯乳液涂料 苯乙烯－丙烯酸酯共聚乳液（苯丙）涂料 醋酸乙烯－丙烯酸酯共聚乳液（乙丙）涂料 醋酸乙烯－乙烯共聚乳液（VAE）涂料 氯乙烯－偏氯乙烯共聚乳液（氯偏）涂料 环氧树脂乳液涂料 硅橡胶乳液涂料
	溶剂型	丙烯酸酯类溶剂型涂料 聚氨酯丙烯酸酯复合型涂料 聚酯丙烯酸酯复合型涂料 有机硅丙烯酸酯复合型涂料 聚氨酯类溶剂型涂料 聚氨酯环氧树脂复合型涂料 过氯乙烯溶剂型涂料 氯化橡胶建筑涂料
无机涂料	水溶性	无机硅酸盐（水玻璃）类涂料 硅溶胶类建筑涂料 聚合物水泥类涂料 粉刷石膏抹面材料
复合涂料		（丙烯酸酯乳液＋硅溶胶）复合涂料 （苯丙乳液＋硅溶胶）复合涂料 （丙烯酸酯乳液＋环氧树脂乳液＋硅溶胶）复合涂料

2. 建筑装饰涂料的命名及代号

对涂料的划分以主要成膜物质为依据。如果主要成膜物质是混合树脂，则按其中在涂膜中起主要作用的一种树脂为基础而划分类别。用汉语拼音字母为代号标示，见表12-4。

表12-4　涂料的分类和命名代号

序号	代号	名称	序号	代号	名称
1	Y	油质漆类	10	X	烯烃树脂漆类
2	T	天然树脂漆类	11	B	丙烯酸漆类
3	F	酚醛树脂漆类	12	Z	聚酯树脂漆类
4	L	沥青漆类	13	H	环氧树脂漆类
5	C	醇酸树脂漆类	14	S	聚氨酯漆类
6	A	氨基树脂漆类	15	W	元素有机聚合物漆类
7	Q	硝基漆类	16	J	橡胶漆类
8	M	纤维素漆类	17	E	其他漆类
9	G	过氯乙烯漆类			

为了更好地区别同一类型中的各类油漆涂料的品种，可以在每一种涂料名称前加个基本名称代号。涂料的基本名称代号见表12-5。

表12-5　涂料的基本名称代号

代号	基本名称	代号	基本名称	代号	基本名称
00	清油	30	(浸渍)绝缘漆	62	示温漆
01	清漆	31	(覆盖)绝缘漆	63	涂布漆
02	厚漆	32	(绝缘)磁漆	64	可剥漆
03	调合漆	35	硅钢片漆	66	感光漆
04	瓷漆	37	电阻漆	67	隔热涂料
05	烘漆	38	半导体漆	80	地板漆
06	底漆	41	水线漆	81	渔网漆
07	腻子	42	甲板漆	82	锅炉漆
09	大漆	44	船底漆	83	烟囱漆
12	乳胶漆	50	耐酸漆	84	黑板漆
13	其他水溶性漆	51	耐碱漆	85	调色漆
14	透明漆	52	防腐漆	86	标志漆、马路画线漆
16	锤纹漆	53	防锈漆	98	胶液
19	晶纹漆	54	耐水漆	99	其他
23	罐头漆	55	耐热漆		

(三)建筑装饰涂料的主要技术性能

涂料对建筑物的功能主要表现在保护和装饰两个方面。因此，建筑涂料及其涂饰施工后所形成的涂膜均应满足一定的技术性能要求。

1. 涂料的主要技术性能要求

涂料的主要技术性能要求有在容器中的状态、黏度、含固量、细度、干燥时间、最低成膜温度等。

各种涂料在容器中储存时均应无硬块，搅拌后呈均匀状态，有一定的黏度，使其在涂饰作业时易于流平而不流挂。薄质涂料的含固量通常不小于 45%，细度一般不大于 60 μm。涂料的表干时间不应超过 2 h，实干时间不应超过 24 h。乳液型涂料的最低成膜温度都应在 10 ℃以上。

2. 涂膜的主要技术性能要求

涂膜的技术性能包括物理力学性能和化学性能，主要有涂膜颜色、遮盖力、附着力、粘结强度、耐冻融性、耐污染性、耐候性、耐水性、耐碱性及耐刷洗性等。

涂膜颜色与标准样品相比，应符合色差范围。建筑涂料的遮盖力范围为 100～300 g/m^2。质量优良的涂膜，其附着力指标应为 100%。粘结强度高的涂料，其涂膜不易脱落，耐久性也好。另外，涂膜还应有良好的耐冻融性、耐玷污性、耐候性、耐水性、耐碱性和耐刷洗性。

3. 其他特殊功能

涂料除具有保护、装饰功能外，一些涂料还具有各自的特殊功能，如防水、防火、吸声隔声、隔热保温、防辐射等。

(四)建筑装饰涂料的选择

1. 涂料的选用原则

涂料的选用原则包括良好的装饰效果，合理的耐久性和经济性。

(1)建筑的装饰效果。建筑的装饰效果主要由质感、线型和色彩三个方面决定，其中线型由建筑结构及饰面方法决定，而质感和色彩则是决定涂料装饰效果的基本要素。所以在选用涂料时，应考虑到所选用的涂料与建筑的协调性及其对建筑形体设计的补充效果。

(2)耐久性。耐久性包括两个方面的含义，即对建筑物的保护效果和装饰效果。涂膜的变色、玷污、剥落与装饰效果有直接关系；粉化、龟裂、剥落则与保护效果有关。

(3)经济性。经济性与耐久性是辩证统一的。经济性表现在短期经济效果与长期经济效果上，有些产品的短期效果好，而长期经济效果差，有些产品则反之。因此须综合考虑，权衡其经济性，对不同的建筑墙面选择不同的涂料。

2. 涂料的选择方法

(1)按建筑物的装饰部位选择具有不同功能的涂料。外部装饰主要有外墙立面、房檐、窗套等部位，这些部位长年处于风吹、日晒、雨淋之中，所用涂料必须有足够好的耐水性、耐候(耐老化)性、耐玷污性和耐冻融性，才能保证长期有较好的装饰效果。内部装饰主要有内墙立面、顶棚、地面。内墙涂料除对颜色、平整度、丰满度等有一定要求外，还应有较好的机械稳定性，即有一定的硬度、耐干擦和湿擦性。一般内墙涂料原则上均可作顶棚涂装，但在较大型的公用建筑中，采用添加粗骨料的毛面顶棚涂料会更富有装饰效果。地面涂料除要改变水泥地面硬、冷、易起灰等弊病外，还应具有较好的隔声作用。

(2)按不同的建筑结构材料来选择涂料及确定涂装体系。用于建筑结构的材料很多，如混凝土、水泥、石膏、砖、木材、钢铁和塑料等。各种涂料所适应的基层材料是有所不同的，如无机涂料不适用于塑料、钢铁等结构材料，对这类结构材料一般使用溶剂型或其他有机高分子涂料来装饰；而对混凝土、水泥砂浆等结构材料，必须使用具有较好的耐碱性的涂料，并且应能有效地防止基层材料中的碱分[CaO、Ca(OH)$_2$]析出涂膜表面，引起"盐析"现象而影响装饰效果。

(3)按建筑物所处的地理位置和施工季节选择涂料。建筑物所处的地理位置不同，其饰面经受的气候条件也不同。炎热多雨的南方所用的涂料不仅要求有较好的耐水性，而且应有较好的防霉性，否则霉菌繁殖，会很快使涂料失去装饰效果。严寒的北方对涂料的耐冻融性有着更高的要求。在雨期施工时，应选择干燥迅速并且有较好初期耐水性的涂料。在冬期施工，则应特别注意涂料的最低成膜温度，即选用成膜温度低的涂料。

（4）按建筑标准和造价选择涂料及确定施工工艺。对于高级建筑可以选用高档涂料，并采用三道成活的施工工艺，即底层为封闭层，中间层形成具有较好质感的花纹和凹凸状，面层则使涂膜具有较好的耐水性、耐玷污性和耐候性，从而达到较好的装饰效果，并具有耐久性。一般的建筑可选用中档或低档涂料，采用二道或一道成活的施工工艺。

以上几点可供选择建筑涂料时参考。涂料对于涂料厂来说是成品，对建筑业来说却是原材料，一种好的涂料仅仅为取得好的装饰效果、合理的耐久性提供了前提。要充分发挥涂料的装饰效果和保护作用，就必须在基层表面创造有利的质感、线型、涂层附着条件以及采用合理的施工工艺和施工条件。因此，当选定涂料之后，一定要对该涂料的施工要求和注意事项进行全面了解，并按要求规范施工，这样才能取得预期的效果。

二、内墙涂料

内墙涂料用于室内环境，其主要作用是装饰和保护墙面。涂层应质地平滑、细腻，色彩丰富，具有良好的透气性、耐碱、耐水、耐污、耐粉化等性能，并且施工方便。

（一）合成树脂乳液内墙涂料

合成树脂乳液内墙涂料也称乳胶漆，是以合成树脂乳液为主要成膜物质，加入着色颜料、体质颜料、助剂，经混合、研磨而制得的薄质内墙涂料。其特点主要表现为两个方面：一是以水为分散介质，随着水分的蒸发而干燥成膜，施工时无有机溶剂溢出，因而无毒，可避免施工时发生火灾的危险；二是涂膜透气性好，因而可以避免因涂膜内外温度差而鼓泡，可以在新建的建筑物水泥砂浆及灰泥墙面上涂刷。其适用于内墙涂饰，无结露现象。

1. 合成树脂乳液内墙涂料产品分类和分等

合成树脂乳液内墙涂料产品可分为底漆和面漆。面漆按照使用要求分为合格品、一等品和优等品三个等级。

2. 合成树脂乳液内墙涂料的技术要求

（1）底漆应符合表12-6的技术要求。

表12-6　底漆的技术要求

项目	指标
在容器中状态	无硬块，搅拌后呈均匀状态
施工性	刷涂无障碍
低温稳定性（3次循环）	不变质
低温成膜性	5 ℃成膜无异常
涂膜外观	正常
干燥时间（表干）/h　　　　　　　　　≤	2
耐碱性（24 h）	无异常
抗泛碱性（48 h）	无异常

（2）面漆应符合表12-7的技术要求。

表12-7　面漆的技术要求

项目	指标		
	合格品	一等品	优等品
在容器中状态	无硬块，搅拌后呈均匀状态		
施工性	刷涂两道无障碍		
低温稳定性（3次循环）	不变质		
低温成膜性	5 ℃成膜无异常		
涂膜外观	正常		
干燥时间（表干）/h≤	2		
对比率（白色和浅色＊）≥	0.90	0.93	0.95
耐碱性（24 h）	无异常		
耐洗刷性/次≥	350	1 500	6 000

＊浅色是指以白色涂料为主要成分，添加适量色浆后配制成的浅色涂料形成的涂膜所呈现的浅颜色，按《中国颜色体系》（GB/T 15608—2006）中规定明度值为6～9之间（三刺激值中的 Y_{D65}≥31.26）。

3. 合成树脂乳液内墙涂料的应用

合成树脂乳液内墙涂料一般用于室内墙面装饰，但不宜用于厨房、卫生间、浴室等潮湿墙面。涂饰施工时，基层应清洁、平整、坚实、不太光滑，以增强涂料与墙体的粘结力。基层含水率应不大于10％，pH 值应在7～10范围内，以防止基层过分潮湿、碱性过强而导致出现涂层变色、起泡、剥落等现象。

（二）水溶性内墙涂料

水溶性内墙涂料是以水溶化合物为基料，加入一定量的填料、颜料和助剂，经研磨、分散而成的水溶性涂料。

1. 水溶性内墙涂料的分类

水溶性内墙涂料属于低档涂料，可分为Ⅰ类和Ⅱ类。

2. 水溶性内墙涂料的技术要求

水溶性内墙涂料的技术要求应符合《水溶性内墙涂料》（JC/T 423）的规定，见表12-8。

表12-8　水溶性内墙涂料的技术要求

序号	性能项目	技术要求	
		Ⅰ类	Ⅱ类
1	容器中状态	无结块、沉淀和絮凝	
2	黏度①/s	30～75	
3	细度/μm	≤100	
4	遮盖力/(g·m⁻²)	≤300	
5	白度②/%	≥80	
6	涂膜外观	平整，色泽均匀	

序号	性能项目	技术要求	
		Ⅰ类	Ⅱ类
7	附着力/%	100	
8	耐水性	无脱落、起泡和皱皮	
9	耐干擦性/级	—	≤1
10	耐洗刷性/次	≥300	—

①《涂料粘度测定法》(GB/T 1723)中涂—4黏度计的测定结果的单位为"s"。
②白度规定只适用于白色涂料。

3. 水溶性内墙涂料的应用

水溶性内墙涂料主要适用于一般民用建筑室内墙面装饰，Ⅰ类用于涂刷浴室、厨房内墙，Ⅱ类用于涂刷建筑物内的一般墙面。

(三)内墙涂料中有害物质的限量

《室内装饰装修材料 内墙涂料中有害物质限量》(GB 18582—2008)规定了室内装饰装修用水性墙面涂料(包括面漆和底漆)和水性墙面腻子中对人体有害物质容许限量的要求，见表12-9。

表 12-9　有害物质容许限量的要求

项目		限量值	
		水性墙面涂料①	水性墙面腻子②
挥发性有机化合物含量 VOC	≤	120 g/L	15 g/kg
苯、甲苯、乙苯、二甲苯总和/(mg·kg^{-1})	≤	300	
游离甲醛/(mg·kg^{-1})	≤	100	
可溶性重金属/(mg·kg^{-1}) ≤	铅 Pb	90	
	镉 Cd	75	
	铬 Cr	60	
	汞 Hg	60	

①涂料产品所有项目均不考虑稀释配合比。
②膏状腻子所有项目均不考虑稀释配合比；粉状腻子除可溶性重金属项目直接测试粉体外，其余三项按产品规定的配合比将粉体与水或胶粘剂等其他液体混合后测试。如配合比为某一范围，应按照水用量最小、胶粘剂等其他液体用量最大的配合比混合后测试。

三、外墙涂料

外墙涂料是用于装饰和保护建筑物外墙面的涂料。外墙涂料具有色彩丰富、施工方便、价格便宜、维修简便、装饰效果好等特点。通过改良，它的耐久性、色牢度、耐水性和耐污性等都比之前有很大提高，是建筑外立面装饰中经常使用的一种装饰材料。

(一)合成树脂乳液外墙涂料

合成树脂乳液外墙涂料是以合成树脂乳液为基料，与颜料、体质颜料(底漆可不添加颜料或体质颜料)及各种助剂配制而成的，施涂后能形成表面平整的薄质涂层的外墙涂料，包括底漆、中涂漆和面漆。它具有以水为分散介质、透气性好、耐候性良好、施工方便等特点。

1. 合成树脂乳液外墙涂料的等级

面漆按照使用要求可分为三个等级，即优等品、一等品、合格品。底漆按照抗泛盐碱性和不透水性要求的高低，分为Ⅰ型和Ⅱ型。

2. 合成树脂乳液外墙涂料的技术要求

(1)底漆要符合表 12-10 的要求。

表 12-10 底漆的要求

项目		指标	
		Ⅰ型	Ⅱ型
容器中状态		无硬块，搅拌后呈均匀状态	
施工性		刷涂无障碍	
低温稳定性		不变质	
涂膜外观		正常	
干燥时间(表干)/h	≤	2	
耐碱性(48 h)		无异常	
耐水性(96 h)		无异常	
抗泛盐碱性		72 h 无异常	48 h 无异常
透水性/mL	≤	0.3	0.5
与下道涂层的适应性		正常	

(2)中涂漆应符合表 12-11 的要求。

表 12-11 中涂漆的要求

项目		指标
容器中状态		无硬块，搅拌后呈均匀状态
施工性		刷涂两道无障碍
低温稳定性		不变质
涂膜外观		正常
干燥时间(表干)/h	≤	2
耐碱性*(48 h)		无异常
耐水性*(96 h)		无异常
涂层耐温变性*(3 次循环)		无异常
耐洗刷性(1 000 次)		漆膜未损坏
附着力*/级	≤	2
与下道涂层的适应性		正常
* 也可根据有关方商定测试与底漆配套后的性能。		

(3)面漆应符合表 12-12 的要求。

表 12-12　面漆的要求

项目	指标		
	合格品	一等品	优等品
容器中状态	无硬块，搅拌后呈均匀状态		
施工性	刷涂两道无障碍		
低温稳定性	不变质		
涂膜外观	正常		
干燥时间(表干)/h　≤	2		
对比率(白色和浅色①)　≥	0.87	0.90	0.93
耐玷污性(白色和浅色①)/%≤	20	15	15
耐洗刷性(2 000 次)	漆膜未损坏		
耐碱性②(48 h)	无异常		
耐水性②(96 h)	无异常		
涂层耐温变性②(3 次循环)	无异常		
透水性/mL　≤	1.4	1.0	0.6
耐人工气候老化性②	250 h 不起泡、不剥落、无裂纹	400 h 不起泡、不剥落、无裂纹	600 h 不起泡、不剥落、无裂纹
粉化/级　≤	1	1	1
变色(白色和浅色)/级　≤	2	2	2
变色(其他色)/级	商定	商定	商定

①浅色是指以白色涂料为主要成分，添加适量色浆后配制成的浅色涂料形成的涂膜所呈现的浅颜色，按《中国颜色体系》(GB/T 15608—2006)中规定明度值为 6~9(三刺激值中的 $Y_{D65} \geqslant 31.26$)。
②也可根据有关方商定测试与底漆配套后或与底漆和中涂漆配套后的性能。

3. 合成树脂乳液外墙涂料的应用

合成树脂乳液外墙涂料主要用于一般建筑物外墙饰面，但其在太低的温度下不能形成良好的涂膜，所以必须在 10 ℃以上施工才能保证质量，故而在冬季不宜应用。

(二)溶剂型外墙涂料

溶剂型外墙涂料是以合成树脂溶液为主要成膜物质，以有机溶剂为稀释剂，加入适量的颜料、填料及助剂，经混合溶解、研磨后配制而成的一种挥发性涂料。它具有较好的硬度、光泽、耐水性、耐碱性及良好的耐候性、耐污染性等。

1. 溶剂型外墙涂料的种类及等级

溶剂型外墙涂料的常用种类有氯化橡胶外墙涂料、聚氨酯丙烯酸酯外墙涂料、丙烯酸酯有机硅外墙涂料等。它可分为三个等级，即优等品、一等品、合格品。

2. 溶剂型外墙涂料的技术要求

溶剂型外墙涂料的技术要求应符合《溶剂型外墙涂料》(GB/T 9757—2001)的规定，见表 12-13。

表 12-13　溶剂型外墙涂料的技术要求

序号	项　目		指　标		
			优等品	一等品	合格品
1	容器中状态		无硬块、搅拌后呈均匀状态		
2	施工性		刷涂二道无障碍		
3	干燥时间(表干)/h	≤	2		
4	涂膜外观		正常		
5	对比率(白色和浅色)①	≥	0.93	0.90	0.87
6	耐水性		168 h 无异常		
7	耐碱性		48 h 无异常		
8	耐洗刷性/次	≥	5 000	3 000	2 000
9	耐人工气候老化性 (白色和浅色①)		1 000 h 不起泡、 不剥落、无裂纹	500 h 不起泡、 不剥落、无裂纹	300 h 不起泡、 不剥落、无裂纹
10	粉化/级	≤	1		
11	变色/级	≤	2		
12	其他色		商定		
13	耐玷污性(白色和浅色)①/%	≤	10	10	15
	涂层耐温变性(5 次循环)		无异常		

①浅色是指以白色涂料为主要成分，添加适量色浆后配制成的浅色涂料形成的涂膜所呈现的浅颜色，按《中国颜色体系》(GB/T 15608—2006)中的规定，明度值为 6~9(三刺激值中的 $Y_{D65} \geqslant 31.26$)。

3. 溶剂型外墙涂料的应用

溶剂型外墙涂料主要用于建筑物的外墙涂饰，但施工时有大量的易燃的有机溶剂挥发出来，易污染环境。同时，漆膜的透气性差，又具有疏水性，如在潮湿基层上施工容易产生气泡起皮、膜落现象。因此，国内外这类涂料的用量低于乳液型外墙涂料。

(三)外墙涂料中有害物质的限量

《建筑用外墙涂料中有害物质限量》(GB 24408—2009)规定了室外装饰装修用水性外墙涂料和溶剂型外墙涂料中对人体有害物质容许限量的要求，见表 12-14。

表 12-14　有害物质容许限量的要求

项目	限　量　值					
	水性外墙涂料			溶剂型外墙涂料(包括底漆和面漆)		
	底漆①	面漆①	腻子②	色漆	清漆	闪光漆
挥发性有机化合物(VOC)含量/(g·L⁻¹)≤	120	150	15 g/kg	680③	700③	760③
苯含量③/% ≤	—			0.3		
甲苯、乙苯和二甲苯含量总和③/% ≤	—			40		
游离甲醛含量/(mg·kg⁻¹) ≤	100					
游离二异氰酸酯(TDI 和 HDI)含量总和④/% ≤ (限以异氰酸酯作为固化剂的溶剂型外墙涂料)	—			0.4		

项目	限 量 值					
	水性外墙涂料			溶剂型外墙涂料(包括底漆和面漆)		
	底漆①	面漆①	腻子②	色漆	清漆	闪光漆
乙二醇醚及醚酯含量总和①②③/%≤ (限乙二醇甲醚、乙二醇甲醚醋酸酯、乙二醇乙醚、 乙二醇乙醚醋酸酯和二乙二醇丁醚醋酸酯)	0.03					
重金属含量/(mg·kg⁻¹)≤ (限色漆和腻子)	铅(Pb)			1 000		
	镉(Cd)			100		
	六价铬(Cr⁶⁺)			1 000		
	汞(Hg)			1 000		

① 水性外墙底漆和面漆所有项目均不考虑稀释配比。

② 水性外墙腻子中膏状腻子所有项目均不考虑稀释配合比；粉状腻子除重金属项目直接测试粉体外，其余三项是指按产品明示的施工配合比将粉体与水或胶粘剂等其他液体混合后测试。如施工配合比为某一范围，应按照水用量最小、胶粘剂等其他液体用量最大的施工配合比混合后测试。

③ 溶剂型外墙涂料按产品明示的施工配合比混合后测定。如稀释剂的使用量为某一范围，应按照产品施工配合比规定的最大稀释比例混合后进行测定。

④ 如果产品规定了稀释比例或由双组分或多组分组成时，应先测定固化剂(含二异氰酸酯预聚物)中的二异氰酸酯含量，再按产品明示的施工配合比计算混合后涂料中的含量。如稀释剂的使用量为某一范围，应按照产品施工配合比规定的最小稀释比例进行计算。

四、地面涂料

地面涂料是用于装饰和保护室内地面，使其清洁美观的涂料。地面涂料应具有良好的粘结性能，以及耐碱、耐水、耐磨及抗冲击等性能。

1. 过氯乙烯水泥地面涂料

过氯乙烯水泥地面涂料是以过氯乙烯树脂为主要成膜物质，将其溶于挥发性溶剂中，再加入颜料、填料、增塑剂和稳定剂等附加成分而成的。

过氯乙烯水泥地面涂料，施工简便、干燥速度快，具有较好的耐水性、耐磨性、耐候性、耐化学腐蚀性。由于挥发性溶剂易燃、有毒，在施工时应注意做好防毒、防火工作。这种涂料广泛应用于防化学腐蚀涂装、混凝土建筑。

2. 聚氨酯－丙烯酸酯地面涂料

聚氨酯－丙烯酸酯地面涂料是以聚氨酯－丙烯酸酯树脂溶液为主要成膜物质，以醋酸丁酯等为溶剂，再加入颜料、填料和各种助剂等，经过一定的加工工序制作而成的。

聚氨酯－丙烯酸酯地面涂料的耐磨性、耐水性、耐酸碱腐蚀性能好，其表面有瓷砖的光亮感，因而又称为仿瓷地面涂料。这种涂料是双组分涂料，施工时可按规定的比例进行称量，然后搅拌混合，做到随拌随用。

3. 丙烯酸硅地面涂料

丙烯酸硅地面涂料是以丙烯酸酯系树脂和硅树脂进行复合的产物为主要成膜物质，再加入溶剂、颜料、填料和各种助剂等，经过一定的加工工序制作而成的。

丙烯酸硅地面涂料的耐候性、耐水性、耐洗刷性、耐酸碱腐蚀性和耐火性能好，渗透力较强，与水泥砂浆等材料之间的粘结牢固，具有较好的耐磨性。

4. 环氧树脂地面涂料

环氧树脂地面涂料是以环氧树脂为主要成膜物质，加入稀释剂、颜料、填料、增塑剂和固化剂等，经过一定的制作工艺加工而成的。

环氧树脂地面涂料是一种双组分常温固化型涂料，甲组分有清漆和色漆，乙组分是固化剂。其具有无接缝、质地坚实、防腐、防尘、保养方便、维护费用低廉等优点，可根据客户要求施行多种涂装方案，如薄层涂装、1～5 mm厚的自流平地面，防滑耐磨涂装，砂浆型涂装，防静电、防腐蚀涂装等。其产品适用于各种场地，如厂房、机房、仓库、试验室、病房、手术室、车间等。

5. 彩色聚氨酯地面涂料

彩色聚氨酯地面涂料由聚氨酯、颜色填料、助剂调制而成，具有优异的耐酸、耐碱、防水、耐碾轧、防磕碰、不燃等性能，适用于食品厂、制药厂的车间仓库等地面、墙面的涂装。它同时具有无菌、防滑、无接缝、耐腐蚀等特点，可用于医院、电子厂、学校、宾馆等地面、墙面的装饰。

第三节 建筑胶粘剂

胶粘剂(又称粘合剂、粘结剂)是一种能在两个物体表面之间形成薄膜并能把它们紧密地胶接起来的材料。胶粘剂在建筑装饰施工中是不可缺少的配套材料，常用于墙柱面、吊顶、地面工程的装饰粘结。

一、胶粘剂的组成与分类

(一)胶粘剂的组成

目前使用的合成胶粘剂，大多数由多种物质组成，主要是胶料、固化剂、填料和稀释剂等。

(1)胶料是胶粘剂的基本组分，它是由一种或几种聚合物配制而成的，对胶粘剂的性能(胶粘强度、耐热性、韧性、耐老化性等)起决定性作用，主要有合成树脂和橡胶。

(2)固化剂可以增加胶层的内聚强度，它的种类和用量直接影响胶粘剂的使用性质和工艺性能，如胶结强度、耐热性、涂胶方式等。固化剂主要分为胺类、高分子类等。

(3)填料的加入可以改善胶粘剂的性能，如提高强度、耐热性等，常用的填料有金属及其氧化物粉末、水泥、玻璃及石棉纤维制品等。

(4)稀释剂用于溶解和调节胶粘剂的黏度，主要有环氧丙烷、丙酮等。

为了提高胶粘剂的某些性能，还可加入其他添加剂，如防霉剂、防腐剂等。

(二)胶粘剂的分类

胶粘剂品种繁多，分类方法也比较多。

1. 按基料组分分类

胶粘剂按基料组分分类，如图 12-1 所示。

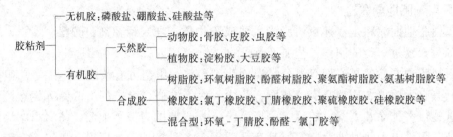

图 12-1　胶粘剂按基料组成成分分类

2. 按强度特性分类

按强度特性不同，胶粘剂可分为以下几种。

(1)结构胶粘剂：结构胶粘剂的胶结强度较高，至少与被胶结物本身的材料强度相当，同时，对耐油、耐热和耐水性等都有较高的要求。

(2)非结构胶粘剂：非结构胶粘剂要求有一定的强度，但不承受较大的力，只起定位作用。

(3)次结构胶粘剂：次结构胶粘剂又称准结构胶粘剂，其物理力学性能介于结构型与非结构型胶粘剂之间。

3. 按固化条件分类

按固化条件的不同，胶粘剂可分为溶剂型、反应型和热熔型。

(1)溶剂型胶粘剂中的溶剂在粘合端面挥发或者被吸收，形成粘合膜而发挥粘合力。这种类型的胶粘剂有聚苯乙烯、丁苯橡胶等。

(2)反应型胶粘剂的固化是由不可逆的化学变化引起的。按照配方及固化条件，反应型胶粘剂可分为单组分、双组分甚至三组分的室温固化型、加热固化型等多种形式。这类胶粘剂有环氧树脂、酚醛、聚氨酯、硅橡胶等。

(3)热熔型胶粘剂以热塑性的高聚物为主要成分，是不含水或溶剂的固体聚合物，通过加热熔融粘合，随后冷却、固化，发挥粘合力。这类胶粘剂有醋酸乙烯、丁基橡胶、松香、虫胶、石蜡等。

二、胶结机理及影响粘结强度的因素

1. 胶结机理

胶粘剂能将被粘物体牢固地结合起来，主要在于它和被粘物之间的界面结合力。一般认为胶粘剂与被粘物之间的界面结合力可分为机械结合力、物理吸附力和化学键结合力三种。

机械结合力使胶粘剂能渗入被粘物体表面一定的深度，固化后与被粘物产生机械键合，从而与被粘物体牢固地结合在一起。机械结合力与被粘物的表面状态有关，多孔性、纤维性材料(如海绵、泡沫塑料、织物等)与胶粘剂之间的结合主要以机械结合力为主，而对于表面光滑的金属、玻璃等材料，这种机械结合力则很小。

物理吸附力主要是指范德华力和氢键。玻璃、陶瓷、金属氧化物等材料与胶粘剂之间容易形成物理吸附力，但这种结合力容易受水汽作用而产生解吸。

化学键结合力是指胶粘剂与被粘物体的表面发生反应形成化学键，并依靠化学键结合力将被粘物体结合在一起。化学键结合力的强度比物理吸附要高得多，且对抵抗破坏性环境侵蚀的能力也强得多。

2. 影响粘结强度的因素

影响粘结强度的因素很多，主要有胶粘剂的性能（如胶粘剂的分子量、分子空间结构、极性、黏度和体积的收缩等）、被粘材料的性质（如被粘材料的组成和粘结表面结构等）、粘结工艺和施工环境条件（如粘结的温度、压力、环境湿度、干燥时间、被粘材料表面的加工处理及胶层厚度等）等。

三、常用胶粘剂

1. 常用胶粘剂的种类、性能及应用

建筑上常用胶粘剂的种类、性能及应用见表 12-15。

表 12-15　建筑上常用胶粘剂的种类、性能及应用

种类		性能	主要应用
热塑性树脂胶粘剂	聚乙烯缩醛胶粘剂	粘结强度高，抗老化，成本低，施工方便	粘贴塑料壁纸、瓷砖、墙布等。加入水泥砂浆中可改善砂浆性能，也可配成地面涂料
	聚醋酸乙烯酯胶粘剂	黏附性好，水中溶解度高，常温固化快，稳定性好，成本低，耐水性、耐热性差	粘结各种非金属材料、玻璃、陶瓷、塑料、纤维织物、木材等
	聚乙烯醇胶粘剂	水溶性聚合物，耐热、耐水性差	适合胶接木材、纸张、织物等。与热固性胶粘剂并用
热固性树脂胶粘剂	环氧树脂胶粘剂	万能胶，固化速度快，粘结强度高，耐热、耐水、耐冷热冲击性能好，使用方便	粘结混凝土、砖石、玻璃、木材、皮革、橡胶、金属等，多种材料的自身粘结与相互粘结。适用于各种材料的快速胶接、固定和修补
	酚醛树脂胶粘剂	黏附性好，柔韧性好，耐疲劳	粘结各种金属、塑料和其他非金属材料
	聚氨酯胶粘剂	粘结力较强，耐低温性与耐冲击性良好。耐热性差，自身强度低	适用于胶结软质材料和热膨胀系数相差较大的两种材料
合成橡胶胶粘剂	丁腈橡胶胶粘剂	弹性及耐候性良好，耐疲劳、耐油、耐溶剂性好，耐热，有良好的混溶性。黏着性差，成膜缓慢	适用于耐油部件中橡胶与橡胶，橡胶与金属、织物等的胶接。尤其适用于粘结软质聚氯乙烯材料
	氯丁橡胶胶粘剂	黏附力、内聚强度高，耐燃、耐油、耐溶液性好。储存稳定性差	用于结构粘结或不同材料的粘结。如橡胶、木材、陶瓷、金属、石棉等不同材料的粘结
	聚硫橡胶胶粘剂	很好的弹性、黏附性。耐油、耐候性好，对气体和蒸汽不渗透，防老化性好	作密封胶及用于路面、地坪、混凝土的修补、表面密封和防滑。用于海港、码头及水下建筑物的密封
	硅橡胶胶粘剂	良好的耐紫外线、耐老化性及耐热、耐腐蚀性，黏附性好，防水、防震	用于金属、陶瓷、混凝土、部分塑料的粘结。尤其适用于门窗玻璃的安装以及隧道、地铁等地下建筑中瓷砖、岩石接缝间的密封

2. 选择胶粘剂的原则

(1)了解粘结材料的品种和特性。根据被粘材料的物理性质和化学性质选择合适的胶粘剂。

(2)了解粘结材料的使用要求和应用环境,即粘结部位的受力情况、使用温度、耐介质及耐老化性、耐酸碱性等。

(3)了解粘结的工艺性,即根据粘结结构的类型采用适宜的粘结工艺。

(4)了解胶粘剂组分的毒性。

(5)了解胶粘剂的价格和来源难易。在满足使用性能要求的条件下,尽可能选用价廉的、来源容易的、通用性强的胶粘剂。

本章小结

本章介绍了建筑装饰塑料、涂料及胶粘剂的基本组成材料、性能及常用品种等内容。

1. 在建筑装饰中适当采用塑料代替其他传统建筑材料,不仅能获得良好的装饰及艺术效果,还可以减轻建筑物的自重,提高工效,减少施工安装费用。常用装饰塑料品种有塑料地板、塑料壁纸、塑料装饰板材及塑料门窗。

2. 常用建筑装饰涂料是指具有装饰功能和保护功能的一般建筑涂料。其具有色彩丰富、质感逼真、施工方便、便于维护更新等优点。常用装饰涂料品种有内墙涂料、外墙涂料、地面涂料。

3. 胶粘剂是一种能在两个物体表面之间形成薄膜并把它们紧密胶接起来的材料。胶粘剂在建筑装饰施工中是不可缺少的配套材料。

思考与练习

1. 建筑塑料具有哪些优异性能?其主要缺点有哪些?

2. 塑料壁纸有哪些规格?

3. 塑料门窗有哪些特点?

4. 涂料有哪些组成?

5. 涂料的选用原则有哪些?

6. 合成树脂乳液外墙涂料如何划分等级?

7. 什么是彩色聚氨酯地面涂料?其有何特点?适用于什么场合?

8. 什么是胶结机理?

9. 选择胶粘剂的原则有哪些?

第十三章 建筑防水材料

知识目标

1. 掌握石油沥青的组成、技术要求与应用。
2. 掌握各类防水卷材的性能特点、技术要求、主要品种及应用。
3. 了解各类防水涂料的特点、组成、分类及应用。

能力目标

　　能够根据各种防水材料的性能特点及技术要求，结合工程实际情况选择防水材料的品种。

　　防水材料是建筑工程不可缺少的主要建筑材料之一，它在建筑物中起防止雨水、地下水及其他水分渗透的作用。防水材料同时也用于其他工程之中，如公路桥梁、水利工程等。

　　建筑工程防水技术按其构造做法可分为两大类，即构件自身防水和采用不同材料的防水层防水。采用不同材料的防水层做法又可分为刚性材料防水和柔性材料防水，前者采用涂抹防水的砂浆、浇筑掺入外加剂的混凝土或预应力混凝土等做法，后者采用铺设防水卷材、涂敷各种防水涂料等做法，多数建筑物采用柔性材料防水做法。

　　目前，国内外最常用的主要是沥青类防水材料。随着科学技术的进步，防水材料的品种、质量都有了很大发展。一些防水功能差、使用寿命短或有损于环境的旧防水材料逐步被淘汰，如纸胎沥青油毡、焦油型聚氨酯防水涂料等；一些防水效果好、寿命长且不污染环境的新型防水材料，如高聚物改性沥青卷材、涂料，合成高分子类防水卷材、涂料不断出现并得到推广。

第一节　沥青材料

　　沥青材料是一种有机胶凝材料。其是由高分子碳氢化合物及其非金属(氧、硫、氮等)衍生物组成的复杂的混合物。常温下，沥青呈褐色或黑褐色的固体、半固体或液体状态。

　　沥青按来源可分为地沥青(天然沥青、石油沥青)和焦油沥青(煤沥青、页岩沥青)。目前，工程中常用的是石油沥青和少量煤沥青。天然沥青是将自然界中的沥青矿经提炼加工后得到的沥青产品。石油沥青是将原油经蒸馏等提炼出各种轻油(汽油、柴油)及润滑油以后的一种褐色或黑褐色的残留物,并经再加工而得到的产品。

沥青是憎水性材料,几乎完全不溶于水,而与矿物材料有较强的粘结力,结构致密,不透水、不导电,耐酸碱侵蚀,并有受热软化、冷后变硬的特点。因此,沥青广泛用于工业与民用建筑的防水、防腐、防潮,以及道路和水利工程。

沥青防水材料是目前应用较多的防水材料,但是其使用寿命较短。近年来,防水材料已向橡胶基和树脂基防水材料或高聚物改性沥青系列发展;油毡的胎体由纸胎向玻纤胎或化纤胎方面发展;防水涂料由低塑性的产品向高弹性、高耐久性产品方向发展;施工方法则由热熔法向冷粘法发展。

一、石油沥青

1. 石油沥青的组分

石油沥青是由碳及氢组成的多种碳氢化合物及其衍生物的混合体。由于石油沥青的化学组成复杂,因此从使用角度将沥青中化学特性及物理、力学性质相近的化合物划分为若干组,这些组即称为"组分"。石油沥青的性质随各组分含量的变化而改变。

石油沥青中各组分及其主要特性如下:

(1)油分。油分是淡黄色透明液体,密度为 $0.7\sim1.0\ \mathrm{g/cm^3}$,碳氢比为 $0.5\sim0.7$,几乎溶于大部分有机溶剂,但不溶于酒精,具有光学活性。油分赋予沥青以流动性。油分含量的多少直接影响沥青的柔软性、抗裂性及施工难度。在石油沥青中油分的含量为 $45\%\sim60\%$。在 $170\ ℃$ 较长时间加热,油分可以挥发,并在一定条件下可转化为树脂甚至沥青质。

(2)树脂。树脂为黄色至黑褐色黏稠半固体,密度为 $1.0\sim1.1\ \mathrm{g/cm^3}$,碳氢比为 $0.7\sim0.8$。其温度敏感性高,熔点低于 $100\ ℃$。树脂又可分为中性树脂和酸性树脂。中性树脂能溶于三氯甲烷、汽油和苯等有机溶剂,但在酒精和丙酮中难溶或溶解度很低。中性树脂赋予沥青一定的塑性、可流动性和粘结性,其含量增加,则沥青的粘结力和延伸性增加。除中性树脂外,沥青树脂中还含少量的酸性树脂(即沥青酸和沥青酸酐),是油分氧化后的产物,具有酸性,能为碱皂化;能溶于酒精、氯仿,但难溶于石油醚和苯。酸性树脂是沥青中活性最大的组分,它能改善沥青对矿物材料的浸润性,特别是能提高与碳酸盐类岩石的黏附性;增强沥青的可乳化性。石油沥青中树脂的含量为 $15\%\sim30\%$。

(3)地沥青质。地沥青质为密度大于 $1\ \mathrm{g/cm^3}$ 的深褐色至黑色固体粉末,是石油沥青中最主要的组分,其能溶于二硫化碳和三氯甲烷,但不溶于汽油和酒精,在石油沥青中的含量为 $5\%\sim30\%$。它决定石油沥青的温度敏感性并影响黏性的强弱,其含量越多,则温度敏感性越小,黏性越大,也越硬脆。

另外,石油沥青中常含有一定量的固体石蜡,它会降低沥青的粘结性、塑性、温度稳定性和耐热性。由于存在于沥青油分中的蜡是有害成分,故对多蜡沥青常采用高温吹氧、溶剂脱蜡等方法处理,使多蜡石油沥青的性质得到改善。

2. 石油沥青的组成结构

沥青中的油分和树脂质可以互溶,树脂质能浸润沥青质颗粒而在其表面形成薄膜,从而构成以沥青质为核心、周围吸附部分树脂质和油分的互溶物胶团,而无数胶团分散在油分中形成胶体结构。依据沥青中各组分含量的不同，沥青可以有以下三种胶体状态。

(1)溶胶结构。当沥青中的沥青质含量较少，油分及树脂质含量较多时，胶团在胶体结构中运动较为自由，此时的石油沥青具有黏滞性小、流动性大、塑性好、稳定性较差的特点。

(2)凝胶结构。当沥青质含量较高，油分与树脂质含量较少时，沥青质胶团间的吸引力增大，且移动较困难，这种凝胶型结构的石油沥青具有弹性和黏性较高、温度敏感性较小、流动性和塑性较低的特点。

(3)溶凝胶结构。若沥青质含量适当，而胶团之间的距离和引力介于溶胶型和凝胶型之间的结构状态时，胶团间有一定的吸引力，在常温下变形的最初阶段呈现出明显的弹性效应，当变形增大到一定数值后，则变为有阻力的黏性流动。大多数优质石油沥青属于这种结构状态，具有黏弹性和触变性，故也称弹性溶胶。

3. 石油沥青的技术性质

(1)黏性(黏滞性)。石油沥青的黏性是反映沥青材料内部阻碍其相对流动的一种特性，用绝对黏度表示，是沥青性质的重要指标之一。

石油沥青的黏性大小与组分及温度有关。地沥青质含量高，同时有适量的树脂，而油分含量较少时，黏性较大。在一定温度范围内，当温度上升时，黏性随之降低，反之，则随之增大。

绝对黏度的测定方法因材而异，且较为复杂，工程上常用相对黏度(条件黏度)表示。测定相对黏度的主要方法是用标准黏度计和针入度仪。黏稠石油沥青的相对黏度用以针入度仪测定的针入度来表示。针入度值越小，表明石油沥青的黏度越大。黏稠石油沥青的针入度是在规定温度 25 ℃的条件下，以规定质量 50 g 的标准针，经规定时间 5 s 贯入试样中的深度，以 1/10 mm 为单位表示，符号为 P(25 ℃、50 g、5 s)。

对于液体石油沥青或较稀的石油沥青，其相对黏度可用以标准黏度计测定的标准黏度表示。标准黏度值越大，则表明石油沥青的黏度越大。标准黏度是在规定温度(20 ℃、25 ℃、30 ℃或 60 ℃)、规定直径(3 mm、5 mm 或 10 mm)的孔口流出 50 mL 沥青所需的时间秒数。

(2)塑性。塑性是指石油沥青在外力作用下产生变形而不破坏，除去外力后，仍能保持变形后的形状的性质。塑性反映沥青开裂后的自愈能力及受机械应力作用后变形而不破坏的能力。

当石油沥青中的油分和地沥青质适量时，树脂含量越多，沥青膜层越厚，塑性越大，温度升高，塑性增大。之所以能用沥青制作出性能良好的柔性防水材料，很大程度上取决于沥青的塑性，塑性大的沥青防水层能随建筑物的变形而变形，而防水层不致破裂，即使破裂，由于其塑性大，具有较强的自愈合能力。

石油沥青的塑性用延度表示，以 cm 为单位。延度越大，表明沥青的塑性越大。

(3)温度敏感性。温度敏感性是指石油沥青的黏性和塑性随温度升降而变化的性能。由于沥青是一种高分子非晶态热塑性物质，故没有一定的熔点。温度敏感性较小的石油沥青，其黏性、塑性随温度变化较小。当石油沥青中沥青质含量较多时，其温度敏感性较小。在工程中使用时往往加入滑石粉、石灰石粉等矿物填料，以减小其温度敏感性。若沥青的含蜡量较高，则在温度较高(60 ℃左右)时会流淌，温度较低时易变硬开裂。

温度敏感性以"软化点"表示。对沥青的软化点一般采用"环球法"测定，就是把沥青试样装入内径为18.9 mm的铜环内，试样上放置标准钢球(3.5 g)，浸入水或甘油中，以规定的速度升温(5 ℃/min)，沥青软化下垂至规定距离(25.4 mm)时的温度即为沥青软化点。沥青的软化点越高，则沥青的温度敏感性越小。

(4)大气稳定性。大气稳定性是指石油沥青在大气综合因素长期作用下抵抗老化的性能，也是沥青材料的耐久性。大气稳定性好的石油沥青可以在长期使用中保持其原有性质；反之，由于大气的长期作用，某些性能降低，石油沥青的使用寿命缩短。

造成沥青大气稳定性差的主要原因是在热、阳光、氧气和水分等因素的长期作用下，石油沥青中的低分子组分向高分子组分转化，即沥青中油分和树脂的相对含量减少，地沥青质逐渐增多，从而使石油沥青的塑性降低，黏度提高，逐渐变得脆硬，直至脆裂，失去使用功能。这个过程称为"老化"。

石油沥青的大气稳定性以沥青试样在160 ℃下加热蒸发5 h后质量蒸发损失百分率和蒸发后的针入度比表示。蒸发损失百分率越小，蒸发后的针入度比值越大，表示沥青的大气稳定性越好，即老化越慢。

(5)施工安全性。黏稠沥青在使用时必须加热，当加热至一定温度时，沥青材料中挥发的油分蒸气与周围空气组成混合气体，此混合气体遇火焰易发生闪火。若继续加热，油分蒸气的饱和度增加。此种蒸气与空气组成的混合气体遇火焰极易燃烧而引发火灾，为此，必须测定沥青加热闪火和燃烧的温度，即闪点和燃点。

1)闪点是指加热沥青至挥发出的可燃气体和空气的混合物，在规定条件下与火焰接触，初次闪火(有蓝色闪光)时的沥青温度(℃)。

2)燃点是指加热沥青产生的气体和空气的混合物，与火焰接触能持续燃烧5 s以上时沥青的温度(℃)。燃点温度比闪点温度约高10 ℃。地沥青质含量越高，闪点和燃点相差越大。液体沥青由于油分较多，闪点和燃点相差很小。

闪点和燃点的高低表明沥青引起火灾或爆炸的可能性的大小，它关系到运输、贮存和加热使用等方面的安全。

(6)防水性。石油沥青是憎水性材料，几乎完全不溶于水，它本身的构造致密，与矿物材料表面有很好的粘结力，能紧密黏附于矿物材料表面，形成致密膜层。同时，它还有一定的塑性，能适应材料或构件的变形，所以石油沥青具有良好的防水性，广泛用作建筑工程的防潮、防水、抗渗材料。

(7)溶解度。溶解度是指石油沥青在三氯乙烯、四氯化碳或苯中溶解的百分率，以表示石油沥青中有效物质的含量，即纯净程度。那些不溶解的物质会降低沥青的性能(如黏性等)，应把不溶物视为有害物质(如沥青炭或似炭物)并加以限制。

4. 石油沥青的技术标准、选用及掺配

(1)石油沥青的技术标准。

1)建筑石油沥青。建筑石油沥青按针入度划分牌号，每一牌号的沥青还应保证相应的延度、软化点、溶解度、蒸发损失、蒸发后针入度比和闪点等。建筑石油沥青的技术标准应符合《建筑石油沥青》(GB/T 494—2010)的规定，见表13-1。

表 13-1　建筑石油沥青的技术要求

项　　目		质　量　指　标		
		10 号	30 号	40 号
针入度(25 ℃，100 g，5 s)/(1/10 mm)		10～25	26～35	36～50
针入度(46 ℃，100 g，5 s)/(1/10 mm)		报告①	报告①	报告①
针入度(0 ℃，200 g，5 s)/(1/10 mm)	不小于	3	6	6
延度(25 ℃，5 cm/min)/cm	不小于	1.5	2.5	3.5
软化点(环球法)/℃	不低于	95	75	60
溶解度(三氯乙烯)/%	不小于	99.0		
蒸发后质量变化(163 ℃，5 h)/%	不大于	1		
蒸发后 25 ℃针入度②/%	不小于	65		
闪点(开口杯法)/℃	不低于	260		
①报告应为实测值。 ②测定蒸发损失后样品的 25 ℃针入度与原 25 ℃针入度之比乘以 100 后，所得的百分比，称为蒸发后针入度比。				

2)道路石油沥青。道路石油沥青按《公路沥青路面施工技术规范》(JTG F40—2004)分为 30、50、70、90、110、130 和 160 七个牌号。各牌号沥青的延度、软化点、溶解度、蒸发损失、蒸发后针入度和闪点等都有不同的要求，具体技术标准详见相关规范。在同一品种的石油沥青中，牌号越大，沥青越软，针入度、延度越大，软化点越低。

道路沥青的牌号较多，选用时应根据地区气候条件、施工季节气温、路面类型、施工方法等按有关标准选用。

(2)石油沥青的选用。选用石油沥青材料时，应根据工程性质(房屋、道路、防腐)及当地气候条件、所处工程部位(屋面、地下)来选用不同品种和牌号的沥青。

1)道路石油沥青。通常情况下，道路石油沥青主要用于道路路面或车间地面等工程，多用于拌制沥青混凝土和沥青砂浆等。道路石油沥青还可作密封材料、胶粘剂及沥青涂料等。

2)建筑石油沥青。建筑石油沥青的黏性较大，耐热性较好，但塑性较小，主要用于制造油毡、油纸、防水涂料和沥青胶等防水材料。它们绝大部分用于屋面及地下防水、沟槽防水、防腐蚀及管道防腐等工程。对于屋面防水工程应注意防止过分软化。为避免夏季流淌，屋面用沥青材料的软化点还应比当地气温下屋面可能达到的最高温度高 25 ℃～30 ℃。但软化点也不宜选择过高，否则冬季低温时易发生硬脆甚至开裂。对一些不易受温度影响的部位，可选用牌号较大的沥青。

(3)石油沥青的掺配。某一种牌号的沥青的特性往往不能满足工程技术的要求，因此需用不同牌号的沥青进行掺配。

在进行掺配时，为了不使掺配后的沥青胶体结构被破坏，应选用表面张力相近和化学性质相似的沥青。试验证明同产源的沥青容易保证掺配后的沥青胶体结构的均匀性。所谓同产源，是指同属石油沥青，或同属煤沥青(或焦油沥青)。

二、煤沥青

煤沥青是烟煤炼焦炭或制煤气时，将干馏挥发物中冷凝得到的煤焦油继续蒸馏出轻油、中油、重油后所剩的残渣。煤沥青又可分为软煤沥青和硬煤沥青两种。软煤沥青中含有较多的油分，呈黏稠状或半固体状。硬煤沥青是蒸馏出全部油分后的固体残渣，质硬脆，性能不稳定。建筑上采用的煤沥青多为黏稠或半固体的软煤沥青。

1. 煤沥青的特性

煤沥青是芳香族碳氢化合物及氧、硫和氮的衍生物的混合物。煤沥青的主要化学组分为油分、脂胶、游离碳等。与石油沥青相比，煤沥青有以下特性。

(1)煤沥青因含可溶性树脂多，由固体变为液体的温度范围较窄，受热易软化，受冷易脆裂，故其温度稳定性差。

(2)煤沥青中不饱和碳氢化合物含量较高，易老化变质，故其大气稳定性差。

(3)煤沥青因含有较多的游离碳，使用时易变形、开裂，故塑性差。

(4)煤沥青中含有的酸、碱物质均为表面活性物质，所以其能与矿物表面很好地粘结。

(5)煤沥青因含酚、蒽等有毒物质，防腐蚀能力较强，故适用于木材的防腐处理，但因酚易溶于水，故其防水性不如石油沥青。

2. 煤沥青的技术要求

煤沥青应符合《煤沥青》(GB/T 2290—2012)规定的技术要求，见表 13-2。

表 13-2　煤沥青的技术要求

指标名称	低温沥青		中温沥青		高温沥青	
	1号	2号	1号	2号	1号	2号
软化点/℃	35~45	46~75	80~90	75~95	95~100	95~120
甲苯不溶物含量/%	—	—	15~25	≤25	≥24	—
灰分/%	—	—	≤0.3	≤0.5	≤0.3	—
水分/%	—	—	≤5.0	≤5.0	≤4.0	≤5.0
喹啉不溶物/%	—	—	≤10	—	—	—
结焦值/%	—	—	≥45	—	≥52	—

注：1. 水分只作生产操作中控制指标，不作质量考核依据。

　　2. 沥青喹啉不溶物含量每月至少测定一次。

3. 煤沥青与石油沥青的鉴别方法

煤沥青与石油沥青的外观和颜色大体相同，但两种沥青不能随意掺和使用，使用时必须用简易的鉴别方法，注意区分，防止混淆用错。对两种沥青可参考表 13-3 所示的简易方法进行鉴别。

表 13-3　石油沥青与煤沥青的简易鉴别方法

鉴别方法	石油沥青	煤沥青
密度法	密度近似于 1.0 g/cm³	密度大于 1.10 g/cm³
锤击法	声哑、有弹性、韧性较好	声脆、韧性差

鉴别方法	石油沥青	煤沥青
燃烧法	烟无色，无刺激性臭味	烟呈黄色，有刺激性臭味
溶液比色法	用 30～50 倍汽油或煤油溶解后，将溶液滴于滤纸上，斑点呈棕色	溶解方法同石油沥青，斑点分内外两圈，内黑外棕

4. 煤沥青的应用

煤沥青具有很好的防腐能力、良好的粘结能力，因此可用于木材防腐、铺设路面、配制防腐涂料、胶粘剂、防水涂料、油膏以及制作油毡等。

三、改性沥青

建筑上使用的沥青要求具有一定的物理性质和黏附性，即在低温下有弹性和塑性；在高温下有足够的强度和稳定性；在加工和使用条件下有抗"老化"能力；对各种矿料和结构表面有较强的黏附力；具有对构件变形的适应性和耐疲劳性。通常石油加工厂制备的沥青不能满足这些要求，为此，常采用以下方法对石油沥青进行改性。

1. 橡胶改性沥青

橡胶是沥青的重要改性材料，它和沥青有较好的混溶性，并能使沥青具有橡胶的很多优点，如高温变形小、低温柔性好。由于橡胶的品种不同，掺入的方法也有所不同，因而各种橡胶沥青的性能也有差异。常用的品种有以下几种：

(1)氯丁橡胶沥青。沥青中掺入氯丁橡胶后，可使其气密性、低温柔性、耐化学腐蚀性、耐光性、耐臭氧性、耐候性和耐燃烧性得到极大的改善。

氯丁橡胶掺入沥青中的方法有溶剂法和水乳法。先将氯丁橡胶溶于一定的溶剂(如甲苯)中形成溶液，然后掺入沥青(液体状态)中，混合均匀即成为氯丁橡胶沥青，或者分别将橡胶和沥青制成乳液，再混合均匀即可使用。

(2)丁基橡胶沥青。丁基橡胶沥青具有优异的耐分解性，并有较好的低温抗裂性能和耐热性能。配制的方法为：将丁基橡胶碾切成小片，在搅拌条件下把小片加到 100 ℃ 的溶剂中(不得超过 100 ℃)制成浓溶液。同时，将沥青加热脱水熔化成液体状沥青。通常在 100 ℃ 左右把两种液体按比例混合搅拌均匀，进行浓缩 15～20 min，即可达到要求的性能指标。同样也可以分别将丁基橡胶和沥青制备成乳液，然后按比例把两种乳液混合即可。丁基橡胶在混合物中的含量一般为 2%～4%。

(3)再生橡胶沥青。再生橡胶掺入沥青后，可大大提高沥青的气密性、低温柔性、耐光性、耐热性、耐臭氧性、耐候性。

再生橡胶沥青材料的制备方法为：先将废旧橡胶加工成粒径在 1.5 mm 以下的颗粒，然后与沥青混合，经加热搅拌脱硫，就能得到具有一定弹性、塑性和粘结力良好的再生胶沥青材料。废旧橡胶的掺量视需要而定，一般为 3%～15%。

2. 树脂改性沥青

用树脂对石油沥青进行改性，可以使沥青的耐寒性、耐热性、粘结性和不透气性提高，如石油沥青加入聚乙烯树脂改性后可制成冷粘贴防水卷材等。常用的品种有环氧树脂改性沥青、聚乙烯树脂改性沥青、古马隆树脂改性沥青、聚丙烯树脂改性沥青、酚醛树脂改性沥青等。

（1）聚乙烯树脂改性沥青。沥青中聚乙烯树脂的掺量一般为 7%～10%，将沥青加热熔化脱水，加入聚乙烯，不断搅拌 30 min，温度保持在 140 ℃左右，即可得到聚乙烯树脂改性沥青。

（2）环氧树脂改性沥青。环氧树脂具有热固性材料性质。加入沥青后，可使石油沥青的强度和粘结力大大提高，但对延伸性改变不大，其可用于屋面和厕所、浴室的修补。

（3）古马隆树脂改性沥青。将沥青加热使其熔化脱水，在 150 ℃～160 ℃时，把古马隆树脂放入熔化的沥青中，将温度升到 185 ℃～190 ℃，保持一定的时间，使之充分混合，即为古马隆树脂改性沥青。此沥青黏性大，可和 SBS 一起用于粘结油毡。

3. 沥青玛琦脂(矿质填充料改性沥青)

沥青玛琦脂是在沥青中掺入适量粉状或纤维状矿质填充料经均匀混合而制成的。它与沥青相比，具有较好的黏性、耐热性和柔韧性，主要用于粘贴卷材、嵌缝、接头、补漏以及做防水层的底层。在沥青中掺入填充料，不仅可以节省沥青，更主要的是可以提高沥青的粘结性、耐热性和大气稳定性。填充料主要有粉状的，如滑石粉、石灰石粉、普通水泥和白云石粉等，还有纤维状的，如石棉粉、木屑粉等。填充料加入量一般为 10%～30%，由试验决定。

沥青玛琦脂有热用和冷用两种。在配制热沥青玛琦脂时，应待沥青完全熔化脱水后，再慢慢加入填充料，同时，应不停地搅拌至均匀为止，要防止粉状填充料沉入锅底。填充料在掺入沥青前应干燥并宜加热。冷用沥青玛琦脂是将沥青熔化脱水后，缓慢地加入稀释剂，再加入填充料搅拌而成。它可在常温下施工，不仅可以改善劳动条件，而且可以减少沥青用量，但成本较高。

4. 橡胶和树脂共混改性沥青

橡胶和树脂同时用于改善石油沥青的性质时，能使石油沥青同时具有橡胶和树脂的特性，且树脂比橡胶便宜，橡胶和树脂又有较好的混溶性，故效果很好，也较为经济。

橡胶、树脂和沥青在加热熔融状态下，沥青与高分子聚合物之间发生相互侵入和扩散，沥青分子填充在聚合物大分子的间隙内，同时聚合物分子的某些链节扩散进入沥青分子中，形成凝聚的网状混合结构，故可以得到较优良的性能。

配制时，采用的原材料的品种、配合比、制作工艺不同，可以得到很多性能各异的产品，主要有卷、片材，密封材料，防水材料等。

第二节 防水卷材

防水卷材是一种可卷曲的片状防水材料，是建筑防水材料的重要品种。目前防水卷材的主要品种有高聚物改性沥青防水卷材和合成高分子防水卷材两大类。

一、高聚物改性沥青防水卷材

高聚物改性沥青防水卷材是以合成高分子聚合物改性沥青为涂盖层，以纤维织物或纤维毡为胎体，以粉状、粒状、片状或薄膜材料为覆面材料制成的可卷曲片状防水材料。

高聚物改性沥青防水卷材克服了传统沥青防水卷材温度稳定性差、延伸率小的不足，具有高温不流淌、低温不脆裂、拉伸强度高、延伸率较大等优异性能，且价格适中，在我国属中高档防水卷材。常见的有弹性体改性沥青防水卷材、塑性体改性沥青防水卷材。

(一)弹性体改性沥青防水卷材

弹性体改性沥青防水卷材(简称 SBS 防水卷材)是以热塑性弹性体为改性剂，将石油沥青改性后作浸渍涂盖材料，以玻纤毡或聚酯毡等增强材料为胎体，以塑料薄膜、矿物粒、片料等作为防粘隔离层，经过选材、配料、共熔、浸渍、辊压、复合成型、卷曲、检验、分卷、包装等工序加工而成的一种柔性中、高档的可卷曲的片状防水材料，属弹性体沥青防水卷材中有代表性的品种。SBS 防水卷材具有低温不脆裂、高温不流淌、塑性好、稳定性好、使用寿命长的特点，而且价格适中。

1. 弹性体改性沥青防水卷材的类型

(1)弹性体改性沥青防水卷材按胎基可分为聚酯毡(PY)、玻纤毡(G)、玻纤增强聚酯毡(PYG)。

(2)弹性体改性沥青防水卷材按上表面隔离材料分为聚乙烯膜(PE)、细砂(S)、矿物粒料(M)。下表面隔离材料为细砂(S)、聚乙烯膜(PE)。

注：细砂为粒径不超过 0.60 mm 的矿物颗粒。

(3)弹性体改性沥青防水卷材按材料性能分为Ⅰ型和Ⅱ型。

2. 弹性体改性沥青防水卷材的技术要求

弹性体改性沥青防水卷材的技术要求应符合《弹性体改性沥青防水卷材》(GB 18242—2008)的规定，具体要求如下：

(1)单位面积的质量、面积及厚度应符合表 13-4 的规定。

表 13-4　SBS 防水卷材单位面积的质量、面积及厚度

规格(公称厚度)/mm		3			4			5		
上表面材料		PE	S	M	PE	S	M	PE	S	M
下表面材料		PE	PE、S		PE	PE、S		PE	PE、S	
面积/(m²·卷⁻¹)	公称面积	10、15			10、7.5			7.5		
	偏差	±0.10			±0.10			±0.10		
单位面积质量/(kg·m⁻²)≥		3.3	3.5	4.0	4.3	4.5	5.0	5.3	5.5	6.0
厚度/mm	平均值≥	3.0			4.0			5.0		
	最小单值	2.7			3.7			4.7		

(2)外观。SBS 防水卷材的外观应符合下列要求：

1)成卷卷材应卷紧卷齐，端面里进外出不得超过 10 mm。

2)成卷卷材在 4 ℃～50 ℃任一产品温度下展开，在距卷芯 1 000 mm 长度外不应有 10 mm 以上的裂纹或粘结。

3)胎基应浸透，不应有未被浸渍处。

4)卷材表面应平整，不允许有孔洞，缺边和脱口、疙瘩，矿物粒料粒度应均匀一致并

紧密地黏附于卷材表面。

5)每卷卷材的接头不应超过一个，较短的一段长度不应少于 1 000 mm，接头应剪切整齐，并加长 150 mm。

(3)材料性能。SBS 防水卷材的材料性能应符合表 13-5 的规定。

表 13-5 SBS 防水卷材的材料性能

序号	项 目		指　标				
			Ⅰ		Ⅱ		
			PY	G	PY	G	PYG
1	可溶物含量/(g·m⁻²) ≥	3 mm	2 100				—
		4 mm	2 900				
		5 mm			3 500		
		试验现象	—	胎基不燃	—	胎基不燃	
2	耐热性	℃	90		105		
		≤mm	2				
		试验现象	无流淌、滴落				
3	低温柔性/℃		—20		—25		
			无裂缝				
4	不透水性(30 min)/MPa		0.3	0.2	0.3		
5	拉力	最大峰拉力/(N·50 mm⁻¹) ≥	500	350	800	500	900
		次高峰拉力/(N·50 mm⁻¹) ≥	—	—	—	—	800
		试验现象	拉伸过程中，试件中部无沥青涂盖层开裂或与胎基分离现象				
6	延伸率	最大峰时延伸率/% ≥	30		40		—
		第二峰时延伸率/% ≥	—		—		15
7	浸水后质量增加/% ≤	PE、S	1.0				
		M	2.0				
8	热老化	拉力保持率/% ≥	90				
		延伸率保持率/% ≥	80				
		低温柔性/℃	—15		—20		
			无裂缝				
		尺寸变化率/% ≤	0.7		0.7		0.3
		质量损失/% ≤	1.0				
9	渗油性	张数 ≤	2				
10	接缝剥离强度/(N·mm⁻¹) ≥		1.5				
11	钉杆撕裂强度①/N ≥		—				300
12	矿物粒料黏附性②/g ≤		2.0				
13	卷材下表面沥青涂盖层厚度③/mm ≥		1.0				

序号	项　目		指　　标				
			I		II		
			PY	G	PY	G	PYG
14	人工气候加速老化	外观	无滑动、流淌、滴落				
		拉力保持率/% ≥	80				
		低温柔性/℃	−15		−20		
			无裂缝				

①仅适用于单层机械固定施工方式卷材。
②仅适用于矿物粒料表面的卷材。
③仅适用于热熔施工的卷材。

3. 弹性体改性沥青防水卷材的应用

弹性体改性沥青防水卷材适用于工业与民用建筑的屋面及地下防水工程,尤其适用于较低气温环境的建筑防水。

(二)塑性体改性沥青防水卷材

塑性体沥青防水卷材(简称 APP 防水卷材)是以纤维毡或纤维织物为胎体,浸涂 APP(无规聚丙烯)改性沥青,上表面撒布矿物粒、片料或覆盖聚乙烯膜,以一定生产工艺加工制成的一种可卷曲、片状的中、高档改性沥青防水卷材。APP 防水卷材具有低温不脆裂、高温不流淌、耐紫外线照射性能好、耐候性好、寿命长的特点,而且价格适中。

1. 塑性体改性沥青防水卷材的类型

(1)塑性体改性沥青防水卷材按胎基分为聚酯毡(PY)、玻纤毡(G)、玻纤增强聚酯毡(PYG)。

(2)塑性体改性沥青防水卷材按上表面隔离材料分为聚乙烯膜(PE)、细砂(S)、矿物粒料(M)。下表面隔离材料为细砂(S)、聚乙烯膜(PE)。

注:细砂为粒径不超过 0.60 mm 的矿物颗粒。

(3)塑性体改性沥青防水卷材按材料性能分为 I 型和 II 型。

2. 塑性体改性沥青防水卷材的技术要求

塑性体改性沥青防水卷材的技术要求应符合《塑性体改性沥青防水卷材》(GB 18243—2008)的规定,具体要求如下:

(1)塑性体改性沥青防水卷材单位面积的质量、面积及厚度应符合表 13-6 的规定。

(2)塑性体改性沥青防水卷材的外观要求见表 13-6。

表 13-6　塑性体改性沥青防水卷材的外观

规格(公称厚度)/mm	3			4			5		
上表面材料	PE	S	M	PE	S	M	PE	S	M
下表面材料	PE	PE、S		PE	PE、S		PE	PE、S	

规格(公称厚度)/mm		3			4			5		
面积 /(m²·卷⁻¹)	公称面积	10、15			10、7.5			7.5		
	偏差	±0.10			±0.10			±0.10		
单位面积质量/(kg·m⁻²)≥		3.3	3.5	4.0	4.3	4.5	5.0	5.3	5.5	6.0
厚度 /mm	平均值≥	3.0			4.0			5.0		
	最小单值	2.7			3.7			4.7		

(3)外观。塑性体改性沥青防水卷材的外观应符合下列要求：

1)成卷卷材应卷紧卷齐，端面里进外出不得超过 10 mm。

2)成卷卷材在 4 ℃～60 ℃任一产品温度下展开，在距卷芯 1 000 mm 长度外不应有 10 mm 以上的裂纹或粘结。

3)胎基应浸透，不应有未被浸渍处。

4)卷材表面应平整，不允许有孔洞、缺边、脱口、疙瘩，矿物粒料粒度应均匀一致并紧密地黏附于卷材表面。

5)每卷卷材的接头不应超过一个，较短的一段长度不应少于 1 000 mm，接头应被剪切整齐，并加长 150 mm。

(4)材料性能。塑性体改性沥青防水卷材的材料性能应符合表 13-7 的要求。

表 13-7　塑性体改性沥青防水卷材的材料性能

序号	项　目		指　　标				
			I		II		
			PY	G	PY	G	PYG
1	可溶物含量/(g·m⁻²) ≥	3 mm	2 100				—
		4 mm	2 900				—
		5 mm	3 500				
		试验现象	—	胎基不燃	—	胎基不燃	
2	耐热性	℃	110		130		
		≤mm	2				
		试验现象	无流淌、滴落				
3	低温柔性/℃		−7		−15		
			无裂缝				
4	不透水性(30 min)/MPa		0.3	0.2	0.3		
5	拉力	最大峰拉力/(N·50 mm⁻¹) ≥	500	350	800	500	900
		次高峰拉力/(N·50 mm⁻¹) ≥	—	—	—	—	800
		试验现象	拉伸过程中，试件中部无沥青涂盖层开裂或与胎基分离现象				
6	延伸率	最大峰时延伸率/% ≥	25		40		—
		第二峰时延伸率/% ≥					15

序号	项 目			指　标				
				I		II		
				PY	G	PY	G	PYG
7	浸水后质量增加/% ≤	PE、S		1.0				
		M		2.0				
8	热老化	拉力保持率/%	≥	90				
		延伸率保持率/%	≥	80				
		低温柔性/℃		−2		−10		
				无裂缝				
		尺寸变化率/%	≤	0.7	—	0.7	—	0.3
		质量损失/%	≤	1.0				
9	接缝剥离强度/(N·mm⁻¹)		≥	1.0				
10	钉杆撕裂强度① /N		≥	—				300
11	矿物粒料黏附性② /g		≤	2.0				
12	卷材下表面沥青涂盖层厚度③ /mm		≥	1.0				
13	人工气候加速老化	外观		无滑动、流淌、滴落				
		拉力保持率/%	≥	80				
		低温柔性/℃		−2		−10		
				无裂缝				

①仅适用于单层机械固定施工方式卷材。
②仅适用于矿物粒料表面的卷材。
③仅适用于热熔施工的卷材。

3. 塑性体改性沥青防水卷材的应用

塑性体改性沥青防水卷材适用于工业与民用建筑的屋面和地下防水工程。玻纤增强聚酯毡卷材可用于机械固定单层防水，但需通过抗风荷载试验。玻纤毡卷材适用于多层防水中的底层防水。外露使用时应采用上表面隔离材料为不透明的矿物粒料的防水卷材。地下工程防水应采用表面隔离材料为细砂的防水卷材。

二、合成高分子防水卷材

随着合成高分子材料的发展，出现了以合成橡胶、合成树脂为主的新型防水卷材——合成高分子防水卷材。合成高分子防水卷材是以合成橡胶、合成树脂或它们两者的共混体为基料，再加入硫化剂、软化剂、促进剂、补强剂和防老化剂等助剂和填充料，经过密炼、拉片、过滤、挤出（或压延）成型、硫化、检验和分卷等工序而制成的可卷曲的片状防水卷材。合成高分子防水卷材又可分为加筋增强型和非加筋增强型两种。常用的合成高分子防水卷材为聚氯乙烯防水卷材。

聚氯乙烯防水卷材是以聚氯乙烯为主要原料，加入适量的填料、增塑剂、改性剂、抗氧剂、紫外线吸收剂等，经过捏合、塑合、压延成型（或挤出成型）等工序加工而成。

1. 聚氯乙烯防水卷材的特点

聚氯乙烯防水卷材具有拉伸强度高、伸长率较大、耐高低温性能较好的特点，而且热熔性能好，卷材接缝时，既可采用冷粘法，也可以采用热风焊接法，使其形成接缝粘结牢固、封闭严密的整体防水层。

2. 聚氯乙烯防水卷材的分类、规格和标记

（1）分类。聚氯乙烯防水卷材按产品的组成可分为均质卷材（代号 H）、带纤维背衬卷材（代号 L）、织物内增强卷材（代号 P）、玻璃纤维内增强卷材（代号 G）、玻璃纤维内增强带纤维背衬卷材（代号 GL）。

（2）规格。公称长度的规格为 15 m、20 m、25 m。公称宽度的规格为 1.00 m、2.00 m。厚度的规格为 1.20 mm、1.50 mm、1.80 mm、2.00 mm。

（3）标记。聚氯乙烯防水卷材按产品名称（代号 PVC 卷材）、是否外露使用、类型、厚度、长度、宽度和标准号顺序标记。

例如，长度为 20 m、宽度为 2.00 m、厚度为 1.50 mm、L 类外露使用的聚氯乙烯防水卷材记为：

PVC 卷材　外露 L1.50 mm/20 m×2.00 m　GB 12952—2011

3. 聚氯乙烯防水卷材的技术要求

聚氯乙烯防水卷材的技术要求应符合《聚氯乙烯（PVC）防水卷材》（GB 12952—2011）的规定，具体要求如下。

（1）尺寸偏差。长度、宽度应不小于规格值的 99.5%。厚度不应小于 1.20 mm，厚度允许偏差和最小单值见表 13-8。

表 13-8　聚氯乙烯防水卷材的厚度允许偏差

厚度/mm	允许偏差/%	最小单值/mm
1.20	−5，＋10	1.05
1.50		1.35
1.80		1.65
2.00		1.85

（2）外观。卷材的接头不应多于一处，其中较短的一段的长度不应小于 1.5 m，接头应被剪切整齐，并应加长 150 mm。卷材表面应平整、边缘整齐、无裂纹、孔洞、粘结、气泡和疤痕。

（3）材料性能指标。聚氯乙烯防水卷材的材料性能指标见表 13-9。

表 13-9　聚氯乙烯防水卷材的材料性能指标

序号	项目		指标				
			H	L	P	G	GL
1	中间胎基上面树脂层厚度/mm	≥	—		0.40		

序号	项目			指标				
				H	L	P	G	GL
2	拉伸性能	最大拉力/(N·cm⁻¹)	≥	—	120	250	—	120
		拉伸强度/MPa	≥	10.0	—	—	10.0	—
		最大拉力时伸长率/%	≥	—	—	15	—	—
		断裂伸长率/%	≥	200	150	—	200	100
3	热处理尺寸变化率/%		≤	2.0	1.0	0.5	0.1	0.1
4	低温弯折性			—25 ℃无裂纹				
5	不透水性			0.3 MPa，2 h不透水				
6	抗冲击性能			0.5 kg·m，不渗水				
7	抗静态荷载①			—		20 kg 不渗水		
8	接缝剥离强度/(N·mm⁻¹)		≥	4.0 或卷材破坏		3.0		
9	直角撕裂强度/(N·mm⁻¹)		≥	50			50	—
10	梯形撕裂强度/N		≥	—	150	250	—	220
11	吸水率(70 ℃，168 h)/%	浸水后	≤	4.0				
		晾置后	≥	—0.40				
12	热老化(80 ℃)	时间/h		672				
		外观		无起泡、裂纹、分层、粘结和孔洞				
		最大拉力保持率/%	≥	—	85	85	—	85
		拉伸强度保持率/%	≥	85	—	—	85	—
		最大拉力时伸长率保持率/%	≥	—	—	80	—	—
		断裂伸长率保持率/%	≥	80	80	—	80	80
		低温弯折性		—20 ℃无裂纹				
13	耐化学性	外观		无起泡、裂纹、分层、粘结和孔洞				
		最大拉力保持率/%	≥	—	85	85	—	85
		拉伸强度保持率/%	≥	85	—	—	85	—
		最大拉力时伸长率保持率/%	≥	—	—	80	—	—
		断裂伸长率保持率/%	≥	80	80	—	80	80
		低温弯折性		—20 ℃无裂纹				
14	人工气候加速老化③	时间/h		1 500②				
		外观		无起泡、裂纹、分层、粘结和孔洞				
		最大拉力保持率/%	≥	—	85	85	—	85
		拉伸强度保持率/%	≥	85	—	—	85	—
		最大拉力时伸长率保持率/%	≥	—	—	80	—	—
		断裂伸长率保持率/%	≥	80	80	—	80	80
		低温弯折性		—20 ℃无裂纹				

①抗静态荷载仅对用于压铺屋面的卷材要求。

②单层卷材屋面使用产品的人工气候加速老化时间为2 500 h。

③非外露使用的卷材不要求测定人工气候加速老化。

4. 聚氯乙烯防水卷材的应用

聚氯乙烯防水卷材适用于大型层面板、空心板做防水层，也可作刚性层下的防水层及旧建筑物混凝土构件屋面的修缮，以及地下室或地下工程的防水、防潮、水池、贮水槽及污水处理池的防渗，有一定耐腐蚀要求的地面工程的防水、防渗。

第三节　防水涂料

一、防水涂料的特点

防水涂料是以高分子合成材料、沥青等为主体，在常温下呈黏稠状态的物质，其被涂布在基体表面，经溶剂或水分挥发或各组分的化学反应，形成具有一定弹性的连续薄膜，使基层表面与水隔绝，起到防水、防潮和保护基体的作用。防水涂料应具有以下特点：

(1)防水涂料在常温下呈液态，固化后在材料表面形成完整的防水膜。

(2)涂膜防水层的质量轻，适宜于轻型、薄壳屋面的防水。

(3)防水涂料施工属于冷施工，可刷涂，也可喷涂，污染小，劳动强度低。

(4)容易修补，发生渗漏时可在原防水涂层的基础上修补。

二、防水涂料的组成

防水涂料通常由基料、填料、分散介质和助剂等组成，当将其直接涂刷在结构物的表面后，其主要成分经过一定的物理、化学变化便可形成防水膜，并能获得所期望的防水效果。

(1)基料。基料又称主要成膜物质，其作用是在固化过程中起成膜和粘结填料的作用。土木工程中常用的防水涂料的基料有沥青、改性沥青、合成树脂或合成橡胶等。

(2)填料。填料主要起增加涂膜厚度、减少收缩和提高其稳定性等作用，而且还可降低成本，因此，其也被称为次要成膜物质。常用的填料有滑石粉和碳酸钙粉等。

(3)分散介质。分散介质主要起溶解或稀释基料的作用(因此也称为稀释剂)。它可使涂料呈现流动性以便于施工。施工后，大部分分散介质蒸发或挥发，仅一小部分分散介质被基层吸收。

(4)助剂。助剂能起到改善涂料或涂膜性能的作用，通常有乳化剂、增塑剂、增稠剂和稳定剂等。

三、防水涂料的分类

防水涂料按使用部位不同分为屋面防水涂料、地下工程防水涂料等；按照涂料的组成成分不同分为水乳再生胶沥青防水涂料、阳离子型氯丁乳胶沥青防水涂料、聚氨酯系防水涂料、丙烯酸酯乳胶防水涂料和 EVA 乳胶防水涂料；按照涂料的形式与状态不同分为乳液型、溶剂型和反应型等。

乳液型防水涂料属单组分的水乳型涂料。它具有无毒、不污染环境、不易燃烧和防水性能好等特点。

溶剂型防水涂料是以高分子合成树脂有机溶剂的溶液为主要成膜物质，加入颜料、填料及助剂而形成的一种溶剂型涂料。它的防水效果好，可以在较低的温度下施工。

反应型防水涂料是双组分型涂料，它的膜层是在涂料中的主要成膜物质与固化剂进行反应后而形成的。其耐水性、耐老化性和弹性比较好，而且还具有较好的抗拉强度、延伸率和撕裂强度，是目前工程中使用较多的一类涂料。

本章小结

本章重点介绍了沥青材料、防水卷材的性能特点、技术要求、主要类型及应用，并简单介绍了防水涂料的性能及应用。

1. 沥青材料是一种有机胶凝材料。它是由高分子碳氢化合物及其非金属(氧、硫、氮等)衍生物组成的复杂的混合物。目前，工程中常用的主要是石油沥青，另外还使用少量的煤沥青。

2. 防水卷材是一种可卷曲的片状防水材料，是建筑防水材料的重要品种。目前防水卷材的主要品种为高聚物改性沥青防水卷材和合成高分子防水卷材两大类。

3. 防水涂料是以高分子合成材料、沥青等为主体，涂布在基体表面，经溶剂或水分挥发或各组分的化学反应，形成具有一定弹性的连续薄膜，使基层表面与水隔绝，起到防水、防潮和保护基体的作用。

思考与练习

1. 什么是沥青材料？沥青按产源可分为哪些种类？

2. 石油沥青的组分包括哪些？各组分的性能是什么？

3. 与传统沥青防水卷材相比较，高聚物改性沥青防水卷材有什么优点？

4. 什么是防水涂料？其有哪些特点？

5. 简述防水涂料的分类。

第十四章 绝热、吸声材料

知识目标

1. 了解绝热材料的导热性及其影响因素，掌握建筑装饰常用保温材料的主要品种、组成材料、特性和应用。

2. 了解吸声材料的导热性能及其影响因素，掌握建筑装饰常用吸声材料的主要品种、组成材料、特性和应用。

能力目标

1. 能够根据工程实际需要选择和使用各种绝热、吸声材料。
2. 能合理地将绝热、吸声材料应用到装饰工程设计中。

绝热材料和吸声材料都是功能性材料的重要品种。建筑节能的主要途径是采用保温、绝热材料来阻止和减少热量流动。有效地运用吸声材料，可以保持室内良好的声环境和减少噪声污染。绝热材料和吸声材料的应用对提高人们的生活质量有着非常重要的作用。

第一节　绝热材料

绝热材料是指对热流具有显著阻抗性的材料或复合材料，是保温材料和隔热材料的总称。在建筑装饰工程中，对于处于寒冷地区的建筑物，为保持室内温度的恒定，减少热量的损失，要求围护结构具有良好的保温性能，而对于在夏季使用空调的建筑物，则要求围护结构具有良好的隔热性能。

一、材料的导热性

材料的导热性是指材料本身传导热量的一种能力，用导热系数 λ 表示，导热系数 λ 越小，材料的保温隔热性能就越好。导热系数是评定材料隔热性能的重要指标。

二、影响材料导热性的主要因素

1. 材料的性质

不同的材料的导热系数是不同的，导热系数值以金属最大，非金属次之，液体较小，气体最小。对于同一种材料，内部结构不同，导热系数也不同，一般结晶结构的最大，微晶体结构的次之，玻璃体结构的最小。

2. 表观密度与孔隙特征

由于材料中固体物质的导热能力比空气大得多，故表观密度小的材料，因其孔隙率大，导热系数就小，即导热系数随孔隙率的增大而减小。对于松散纤维状材料，当表观密度低于某一极限时，导热系数反而会增大，这是由于孔隙增大而且互相连通的孔隙大大增多，而使对流作用加强的结果。

3. 温度与湿度

材料的导热系数随温度的升高而增大，因为温度升高时，材料固体分子的热运动增强，但这种影响在温度为 0 ℃～50 ℃时并不明显，只有对处于高温或负温下的材料，才考虑温度的影响。

材料吸湿受潮后，其导热系数增大，在多孔材料中最为明显。这是由于受潮后材料的孔隙中有了水分，而水的导热系数[$\lambda=0.58$ W/(m·K)]比空气的导热系数[$\lambda=0.029$ W/(m·K)]大 20 倍。如孔隙中的水结成冰，冰的导热系数为 2.33 W/(m·K)，则导热率会更大，故绝热材料在应用时必须注意防水避潮。

4. 热流方向

对于各向异性的材料，如木材等纤维质的材料，当热流平行于纤维方向时，热流受到的阻力小，当热流垂直于纤维方向时，其受到的阻力最大。

上述各项因素中以表观密度和湿度的影响最大，因此在测定材料的导热系数时，必须测定材料的表观密度。至于湿度，多数绝热材料可取空气相对湿度为 80％～85％时材料的平衡湿度作为参考值，尽可能在这种湿度条件下测定材料的导热系数。

在建筑装饰工程上采用绝热保温材料，能提高建筑物的使用效能，减少基本建筑材料的用量，减轻围护结构的质量，提高建筑施工的工业化程度，大幅度节能降耗，对促进建筑业的发展，缓解能源紧张以及提高人民的居住水平具有重要的意义。

三、建筑装饰常用的绝热保温材料

常用绝热保温材料的主要品种、组成材料、特性和应用见表 14-1。

表 14-1　常用绝热保温材料的主要品种、组成材料、特性和应用

品种	主要组成材料	主要性质	主要应用
矿渣棉	熔融矿渣用离心法制成的纤维絮状物	体积密度为 110～130 kg/m³，导热系数小于 0.044 W/(m·K)，最高使用温度为 600 ℃	绝热保温填充材料
岩棉	熔融岩石用离心法制成的纤维絮状物	体积密度为 80～150 kg/m³，导热系数小于 0.044 W/(m·K)	绝热保温填充材料
沥青岩棉毡	以沥青粘结岩棉，经压制而成	体积密度为 130～160 kg/m³，导热系数为 0.049～0.052 W/(m·K)，最高使用温度为 250 ℃	墙体、屋面、冷藏库等

品种	主要组成材料	主要性质	主要应用
岩棉板(管壳、毡、带等)	以酚醛树脂粘结岩棉，经压制而成	体积密度为 80～160 kg/m³，导热系数为 0.040～0.050 W/(m·K)，最高使用温度为 400 ℃～600 ℃	墙体、屋面、冷藏库、热力管道等
玻璃棉	熔融玻璃用离心法等制成的纤维絮状物	体积密度为 8～40 kg/m³，导热系数为 0.040～0.050 W/(m·K)，最高使用温度为 400 ℃	绝热保温填充材料
玻璃棉毡(带、毯、管壳)	玻璃棉、树脂胶等	体积密度为 8～120 kg/m³，导热系数为 0.040～0.058 W/(m·K)，最高使用温度为 350 ℃～400 ℃	墙体、屋面等
膨胀珍珠岩	珍珠岩等经焙烧、膨胀而得	堆积密度为 40～300 kg/m³，导热系数为 0.025～0.048 W/(m·K)，最高使用温度为 800 ℃	绝热保温填充材料
膨胀珍珠岩制品(块、板、管壳等)	以水玻璃、水泥、沥青等胶结膨胀珍珠岩而成	体积密度为 200～500 kg/m³，导热系数为 0.055～0.116 W/(m·K)，抗压强度为 0.2～1.2 MPa，以水玻璃膨胀珍珠岩制品的性能较好	屋面、墙体、管道等，但沥青珍珠岩制品仅适合在常温或负温下使用
膨胀蛭石	蛭石经焙烧、膨胀而得	堆积密度为 80～200 kg/m³，导热系数为 0.046～0.070 W/(m·K)，最高使用温度为 1 000 ℃～1 100 ℃	绝热保温填充材料
膨胀蛭石制品(块、板、管壳等)	以水泥、水玻璃等胶结膨胀蛭石而成	体积密度为 300～400 kg/m³，导热系数为 0.076～0.105 W/(m·K)，抗压强度为 0.2～1.0 MPa	屋面、管道等
泡沫玻璃	碎玻璃、发泡剂等经熔化、发泡而得，气孔直径为 0.1～5 mm	体积密度为 150～600 kg/m³，导热系数为 0.054～0.128 W/(m·K)，抗压强度为 0.8～15 MPa，吸水率小于 0.2%，抗冻性高，最高使用温度为 500 ℃，为高效保温绝热材料	墙体或冷藏库等
聚苯乙烯泡沫塑料	聚苯乙烯树脂、发泡剂等经发泡而得	体积密度为 15～50 kg/m³，导热系数为 0.030～0.047 W/(m·K)，抗折强度为 0.15 MPa，吸水率小于 0.03 g/cm²，耐腐蚀性高，最高使用温度为 80 ℃，为高效保温绝热材料	墙体、屋面、冷藏库等
硬质聚氨酯泡沫塑料	异氰酸酯和聚醚或聚酯等经发泡而得	体积密度为 30～45 kg/m³，导热系数为 0.017～0.026 W/(m·K)，抗压强度为 0.25 MPa，耐腐蚀性高，体积吸水率小于 1%，使用温度为 -60 ℃～120 ℃，可现场浇筑发泡，为高效保温绝热材料	墙体、屋面、冷藏库、热力管道等
塑料蜂窝板	蜂窝状芯材两面各粘贴一层薄板而成	导热系数为 0.046～0.058 W/(m·K)，抗压强度与抗折强度高，抗震性好	围护结构

第二节 吸声材料

吸声材料是一种能在一定程度上吸收由空气传递的声波能量的建筑材料，主要用于音乐厅、影剧院、大会堂、播音室等的内部墙面、地面、顶棚等部位，可用来改善声波在室内传播的质量，保持良好的音响效果。

一、材料的吸声性能

1. 材料吸声的概念

物体因振动而发声，通过介质的共振产生声波并传播。声在传播中一部分逐渐扩散，一部分因空气分子的吸收而削弱，这种减弱现象在室外很明显。在室内因空气分子的吸收而削弱的现象不是主要的，主要是被材料所吸收。

当声波遇到材料表面时，一部分被反射；另一部分会穿透材料，其余部分则传递给材料。传递给材料的声波，进入材料孔隙中，引起其中空气分子与孔壁的摩擦和黏滞阻力，相当一部分声能转化为热能被吸收。

2. 材料的吸声系数

评定材料吸声性能的指标，通常采用吸声系数。它是指被材料吸收的声能量(E)与传递给材料表面的全部声能量(E_0)之比，是评定材料吸声性能好坏的主要指标。

吸声系数与声音的频率及声音的入射方向有关，因此吸声系数用声音从各方向入射的吸收平均值表示，并应指出是对哪一频率的吸收，通常采用六个频率，即 125 Hz、250 Hz、500 Hz、1 000 Hz、2 000 Hz、4 000 Hz。通常将对上述六个频率的平均吸声系数 α 大于 0.2 的材料称为吸声材料。

吸声材料大多为疏松多孔的材料，如矿渣棉、玻璃棉等，这类多孔性吸声材料的吸声系数，一般从低频到高频逐渐增大，故其对高频和中频声音的吸收效果较好。

为了改善声波在室内传播的质量，保持良好的音响效果和减少噪声的危害，在建筑中对不同的建筑结构应选用适当的吸声材料。

二、影响材料吸声性能的因素

任何材料都有一定的吸声能力，只是吸声能力的大小不同而已。材料的吸声性与材料的表观密度、孔隙特征、设置位置及厚度均有关。

一般来讲，坚硬、光滑、结构紧密和密度大的材料的吸声能力差，而具有互相贯穿内外微孔的多孔材料的吸声性能好，如矿渣棉、植物纤维、泡沫塑料、木丝板等。由于吸声机理是声波深入材料的孔隙，且孔隙多为内部互相连通的开口微孔，受到空气分子的摩擦和阻力，细小的纤维做机械振动使声能变为热能，因此吸声材料（结构）都具有粗糙及多孔的特性。吸声材料可分为纤维状、颗粒状和多孔状等几类。

为了改善声波在室内传播的质量，保证良好的音响效果和减少噪声的危害，在音乐厅、电影院、大会堂、播音室及工厂中噪声大的车间等内部的墙面、地面、顶棚等部位，应选用适当的吸声材料。

除采用多孔吸声材料吸声外，还可将材料组成不同的吸声结构，以达到更好的吸声效果。常用的吸声结构形式有薄板共振吸声结构和穿孔板吸声结构。

薄板共振吸声结构是采用将薄板钉牢在靠墙的木龙骨上的形式，薄板与板后的空气层构成了薄板共振吸声结构。穿孔板吸声结构是以穿孔的胶合板、纤维板、金属板或石膏等为结构主体，使之与板后的墙面之间的空气层构成吸声结构。该结构吸声的频带较宽，对中频的吸声能力最强。

三、建筑装饰中常用的吸声材料

常用吸声材料及其主要性质见表 14-2。表中所列主要为多孔吸声材料，同时也给出了穿孔板吸声结构常用的两种穿孔吸声板。

表 14-2　常用吸声材料及其主要性质

品　　种	厚度 /cm	体积密度 /(kg·m⁻³)	不同频率下的吸声系数						其他性质	装置情况
			125	250	500	1 000	2 000	4 000		
石膏砂浆（掺有水泥、玻璃纤维）	2.2		0.24	0.12	0.09	0.30	0.32	0.83		粉刷在墙上
水泥膨胀珍珠岩板	2	350	0.16	0.46	0.64	0.48	0.56	0.56	抗压强度为 0.2～1.0 MPa	贴实
岩棉板	2.5	80	0.04	0.09	0.24	0.57	0.93	0.97		贴实
	2.5	150	0.07	0.10	0.32	0.65	0.95	0.95		
	5.0	80	0.08	0.22	0.60	0.93	0.98	0.99		
	5.0	150	0.11	0.33	0.73	0.90	0.80	0.96		
	10	80	0.35	0.64	0.89	0.90	0.96	0.98		
	10	150	0.43	0.62	0.73	0.82	0.90	0.95		
矿渣棉	3.13	210	0.10	0.21	0.60	0.95	0.85	0.72		贴实
	8.0	240	0.35	0.65	0.65	0.75	0.88	0.92		
玻璃棉 超细玻璃棉	5.0	80	0.06	0.08	0.18	0.44	0.72	0.82		贴实
	5.0	130	0.10	0.12	0.31	0.76	0.85	0.99		
	5.0	20	0.10	0.35	0.85	0.85	0.86	0.86		
	15.0	20	0.50	0.80	0.85	0.85	0.86	0.80		
脲醛泡沫塑料	5.0	20	0.22	0.29	0.40	0.68	0.95	0.94	抗压强度大于 0.2 MPa	贴实
软质聚氨酯泡沫塑料	2.0	30～40		0.11	0.17			0.72		贴实
	4.0	30～40		0.24	0.43			0.74		
	6.0	30～40		0.40	0.68			0.97		
	8.0	30～40		0.63	0.93			0.93		

品　　种	厚度 /cm	体积密度 /(kg·m⁻³)	不同频率下的吸声系数						其他性质	装置情况
			125	250	500	1 000	2 000	4 000		
吸声泡沫玻璃	4.0	120～180	0.11	0.32	0.52	0.44	0.52	0.33	开口孔隙率达 40%～60%，吸水率高，抗压强度为 0.8～4.0 MPa	贴实
地毯	厚		0.20		0.30		0.50			铺于木搁棚楼板上
帷幕	厚		0.10		0.50		0.60			有折叠、靠墙装置
☆装饰吸声石膏板(穿孔板)	1.2	750～800		0.08～0.12	0.60	0.40	0.34		防火性、装饰性好	后面有5～10 cm的空气层
☆铝合金穿孔板	0.1								孔径为 6 mm，孔距为 10 mm，耐腐蚀、防火、装饰性好	后面有5～10 cm的空气层

注：1. 表中数值为驻波管法测得的结果。
　　2. 材料名称前有☆者为穿孔板吸声结构。

本章小结

本章介绍了绝热材料的导热性、影响材料导热性的主要因素、建筑装饰中常用的绝热保温材料，吸声材料的吸声性能、影响材料吸声性能的因素、建筑装饰中常用的吸声材料。

1. 绝热材料是指对热流具有显著阻抗性的材料或复合材料，是保温材料和隔热材料的总称。建筑节能的主要途径是采用保温、绝热材料。

2. 吸声材料是一种能在一定程度上吸收由空气传递的声波能量的建筑材料。有效地运用吸声材料，可以保持室内良好的声环境和减少噪声污染。

思考与练习

1. 影响材料导热性的主要因素有哪些？
2. 矿渣棉的主要组成材料是什么？其主要特性是什么？适用于什么场合？
3. 什么是材料的吸声系数？用什么来表示？
4. 影响材料吸声性能的因素有哪些？

参考文献

[1]魏鸿汉. 建筑装饰材料[M]. 北京：机械工业出版社，2009.

[2]隋良志，刘锦子. 建筑与装饰材料[M]. 天津：天津大学出版社，2008.

[3]范红岩. 建筑与装饰材料[M]. 北京：机械工业出版社，2010.

[4]呇杰，徐媛媛，郭青芳. 建筑与装饰材料[M]. 南京：南京大学出版社，2012.

[5]周拨云，陈卫东. 建筑与装饰材料[M]. 郑州：黄河水利出版社，2010.

[6]夏文杰，余晖，曹智. 建筑与装饰材料[M]. 北京：北京理工大学出版社，2009.

[7]张思梅，陈霞. 建筑与装饰材料[M]. 北京：中国水电水利出版社，2011.

[8]谭平，张瑞红，孙青霭. 建筑材料[M]. 3版. 北京：北京理工大学出版社，2019.

[9]隋良志，李玉甫. 建筑与装饰材料[M]. 天津：天津大学出版社，2015.